全国本科院校机械类创新型应用人才培养规划教材

CATIA 实例应用教程

主　编　于志新

北京大学出版社

PEKING UNIVERSITY PRESS

内 容 简 介

CATIA V5 是当前应用较广的三维机械设计软件,涵盖了机械产品开发的全过程。本书从 CATIA 软件的基本概念及基本操作入手,以典型的汽车零件为案例逐步讲解草图绘制、零件设计、部件装配、曲面设计、创建工程图和运动仿真的操作方法,着重指出初学者在软件学习中的易出错之处,并且为了提高实际演练技能而将工程实训内容单独编撰为一章,有助于学生快速掌握 CATIA 软件的应用技巧和迅速提高直接从事生产设计的能力。部分章节后附有习题或思考题供练习者使用。

本书可作为高等院校机械工程类专业的教材,也可供从事机械设计及制造工作的工程技术人员参考使用。

图书在版编目(CIP)数据

CATIA 实例应用教程/于志新主编. —北京:北京大学出版社,2013.8
(全国本科院校机械类创新型应用人才培养规划教材)
ISBN 978-7-301-23037-4

Ⅰ. ①C… Ⅱ. ①于… Ⅲ. ①机械设计—计算机辅助设计—应用软件—教材 Ⅳ. ①TH122

中国版本图书馆 CIP 数据核字(2013)第 190859 号

书　　　名:CATIA 实例应用教程
著作责任者:于志新　主编
策 划 编 辑:童君鑫　宋亚玲
责 任 编 辑:宋亚玲
标 准 书 号:ISBN 978-7-301-23037-4/TH・0366
出 版 发 行:北京大学出版社
地　　　址:北京市海淀区成府路 205 号　100871
网　　　址:http://www.pup.cn　　新浪官方微博:@北京大学出版社
电 子 信 箱:pup_6@163.com
电　　　话:邮购部 62752015　发行部 62750672　编辑部 62750667　出版部 62754962
印　　　刷 者:北京飞达印刷有限责任公司
经 销 者:新华书店
　　　　　　787 毫米×1092 毫米　16 开本　23 印张　534 千字
　　　　　　2013 年 8 月第 1 版　2013 年 8 月第 1 次印刷
定　　　价:45.00 元

前　言

　　CATIA 是由法国 Dassault System(达索)公司推出的一款 CAD/CAE/CAM 软件，其功能覆盖了产品设计的各个方面，30 年来在 CAD/CAE/CAM 行业内占据领先地位，广泛应用于汽车及摩托车、航空航天、通用机械、电气电子等领域。

　　CATIA V5 版本是 IBM 和 Dassault System 公司长期以来在为数字化企业服务过程中不断探索的结晶。围绕数字化产品和电子商务集成概念进行系统结构设计的 CATIA V5 版本，可为数字化企业建立一个针对产品整个开发过程的工作环境。Boeing(波音)飞机公司的 Boeing 777 研发项目是 CATIA V5 应用的经典案例之一，其除发动机以外的全部机械零件都实现了 CATIA 设计，并将包括发动机在内的 100%的零件进行了预装配。Boeing 777 也是迄今为止唯一进行 100%数字化设计和装配的大型喷气客机，由此创下了业界的一个奇迹。

　　为了提高机械类本专科学生应用 CATIA 软件进行机械设计和分析的能力，编者以软件功能介绍、操作指导为主线，配以具有代表性的范例进行细致讲解，着重指出初学者易犯的错误，帮助用户更快捷、更容易地了解本软件的使用特点。本书分为 8 章，分别介绍了 CATIA 基础与工具、草图绘制、实体造型设计、装配设计、曲面设计、工程图设计、运动仿真设计、工程实例。

　　本书由于志新主编。长春工业大学的研究生娄源停、陈墨和 2009 级本科生李莫、刘震为本书做了大量的插图工作，在此深表感谢。

　　本书中所讲述实例均备有 CATIA 文件供参考，读者可自行到北京大学出版社第六事业部网站 http://www.pup6.com 进行下载，或者通过电子邮箱：ccutyu@mail.ccut.edu.cn 与编者联系。

　　由于编者水平有限，书中所列产品结构及软件操作方法难免有不足之处，恳请广大读者批评指正。

编　者

2013 年 4 月 18 日于长春

目　　录

第1章
CATIA 基础与工具

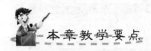
本章教学要点

知识要点	掌握程度	相关知识
熟悉各种图标	掌握图标的含义及功能	
鼠标、快捷键的使用	掌握移动、缩放和旋转的快捷操作方法	结构树缩放、图形缩放

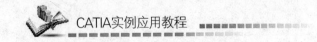

1.1 图 标 功 能

1.1.1 CATIA 用户界面

通常使用如下 3 种方法来启动 CATIA V5:

(1) 双击桌面上的 图标以启动软件,但初次启动较慢需稍候一段时间,故不要重复双击以免使系统启动更慢。

(2) 选择"开始"→"程序"→"CATIA P3"→"CATIA V5 R20"命令启动软件。

(3) 同其他 Windows 操作系统一样,还可右击图标 ,在弹出的快捷菜单中选择"打开"命令项来启动软件。

软件启动后,将会显示如图 1-1 所示界面,这时即可对软件进行操作。

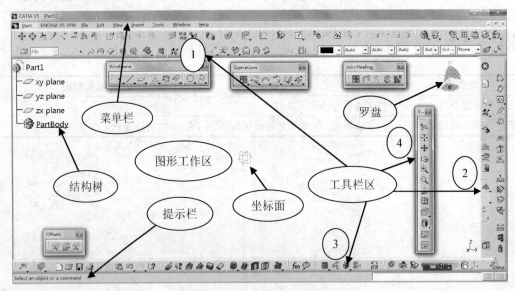

图 1-1　CATIA 用户界面

如图 1-1 所示,CATIA 软件的用户界面分为 5 个区域:

(1) 顶部为"Menus"(菜单栏),这与其他 Windows 软件相同。

(2) 左部为产品、部件或零件树形结构图,可称之为"Tree & associated geometry"(结构树"或"历史树")。

(3) 中部为"Graphic Zone"(图形工作区),图形工作区的右部有一个三角罗盘,用以表征零件在三维空间中的角度。

(4) 与选中的工作台相应的"Active work bench toolbar"(激活的工作台工具)位于界面的上、下及右部,箭头指向对应的①、②、③区,分别包含各项工具命令图标。

在此,各部的工具命令图标均可拖移至其他位置,也可拖移至图形工作区,如第④部分,可根据个人喜好来对图标位置进行设定。

文件保存及关闭软件与其他 Windows 软件相同,具体操作在相关章节会做进一步介绍。

1.1.2 基本操作工具栏

CATIA V5 各个模块的界面风格相类似，但工具栏及图标会有很大不同。一般基本的操作工具栏如下。

1. "Standard" (标准)工具栏

图 1-2 "Standard" (标准)工具栏

如图 1-2 所示，标准工具栏所示工具命令图标依次为："New" (新建)、"Open" (打开)、"Save" (保存)、"Quick Printer" (快速打印)，以上命令与选择菜单栏上 "File" (文件)中的相应命令的功能相同；再有 "Cut" (剪切)、"Copy" (复制)、"Paste" (粘贴)、"Undo" (撤销)、"Redo" (重做)，与选择菜单栏上 "Edit" (编辑)中的相应命令的功能相同；还有 "What's this？" (这是什么？)图标，用于告诉用户工具栏和图标等的功能，与选择 "Help" (帮助)→ "What's this？" 命令的功能相同。

另外在 "Undo" 和 "Redo" 图标右下方各有一个黑三角，单击可发现另外两个图标：

(1) ![icon]："Undo with history" (按历史撤销)图标，用于撤销上几个动作的操作。

(2) ![icon]："Redo with history" (按历史重做)图标，用于重新执行撤销的前几个操作。

2. "Graphic Properties" (图形属性) 工具栏

图形属性工具栏如图 1-3 所示，应用其可以自定义图形轮廓的颜色、透明度、线宽、线型等属性。一般不设置，则各选择框都为 "Auto" (默认)，需要调整则单击该栏中对应的黑三角，将弹出一系列选项供选择。本书考虑到视觉及方便印刷，操作截图都选为白底+黑线形式，黑线即是在此处第一栏中输入的，而白底的设置操作会在 1.3.2 节选项功能中介绍。

![Graphic Properties toolbar: black | Auto | Auto | Auto | Aut | Aut | None]

图 1-3 "Graphic Properties" (图形属性)工具栏

3. "View" (视图)工具栏

视图工具栏包括如图 1-4(a)所示的 "Default mode" (常规模式)工具命令图标，切换为 "Fly mode" (飞行模式)和 "Walk mode" (行走模式)则如图 1-4(b)和图 1-4(c)所示。

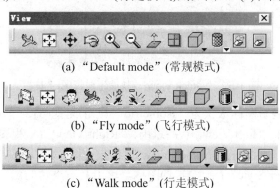

(a) "Default mode" (常规模式)

(b) "Fly mode" (飞行模式)

(c) "Walk mode" (行走模式)

图 1-4 "View" (视图)工具栏

该工具栏中的工具命令图标名称与功能解释如下。

(1) ：“Fly mode”(飞行模式)图标，以飞行模式查看视图，与选择“View”(视图)→“Modify”(修饰)→“Fly Through”(飞行)命令的功能相同。

(2) ：Fly(飞行)图标，单击则开始以飞行查看视图。

(3) ：“Walk”(行走)图标，以步行模式查看视图，与选择“View”(视图)→“Modify”(修改)→“Walk Through”(通过行走)命令的功能相同。

(4) ：“Examine”(检查)图标，这是工具栏的默认使用模式，打开后的文件一般都在这个设计模式下。

(5) ：“Fit All In”(全部适应)图标，将所有的设计内容以合理的大小全部显示出来，与选择“View”→“Fit All In”(全部适应)命令的功能相同。

(6) ：“Turn Head”(转头)图标，将设计内容以模拟转动头部的方式进行显示，与选择“View”(视图)→“Modify”(修改)→“Turn Head”(转头)命令的功能相同。

(7) ：“Accelerate”(加速)图标，加快步行或者飞行模式的速度。

(8) ：“Decelerate”(减速)图标，降低步行或者飞行模式的速度。

(9) ：“Normal View”(法向视图)图标，以垂直某个平面的模式查看视图，与选择“View”(视图)→“Modify”(修改)→“Normal View”(法向视图)命令的功能相同。

(10) ：“Pan”(平移)图标，平移图形操作，与选择“View”(视图)→“Pan”(平移)命令的功能相同。

(11) ：“Rotate”(旋转)图标，旋转图形操作，与选择“View”(视图)→“Rotate”(旋转)命令的功能相同。

(12) ：“Zoom In”(放大)图标，放大图形操作，与选择“View”(视图)→“Modify”(修改)→“Zoom In”(放大)命令的功能相同。

(13) ：“Zoom Out”(缩小)图标，缩小图形操作，与选择“View”(视图)→“Modify”(修改)→“Zoom Out”(缩小)命令的功能相同。

(14) ：“Create Multi-View”(创建多视图)图标，可以同时显示轴测图、xy 平面、xz 平面和 yz 平面的视图。

(15) ：单击“Quick View”(快速生成视图)图标，单击其右下侧的黑三角，弹出一列工具命令图标，如图 1-5 所示。

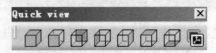

图 1-5   “Quick View”(快速生成视图)工具栏

该工具栏中从左到右图标依次为“Isometric”(等轴测视图)、“Front View”(主视图)、“Back View”(后视图)、“Left View”(左视图)、“Right View”(右视图)、“Top View”(顶视图)、“Bottom View”(俯视图)、“Named View”(指定视图)。

(16) ：“Render Style”(渲染样式)图标，单击其右下角的黑三角，弹出一列工具图标，也可以通过选择“View”(视图)→“Render Style”(渲染样式)命令，再找对应的图标。

① ：“Shading”(着色)图标，以灰度显示的方式显示图形。

② ⬜：“Shading with Edges”(带边着色)图标，以带边框线灰度显示方式显示图形。

③ ⬜：“Shading with Edges without Smooth Edges”(带边着色但不光顺边)图标，以带边框线和隐藏线显示的方式显示图形。

④ ⬜：“Shading with Edges and Hidden Edges”(带边着色并隐藏边)图标，以带边框线和隐藏线显示的方式显示图形。

⑤ ⬜：“Shading with Material”(带材料着色)图标，以材料颜色的特征方式显示图形。

⑥ ⬜：“Wireframe”(线框)图标，以线框的方式显示图形。

⑦ ⬜：“Customize View Parameters”(定制视图参数着色)图标，可以在弹出的“View Mode Customization”(定制视图模式)中设置相应参数。

(17) ⬜：“Hide/Show”(隐藏/显示)图标，对选中的元素在隐藏和显示的方式之间进行切换，操作时，已经隐藏的元素将显示出来，已经显示的元素将隐藏起来，与选择“View”(视图)→“Hide/Show”(隐藏/显示)命令的功能相同。

(18) ⬜：“Swap Visible Space”(交换可视空间)图标，可到另一空间查看当前空间隐藏的元素，可以与“Hide/Show”(隐藏/显示)功能配合使用进行显示切换，方便操作。

(19) ⬜：“Viewpoint Snapping”(捕捉视点)图标，以最接近的一种标准方式显示图形，在草图或实体模型旋转情况下，选择“View”(视图)→“Navigation Mode”(导航模式)→“Viewpoint Snapping”(捕捉视点)命令图标，将使草图(或模型)回正至最接近的标准角度或位置。

1.2　常用操作方法

CATIA V5 的操作与 Windows 的操作相类似，以鼠标操作为主，键盘操作为辅。

1.2.1　选择物体

绘图过程会涉及选择物体的操作，一般可以直接单击所选择的物体或某步操作特征，或单击左边结构树上对应的名称，被选中后物体会发亮。有时可应用右边菜单区的“选择”图标(见图 1-6)，若单击选择键右下角的黑三角，会出现选择功能的系列图标以供使用，其功能从左向右依次如下。

图 1-6　选择工具命令图标

(1) ⬜：“Select”(选择)图标，可直接单击要选取的物体，此为系统默认选项。当选择不同的几何体或树形结构图上的其他结点时，按住 Ctrl 键再依次点击，即可连续选择物体。

(2) ⬜：“Selection trap above Geometry”(几何图形上方的选择框)图标，应用后将选择几何体表面之外的元素。

(3) ⬜：“Rectangle Selection Trap”(矩形选择框)图标，直接按住鼠标左键框选多个物体，只有全部处于选择框内的物体才会被选中。

(4) : "Rectangle Selection Trap" (相交矩形选择框)图标，直接按住鼠标左键框选多个物体，只要物体的任何一点处于选择框内就会被选中，与矩形选择框图标的区别在于框的右上部划过的物体是实的，而后者是虚的。

(5) : "Polygon Selection Trap" (多边形选择框)图标，在绘图区内用鼠标左键绘制多边形来选取物体，以双击结束操作，只有全部位于多边形内的物体才能被选中。

(6) : "Free Hand Selection Trap" (手绘选择框)图标，用鼠标左键在想要选取的物体上通过简单的划线即可选中该物体，只要通过划线物体就会被选中。

(7) : "Outside Rectangle Selection Trap" (矩形选择框之外)图标，用鼠标左键框选，如果划线仅经过物体任何一点，该物体将不被选中。

(8) : "Outside Interacting Rectangle Selection Trap" (相交矩形选择框之外)图标，用鼠标左键框选，物体必须全部在选框之外才能被选中。

1.2.2 快捷键应用

虽然 CATIA V5 已经提供了各项功能图标，但借助快捷键可以提高操作速度，具体用法如下：

(1) 按住鼠标滚轮，当光标变为 ✛ 形状即可拖动图中产品移动，相当于 ✛ 的功能。

(2) 同时按住鼠标滚轮和右(或左)键，指针变成指针 ✋ 形状，这时拖动鼠标就会旋转图中产品，相当于 图 的功能。

(3) 按住滚轮并单击右(或左)键，指针就会变成 ↕，按住滚轮拖动就会放大或缩小图中产品，相当于实现 🔍 🔍 两个图标的功能。

另外有些无意识操作难以复原或对正常操作产生影响，可应用下列处理方法：

(1) 由于进行移动、缩放或旋转操作，屏幕内的视图会在位置或视角上出现相应变化，若继续按上述操作会费时费力，这时可以应用其他图标及时修正，具体措施如下：

① 经过移动、缩放或旋转，出现了在屏幕中找不到视图的现象，这时只要单击 "Fit In All" (适合全部)工具命令图标 ✛，即可使绘制的视图充满整个屏幕。

② 有时经过旋转操作后，视图(如草图和网格)会出现倾斜现象，这时可以单击 "Normal View" (法向视图)工具命令图标 🔲，即可修正视图至正向位置，若视图处于正向位置，再单击该图标，视图就会翻转 180°。

(2) 如果发现结构树的字号太小，可以单击结构树上的横(纵)线，将结构树激活，再应用放大视图的方法就可以放大结构树上的字了；满意后，再单击横(纵)线，则激活视图，就可以对视图进行操作了。也可以按住 Ctrl 键，再前后拨动鼠标滚轮，同样可以改变结构树上的字号。

1.2.3 罗盘应用

三角罗盘在中部图形工作区的右上部，它可以用于表征零件或产品在三维空间中的角度，当旋转视图时，罗盘就会随之转动。如图 1-7(a)所示指的是空间物体(或其草图)处于 xy 平面被正视的情况，而图 1-7(b)所示则说明视图已经在空间转动至当前位置了，其中粗线条是由于鼠标捕捉该条弧线移动所致，此

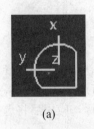 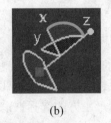

(a)   (b)

图 1-7 罗盘指示视图的位置

时罗盘与视图都绕着 xz 平面的垂线(y 轴)转动。当然也可以沿着各坐标轴直线移动。

注意：在菜单栏的"View"(视图)中勾选"Compass"(罗盘)项，可以显示罗盘，不勾选则不显示罗盘。同时可以见到"Geometry"(几何)和"Specifications"(规格)两个勾选项，前者影响草图绘制模块中的网格显示，结构树的显示则要依靠后者的勾选。

1.2.4　测量功能

CATIA V5 在各个模块都设有测量工具，如图 1-8 所示，"Measure"(测量)工具栏中的三个图标依次表示"Measure Between"(两者间测量)、"Measure Item"(项目测量)和"Measure Inertia"(惯性测量)。

(1) 单击图 1-8 中的工具命令图标 ↔，弹出"Measure Between"(两者间测量)对话框，如图 1-9 所示。

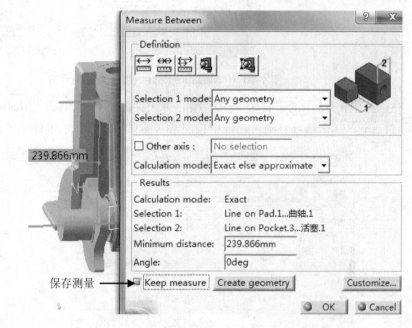

图 1-8　"Measure"　　　　图 1-9　"Measure Between"(两者间测量)对话框
(测量)工具栏

依次选择发动机装配体中曲轴主轴颈轴线和活塞销座孔轴线，对话框中即显示两者间距为 239.866mm，对话框中"Minimum distance"(最小距离)与其同步显示。单击"Definition"(定义)栏下的各按钮，右侧一红一蓝两个几何体将以图例形式显示测量功能。

若选中"Keep measure"(保存测量)，则单击"OK"按钮在对话框消失后，图中将保存绿色的测得结果。

(2) 若单击图 1-9 中的按钮 ，原对话框消失而弹出图 1-10 所示的"Measure Item"(项目测量)对话框，这与单击图 1-8 中的"Measure Item"(项目测量)工具命令图标效果一致，右侧代之以一个"游标卡尺"在测量球体表面。若单击发动机中的活塞表面，对话框中将显示活塞半径为 44mm，表面积为 $0.014m^2$，说明该功能可以根据所选几何体的特征而确定测量项目。

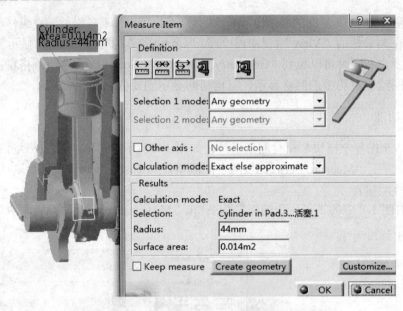

图 1-10　"Measure Item"(项目测量)对话框

(3) 单击图 1-8 中的工具命令图标 ，弹出如图 1-11 所示的 "Measure Inertia"(惯性测量)对话框，单击活塞，则对话框中按照活塞的材料属性显示零件的惯性特性。

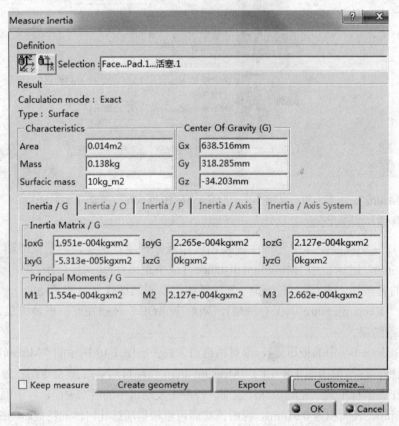

图 1-11　"Measure Inertia"(惯性测量)对话框

1.3 定制和选项功能

1.3.1 "Customize"(定制)功能

CATIA V5 的定制功能非常实用，在菜单栏中选择"Tools"(工具)→"Customize"(定制)命令，即弹出如图 1-12 所示工具栏，栏中共有 5 个选项卡，依次为"Start Menu"(开始菜单)、"User Workbenches"(用户工作台)、"Toolbars"(工具栏)、"Commands"(命令)和"Options"(选择)。

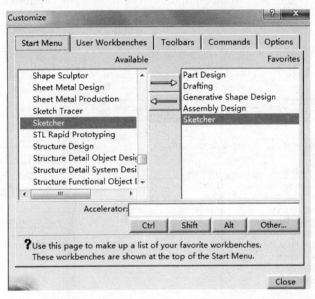

图 1-12 "Customize"(定制)对话框及"Start Menu"(开始菜单)选项卡

(1) 如图 1-12 所示，在开始菜单选项卡中，选择"Available"(可用的)中常用的模块再单击黄色箭头即可定制到"Favorites"(收藏夹)中，图中在"Accelerator"(快捷)输入框内可以设置由"Ctrl"、"Shift"、"Alt"及"Other"(其他)组成的快捷键。下次再启动软件将首先弹出这几个模块的欢迎界面图标供选择，欢迎界面如图 1-13 所示，若选中图中的复选框"Do not show this dialog at startup"(启动时不显示此对话框)，再启动时则不显示此框，若要显示只需单击工作台图标。这组工作台将在软件的开始菜单上部显示，位于常规模块之上，方便选择。

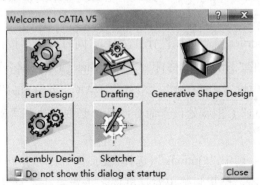

图 1-13 软件启动显示的欢迎界面

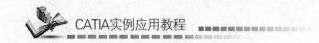

(2) 在用户工作台选项卡中，可以"New"(新建)、"Delete"(删除)或"Renamed"(重命名)用户工作台。

(3) 每个工作台都有其自身特有的工具栏，每个工具栏又包含若干个图标。图 1-14 所示的工具栏选项卡，右部按钮的功能为"New"(新建)、"Rename"(重命名)、"Delete"(删除)、"Restore contents"(还原内容)、"Restore all contents"(还原全部内容)、"Restore position"(还原位置)，在此新建则弹出对话框如图，也可进行重命名、删除及还原等操作。右下部还有两个按钮为"Add commands"(加载命令)和"Remove commands"(移除命令)。

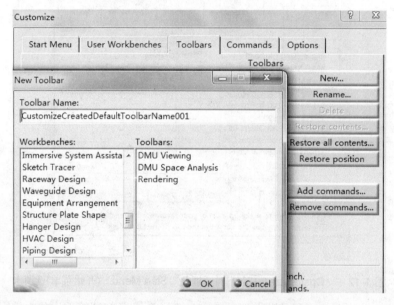

图 1-14 "Toolbars"(工具栏)选项卡及新建工具栏

(4) "Commands"(命令)选项卡左侧"Categories"(策略)列表框中列出各项菜单，右侧"Commands"(命令)对应着每项菜单的相关命令，下部指出应用此页以增加或删除工具栏的命令，如图 1-15 所示。

(5) 单击"Options"(选择)选项卡，列表栏下方将显示其说明：选择(工具菜单)——定制常规项及相关工作台设置。双击此命令或单击控件按钮"Show Properties"(显示属性)，会弹出"Command Properties"(命令属性)设置窗口，同时原控件按钮变为"Hide Properties"(隐藏属性)，用户可以在"Title"(名称)和"User Alias"(用户别名)框中设置名称，也可在"Accelerator"(快捷)框内设置由"Ctrl"、"Shift"、"Alt"及"Other"(其他)组成的快捷键设置，还可以在右侧"Icon"(图标)处设置命令图标，必要时执行"Reset"(重置)及"Close"(关闭)操作。

(6) 如图 1-16 所示，选中"Options"(选择)选项卡中的"Large Icons"(大图标)复选框，可以对图标进行放大设置，结果将弹出对话框提示重新启动才能生效。

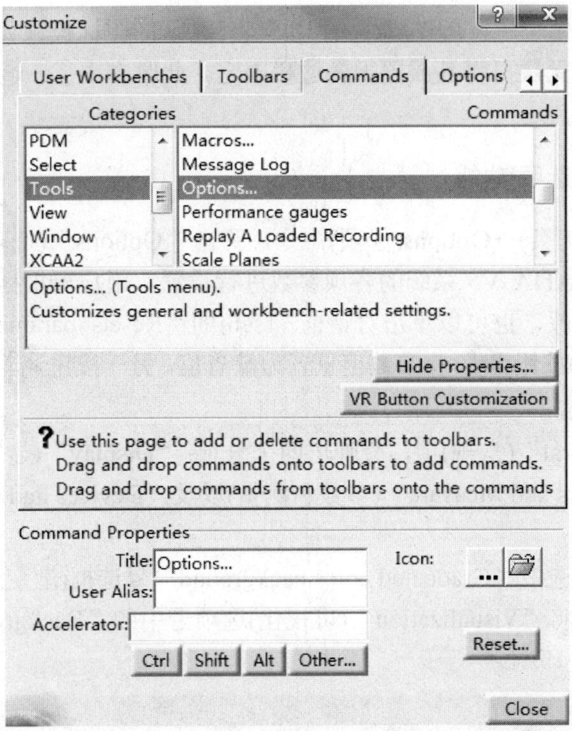

图 1-15 "Commands"(命令)选项卡及命令属性设置

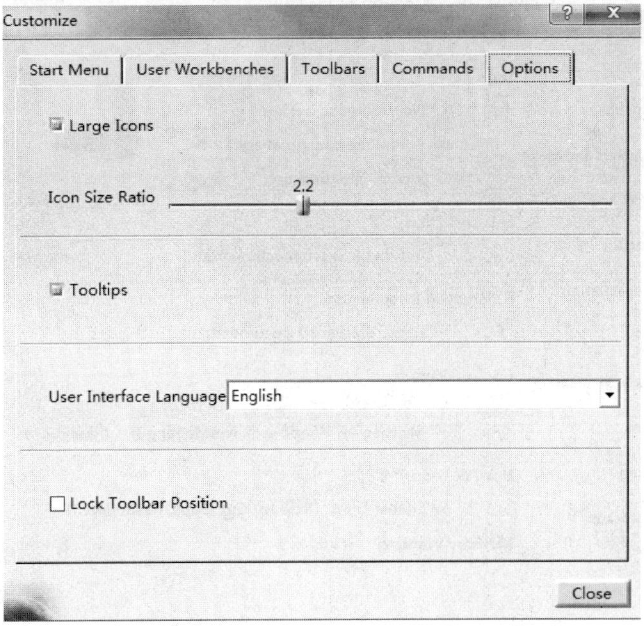

图 1-16 "Options"(选择)选项卡及新建工具栏

选中复选框"Tooltips"(工具提示)，可以在"User Interface Language"(用户界面语言)中进行设置，如设为"Simplified Chinese"(简体中文)，重启后则显示汉化的用户界面。

一旦选中复选框"Lock Toolbar Position"(锁定工具栏位置)，就会将放置于界面上、下

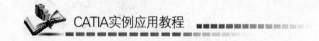

及右部栏的工具栏锁定位置，即图 1-1 中①、②、③区的图标被锁死，而位于中部的工具栏④仍可以移动，但无法再将其放置于各边栏固定。此时右击①～③区工具栏，弹出的工具栏都会显示为灰色。

1.3.2 "Options"(选项)功能

选择 "Tools"(工具)→Options(选项)命令，弹出 "Options"(选项)对话框，如图 1-17 所示。在此可以对 CATIA V5 系统的各项参数进行设置。用户可根据设计要求及个人喜好对参数进行必要的更改，也可以单击对话框左下角的 "Resets parameters values to default ones"(恢复默认参数)按钮，将参数值重置为缺省值，另一按钮为 "Dumps parameters values"(转储参数值)。

单击左侧 "General"(常规)项，会弹出四个分项："Display"(显示)、"Compatibility"(兼容性)、"Parameters and Measure"(参数和测量)以及 "Devices and Virtual Real"(设备和虚拟现实)。

在显示项目中，选中 "Graduated color background" 复选框(渐变颜色背景)，默认背景即为渐变蓝色，本书将 "Visualization"(可视化)选项卡中的 "Background"(图形工作区背景)选为白色，以方便印刷。

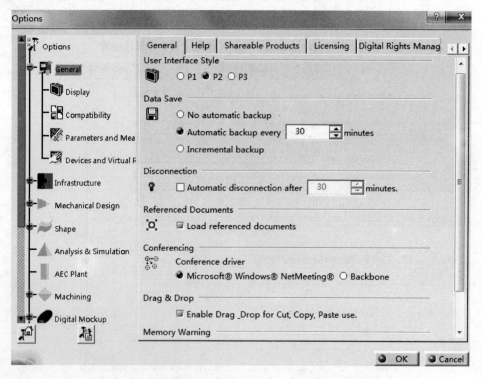

图 1-17　"Options"(选项)对话框 "General"(常规)栏

进行产品参数化设计时，"Parameters and Measure"(参数和测量)项中的 "Parameter Tree View"(参数树视图)栏中选中 "With value"(带值)和 "With formula"(带公式)复选框，还要在 "Infrastructure"(基础结构)项目中 "Part Infrastructure"(零件基础结构)将 "Display"

(显示)选项卡的复选框 Parameters(参数)和 Relations(关系)选中，就会在产品结构树中显示参数和公式，这部分应用将在第 3.5 节介绍。

其他各项均有相应设置，在此不再赘述，书中涉及的一些具体设置将在相应章节中介绍。

习 题

1-1 如何应用快捷键对视图进行放大或缩小？

1-2 视图中看不到结构树，如何将其显示？

1-3 如何改变结构树的字体大小？

1-4 如何隐藏/显示当前视图？

第 2 章
草图绘制

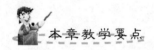 本章教学要点

知识要点	掌握程度	相关知识
熟悉草图绘制模块的各种图标	掌握图标的含义及功能；熟练应用图标完成相应轮廓绘制	预定义图形、样条线、倒角、圆角、修剪、镜像、投影
草图工具的应用	掌握捕捉点、构造元素的应用技巧	构造/标准元素、几何约束、尺寸约束、相切、水平、垂直
草图连接性的检验	掌握以修剪工具处理连续轮廓的方法	修剪、快速修剪、隐藏/显示
应用对话框约束草图	掌握草图约束原则	几何约束、尺寸约束、欠约束、过约束

CATIA V5 草图绘(Sketcher)功能是三维实体设计与曲面设计的基础，为三维实体造型和曲面设计提供了一个强大的辅助二维线框工作环境。草图绘制模块为设计者提供了快捷精确的二维线框设计手段，并可以对绘制的几何图形进行约束及编辑，以获得任意所需的二维草图，进行草图设计的目的就是创建生成特征的轮廓线。

2.1 进入、退出草图

同许多软件操作类似，进行 CATIA 操作需要"新建"文件或从"开始"菜单进入相应模块，因此需要在实体造型或曲面设计模块先建立文件，再进入草图编辑器工作台(简称工作台)进行绘制，可以选用以下几种方法：

(1) 选择"File"(文件)→"New"(新建)→"Part"(零件)命令，如图 2-1(a)所示，单击"OK"按钮确认，弹出如图 2-1(b)所示的对话框，提示进行混合设计再单击"OK"按钮确认，即进入实体设计模块，单击"Sketcher"(草图绘制)工具命令图标，选择工作平面即可进入工作台。

(a) 选择进入"Part"(零件)设计模块　　　　　(b) 新建 Part1(零件 1)

图 2-1　新建零件对话框

(2) 如图 2-2 所示，选择"Start"(开始)→"Mechanical Design"(机械设计)→"Part Design"(零件设计)命令，单击草绘工具命令图标，选择工作平面，如图 2-3 所示，即可进入草图绘制工作台。

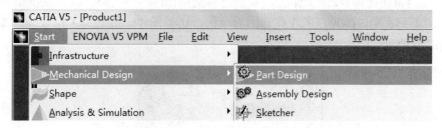

图 2-2　从菜单进入工作台

(3) 用上面介绍的方法进入零件(或曲面)设计工作台后，单击工具命令图标右下角的黑三角，单击"Sketcher Positioned"(草图定位)工具命令图标，在弹出的对话框中设置参考平面及轴系的原点和方向等参数，如图 2-4 所示，单击"OK"按钮即可进入工作台，系统将按照指定方位创建草图。

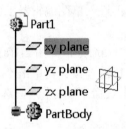

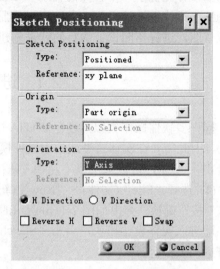

图 2-3 选择"xy plane"(xy 平面)进入草绘工作台　　　图 2-4 草图定位的设置

(4) 在 1.3 节已经定制快捷启动模块条件下，如图 2-5 所示，选择"Start"(开始)→"Sketcher"(草图编辑器)命令，或单击工具栏快捷图标 [图标]，再单击要进入的工作平面即可进入工作台。这与 1.3 节中图 1-13 所示方法相同。

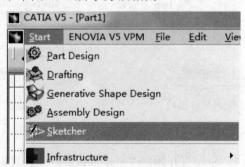

图 2-5　Start→Sketcher(草图绘制)

(5) 在零件(或曲面)设计工作台，双击已有的草图(实际轮廓)。或者双击结构树中的"Sketch.X"(草图.X)，即可进入工作台回看草图，这类操作一般是为了检查或修改相应草图，如图 2-6 所示。

图 2-6　回看检查草图

进入工作台后，接下来进行绘制、编辑、约束草图操作，然后分析、改进草图，满意即可退出工作台，准备进行实体(或曲面)特征的操作。

绘图时，根据需要可以选定 xy、yz、zx 任一平面进入工作台，也可以选择实体的某一平面或已创建的"reference plane"(参考平面)，如图 2-3 所示，选中的平面会变为橙色。

退出草图的一般过程为：①若绘制完成一个草图，单击退出工作台工具命令图标 ，即退出草图绘制模块，下一步可针对所绘草图进行相应生成实体(或曲面)特征的操作；②双击结构树中的实体特征结点，如图 2-6 中的"Pad.3"(拉伸.3)即可直接退出工作台进入实体造型模块。

2.2 图 标 功 能

草图绘制设计模块由如下菜单图标组成：约束菜单、轮廓创建菜单、几何操作菜单以及工具栏等界面图标。

2.2.1 工具栏

"Sketcher tools"(草图工具)工具栏如图 2-7 所示，该工具栏从左至右依次为"Grid"(网格，相当于坐标纸)、"Snap to Point"(捕捉点)、"Construction/Standard Element"(构造/标准元素)、"Geometrical Constraints"(几何约束)和

图 2-7　"Sketch tools"(草图工具)工具栏

"Dimensional Constraints"(尺寸约束)五个选项，未激活状态下各图标为蓝色，选中后图标将变为橙色。

(1) 激活网格 模式，则工作界面显示网格，方便设计者绘制线条且易于观察，在此选择"Tools(工具)"→"Options(选项)"→"Mechanical Design"(机械设计)→"Sketcher"(草图编辑器)命令，可在对话框中设置网格大小。

(2) 激活捕捉点 模式，绘图时的起点或终点只能落于网格的交点上。

(3) 激活构造元素 模式，这时所绘图形为虚线，相当于制图时的辅助线，退出工作台后，上述线条将不再显示，也就无法应用其创建三维特征。关闭构造元素即切换为标准元素模式(蓝色图标)，绘制的标准元素为实线，可用于创建三维特征。

(4) 激活几何约束 模式，绘制草图时将智能捕捉水平、垂直等约束。

(5) 激活尺寸约束 模式，若在"Sketcher tools"(草图工具)末端以输入数值方式进行绘图，则自动在草图上添加输入的尺寸约束。

2.2.2 绘制"Profile"(轮廓)

在草图绘制工作台中，可以通过选择"Profile"(轮廓)工具栏的相应图标(图 2-8)，或者选择"Insert"(插入)→"Profile"(轮廓)→相应命令，以绘制各种几何图形。

图 2-8　"Profile"(轮廓)工具栏

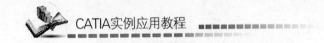

1. 绘制由直线和圆组成的连续轮廓

单击工具命令图标 ，草图工具栏后面将出现如图 2-9 所示工具栏。

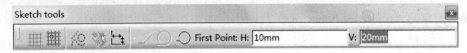

(a) 尺寸输入框直线段起点坐标输入

(b) 尺寸输入框直线段终点坐标输入

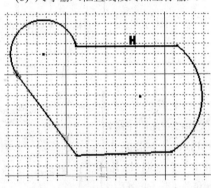

(c) 绘制的图形

图 2-9　绘制连续轮廓

可在数值输入框内输入坐标值(按 Enter 键确认)或直接在屏幕上单击确定起点，如图 2-9(a)所示，画直线时单击工具命令图标 (可连续绘制直线，为默认模式)图标，直线终点输入方法可以通过坐标如图 2-9(b)所示，也可以通过长度和角度来确定终点。若要画与直线相切的圆可单击工具命令图标 ，在数值输入框输入半径或自由画弧以待后期进行尺寸驱动修改(圆弧与第一条直线连接处橙色符号即为相切标志)，换成直线则单击以确定弧的终点再继续拖动鼠标，单击结束直线。单击工具命令图标 可画三点圆，单击工作区任一点确定圆弧上的点，最后单击为弧的终点，三点弧绘制结束，再直接引到起点即默认画一条直线，如图 2-9(c)所示。

2. 绘制预定义图形

CATIA V5 可以绘制一些精确预定义的规则几何图形，可以通过单击如图 2-10 所示的"Predefined Profile"(预定义的轮廓)工具栏中的相应图标来绘制，它可以由单击轮廓工具栏中的矩形工具命令图标 右下角的黑三角显示出来，也可以通过选择"Insert"(插入)→"Profile"(轮廓)→"Predefined Profile"(预定义轮廓)命令来进行选择。

图 2-10　"Predefined Profile"(预定义轮廓)工具栏

1) 绘制"Rectangle"(矩形)

单击工具命令图标▢，系统提示选择第一点，可在屏幕上单击选取或在工具栏内输入数值，随后系统提示选择第二点完成矩形绘制。任意输入图形为白色，若由工具栏输入数值，且几何约束和尺寸约束都被激活，具体图形如图2-11所示。

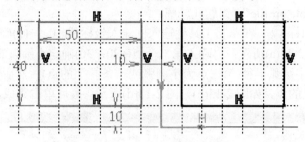

图2-11 约束与无约束矩形对比

◇为斜置矩形图标，选择后可绘制斜置的矩形，如图2-12所示，按提示确定第一角点，在对话框输入数值并按Enter键确认，同理确认第二、第三角点，最终形成的图如图2-12(d)所示。

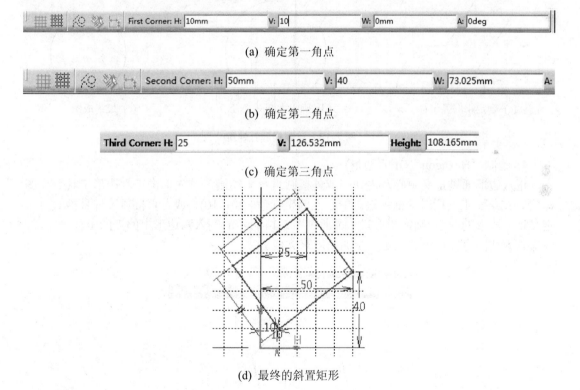

图2-12 绘制斜置矩形

2) 绘制"Parallelogram"(平行四边形)、"Elongated Hole"(长圆孔)、"Cylindrical Elongated Hole"(弧形长圆孔)

绘制平行四边形、长圆孔、弧形长圆孔等，与"斜置矩形"的绘制方法类似，需要先单击相应工具命令图标▱ ⬮ ◗，再定义各点坐标(图标中的加重点)：①平行四边形为三个端点或两个端点加上一内角(锐角)，按 Enter 键确认即可；②长圆孔的第一、第二点分别为圆弧的两个中心点，再键入圆弧半径或孔上点的坐标即可；③弧形长圆孔需要确定中心圆弧线的圆心坐标，再确定中心圆弧的起点和终点，最后给出长圆孔的半径或外轮廓上的一点即可完成。

3) 绘制 "Keyhole profile"(钥匙孔轮廓)

单击工具命令图标 ⬭，在草图工具栏输入框输入坐标值(10，−15)确定第一点(钥匙孔大圆弧的中心)，如图 2-13(a)所示；再输入第二个点(−20，30)确定小圆弧的中心；继续输入第三点(H=−20)以确定小圆弧半径(第三点为小圆弧或长条孔上的点)；然后输入第四点(H=−20)即为钥匙孔大圆弧上的点，如图 2-13(b)~图 2-13(d)所示；最后单击完成，如图 2-13(e)所示。

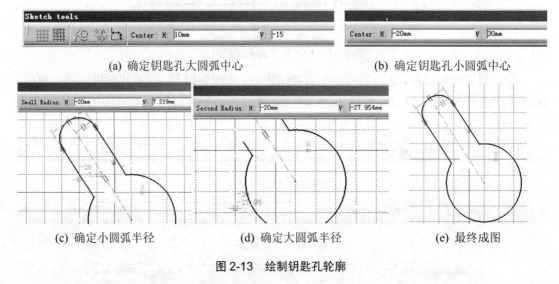

(a) 确定钥匙孔大圆弧中心　　　　　　　(b) 确定钥匙孔小圆弧中心

(c) 确定小圆弧半径　　　(d) 确定大圆弧半径　　　(e) 最终成图

图 2-13　绘制钥匙孔轮廓

4) 绘制 "Hexagon"(正六边形)

正六边形通过定义中心及内切圆或外接圆直径来绘制，首先单击正六边形工具命令图标 ⬡，在草图工具栏对话框中输入中心点的坐标值(−20，10)，或者直接通过屏幕拾取点来定义正六边形的中心，确定图形尺寸可通过图 2-14 所示的输入六边形上的点的坐标来完成，或输入内切圆直径和用于确定方位的角度来完成。

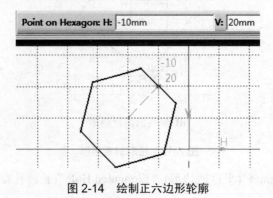

图 2-14　绘制正六边形轮廓

5) 绘制 "Centered Rectangle"(居中矩形)

单击居中矩形工具命令图标 ▭，如图 2-15(a)所示，在弹出的工具栏中输入矩形中心坐标(40，30)，接着如图 2-15(b)所示，在弹出的草图工具栏内输入"height"高(30)和"width"宽(50)等相应值或输入第二点(顶点)坐标，即可绘制居中矩形，如图 2-15(c)所示。

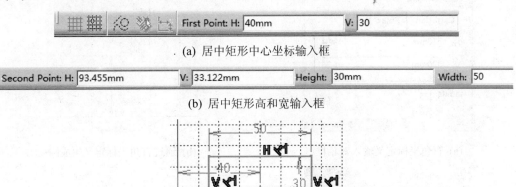

(a) 居中矩形中心坐标输入框

(b) 居中矩形高和宽输入框

(c) 绘制完成的居中矩形

图 2-15　绘制居中矩形

6) 绘制"Centered Parallelogram"(居中平行四边形)

绘制居中平行四边形需要先绘制两条辅助直线(轴线或构造直线)，作为平行四边形的中心线，接下来与居中矩形绘制方法类似：单击居中平行四边形工具命令图标 ，依次选择两条辅助直线，两线交点即为平行四边形的中心，平行四边形的边自然与选定直线平行，在弹出的草图工具栏内输入"Height"(高)为 60mm 和"Width"(宽)为 50mm 等尺寸，拖动指针以指定平行四边形尺寸。如果绘制时尺寸约束和几何约束选项是激活的，将得到如图 2-16 所示的居中平行四边形。

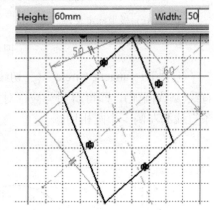

图 2-16　绘制居中平行四边形

3. 绘制圆

(1) 单击轮廓工具栏上"Circle"(绘制圆)工具命令图标 右下角的黑三角，弹出绘制圆子工具栏 ，该工具栏提供了各种绘制圆和圆弧的工具。

① "Circle"(绘制圆) ：可以通过定义圆心和半径来绘制圆，绘制完成后，可以双击圆对其进行编辑。

② "Three Point Circle"(绘制三点圆)：可以通过定义圆上的三个点来绘制圆，即单击三点圆工具命令图标 ，然后在草图工具栏输入或直接拾取圆上的第一个点，再拾取第二、第三个点，也可以通过定两点及半径的方法来绘制圆。

③ "Circle Using Coordinates"(使用坐标绘制圆)：单击工具命令图标 ，应用该命令通过对话框定义圆心和半径来绘制圆，既可以使用直角坐标，也可以使用极坐标，如图 2-17所示输入坐标值和半径即可。

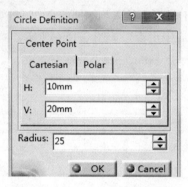

(a) 直角坐标定义输入对话框

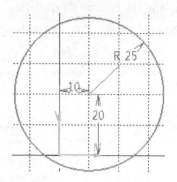

(b) 通过直角坐标定义生成圆

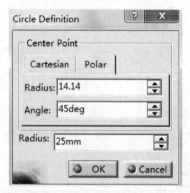

(c) 极坐标定义输入对话框

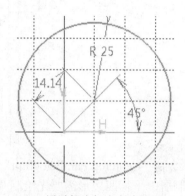

(d) 通过极坐标定义生成圆

图 2-17 使用坐标绘制圆

④ "Tri-Tangent Circle"(三切线圆)：单击绘制三切线圆工具命令图标 ，选取三条直线(圆或圆弧)，即可得到与被选对象相切的圆，如图 2-18 所示的相切圆，分别与上下两条直线和左侧一个圆相切。

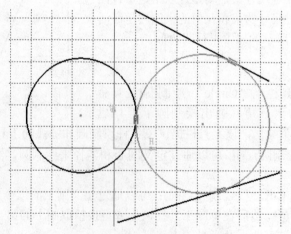

图 2-18 使用三切线圆功能绘制圆

⑤ "Three Point Arc"(三点圆弧)：单击工具命令图标 ，依次选择定义弧的起点、第二点和终点来绘制圆弧，如图 2-19 所示。

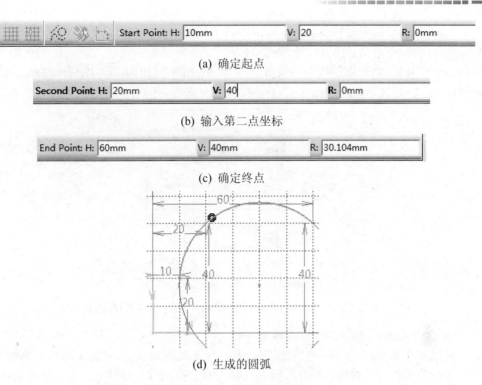

(a) 确定起点

(b) 输入第二点坐标

(c) 确定终点

(d) 生成的圆弧

图 2-19　应用三点弧功能绘制圆弧

⑥ "Three Poin Arc Starting With Limits"(有限制的三点圆弧)：该命令与三点圆弧的区别是选定三点的顺序不同，单击工具命令图标　，先确定圆弧的起点和终点，再确定圆弧上的另一点，即可完成绘制。

⑦ "Arc"(绘制圆弧)：该命令通过定义圆弧的中心、起点和终点来绘制圆弧、单击工具命令图标　，在工具栏中输入坐标或者直接拾取点来定义圆弧的中心、起点和终点，即可完成圆弧的绘制。

4. 绘制样条曲线

单击轮廓工具栏上"Spline"(样条曲线)工具命令图标　右下角的黑三角，将弹出样条曲线子工具栏　。该工具栏上提供了绘制样条曲线和连接曲线两种工具。

1) "Spline"(样条曲线)工具

单击样条曲线工具命令图标　，依次拾取以指定样条曲线将经过的一系列控制点，在最后一点时双击，即可完成样条曲线的绘制，如图 2-20 所示。

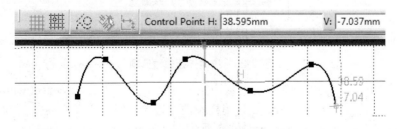

图 2-20　绘制样条曲线

对于图 2-20 绘制完的样条曲线，双击曲线上任意一个控制点，就会弹出"Control Point Definition"(控制点定义)对话框，如图 2-21 所示。在对话框内可输入新的控制点的坐标(直角坐标或极坐标)以编辑修正线形，也可选择"Tangency"(相切)或"Reverse Tangency"(反向相切)，或选中"Curvature Radius"(曲率半径)复选框，但可能会导致曲线扭曲。

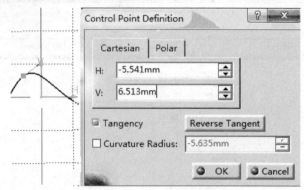

图 2-21　"Control Point Definition"(控制点定义)对话框

2)　"Connection"(连接曲线)工具

有时要用一条起过渡作用的曲线(包括弧、样条曲线或直线)来连接两条分离的曲线。连接曲线与两条被连接曲线关联，并能够选择与被连接曲线点连续、曲率连续或切线连续，以及定义每个连接点处的张度值和连续方向。

对于两条分离的样条曲线的过渡连接，如图 2-22(a)所示的两条黑色样条曲线，单击连接曲线工具命令图标，草图工具栏会显示如图 2-23 所示的五个图标。

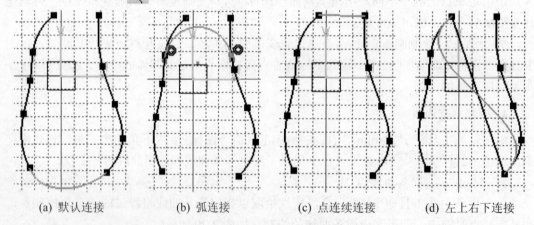

| (a) 默认连接 | (b) 弧连接 | (c) 点连续连接 | (d) 左上右下连接 |

图 2-22　生成过渡连接曲线

图 2-23　过渡连接曲线选项

在这五个图标表示的选项中，前两项为定义连接的连接选项"Connect with an Arc"(用弧连接)和"Connect with an Spline"(用样条曲线连接，默认选择项)；后面三项分别是定义连续选项的"Continuity in point"(点连续)、"Continuity in tangency"(切线连续)和"Continuity in curvature"(曲率连续，默认选项)。

若选择上面的默认连接，就会生成图 2-22(a)所示的橙色弧线；如果选择用弧连接，则不再弹出三项定义连续选项，单击两弧上部会生成图 2-22(b)所示线；如果选择点连续，单击两弧上部则生成图 2-22(c)所示的直线作为连接线；图 2-22(d)所示是在选择左线条上部和右线条下部用样条曲线连接条件下，应用曲率连接生成的橙色样条曲线，若此时用点连续就会生成一条直线(黑色)连接。

注意：选择样条曲线时拾取的位置很重要，将选择距单击位置最近的控制点作为连接曲线的起点或终点。

"Tension"(张度)只在选择"Continuity in tangency"(切线连续)和"Continuity in curvature"(曲率连续)选项时应用。默认张度值为 1，点连续时相当于张度值为 0，即为一条直线连接。

5. 绘制二次曲线

单击轮廓工具栏上"Ellipse"(椭圆)工具命令图标◯右下角的黑三角，将弹出二次曲线子工具栏 ◯ ⩗ ⩘ ⟍，应用这些工具可以绘制椭圆、抛物线、双曲线、五点二次曲线等图形。

一般只应用椭圆、抛物线和双曲线等操作绘制图形。

(1) 单击"Ellipse"(椭圆)工具命令图标◯，在弹出的工具栏中输入值或者通过直接拾取点来确定椭圆的中心点和两个半轴的端点，如图 2-24(a)所示。

(2) 单击"Parabola by Focus"(焦点抛物线)工具命令图标⩗，定义抛物线的焦点和顶点，再定义与抛物线终点对应的两个点，即可得到曲线，如图 2-24(b)所示。

(3) 单击"Hyperbola by Focus"(焦点双曲线)工具命令图标⩘，定义双曲线的焦点、中心和顶点，再定义与其终点对应的两个点，即得到双曲线轮廓，如图 2-24(c)所示。

(4) 单击"Conic"(二次曲线)工具命令图标⟍，定义二次曲线的两条切线(要注意方向)，再定义二次曲线上的一个点，即可得到二次曲线轮廓，如图 2-24(d)所示。

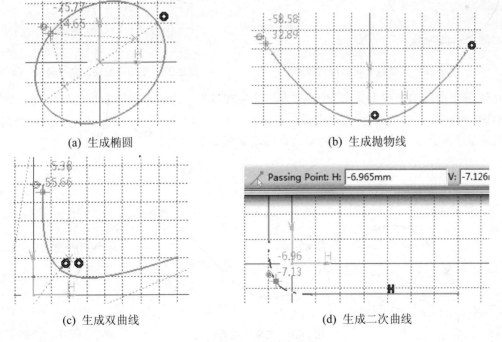

(a) 生成椭圆 (b) 生成抛物线

(c) 生成双曲线 (d) 生成二次曲线

图 2-24 绘制二次曲线

6. 绘制直线

单击轮廓工具栏上的"Line"(直线)工具命令图标 ∕ 右下角的黑色三角,将弹出直线子工具栏 ∕ ∕ ∠ ✎ ↳ ,该工具栏提供了多种绘制直线的工具命令图标。

(1) 单击直线工具命令图标 ∕ ,在弹出的草图工具后方的输入框中输入直线坐标值或者直线的长度和角度,即可绘制直线。

(2) 单击无限长直线工具命令图标 ∕ ,在弹出的如图 2-25 所示的工具栏中选择:①水平(通过一点);②竖直(通过一点);③通过两点(也可以输入一点和一个角度),都可绘制无限长直线。

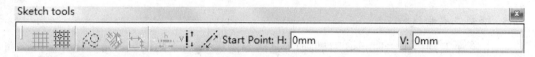

图 2-25　绘制无限长直线

(3) 单击双切线工具命令图标 ∠ ,若分别选择如图 2-26 所示的两个圆,即生成两圆的公切线。在此,单击位置不同,会生成相应的外切线或内切线。

(4) 单击角平分线工具命令图标 ✎ ,若分别选择两条线段,,即生成如图 2-27 所示的无限长角平分线。在此,单击线段交点的一侧会影响生成角平分线的位置。

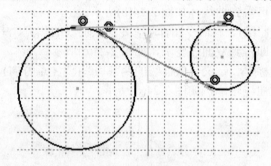

图 2-26　生成两个圆的双切线

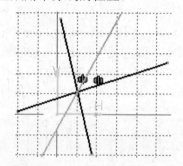

图 2-27　生成两线段的角平分线

(5) 单击曲线的法线工具命令图标 ↳ ,指定曲线外一点,再选择曲线,即可生成该点引向曲线的垂线(右侧红线);若单击弹出草图工具栏后的"Symmetrical Extension"(对称延展)工具命令图标 ⤢ ,则生成左侧双向垂线,如图 2-28 所示。

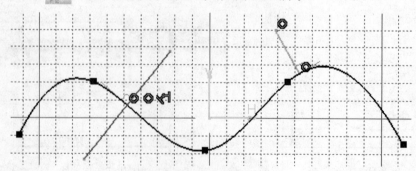

图 2-28　生成曲线的法线

7. 绘制轴线

单击绘制轴线工具命令图标 ┊，通过确定两点即可绘制轴线，在实体造型过程中绘制旋转体或环切槽才可围绕预先生成的轴线进行操作。

8. 绘制点

单击轮廓工具栏上的"Point"(点)工具命令图标 ▪ 右下角的黑色三角，将弹出点的子工具栏 ▪ ⌁ ⋰ ✕ ⌁ ，图标含义依次为绘制点、应用坐标绘制点、绘制等距点、绘制交点和投影点。

(1) 单击"Point"创建点工具命令图标 ▪ ，在弹出的工具栏中输入点的坐标值或者直接在屏幕中拾取点，即可绘制点。

(2) 单击"Point by Using Coordinates"(应用坐标绘制点)工具命令图标 ⌁ ，在弹出的如图 2-29 所示工具栏中输入点的直角坐标值或极坐标值，即可生成点。

(3) 如图 2-30 所示，先绘制一条直线(或曲线，可以是轴线或构造元素)，单击"Equidistant Point"工具命令图标 ⋰ ，在弹出的工具栏选择"Parameters"(参数)类型，当前为"Points & Length"(点和长度)，则下面需要输入"New Points"(新点数)为 10 个(端点视为原来的点)，"Spacing"(距离)和"Length"(长度)则根据所绘线条自动计算得出。参数类型还有"Points & Spacing"(点和距离)及"Spacing & Length"(距离和长度)可供选择。

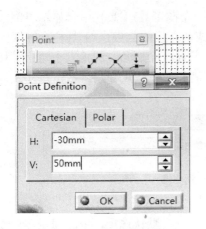

图 2-29　生成点的对话框

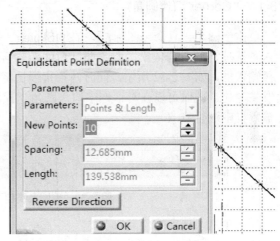

图 2-30　生成等距点对话框

对话框下部还有"Reverse Direction"(反向)按钮，单击后，将在相反方向绘制相应的点。

(4) 为了获取相交元素的交点，可以单击"Intersection Point"(相交点)工具命令图标 ✕ ，再依次选取相交元素，即可得到相应交点。

(5) "Projection Point"(投影点)工具命令图标为 ⌁ ，应用此命令可以将点投影到直线或曲线上。如图 2-31 所示，先选取已经存在的点(多个可按 Ctrl 键辅助选取)，再单击图标 ⌁ ，选择投影的样条曲线，即得到投影点。

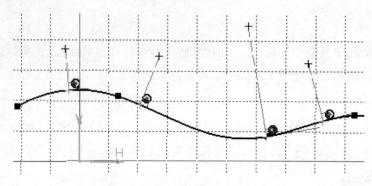

图 2-31　生成投影点

2.3　编　辑　功　能

草图绘制工作台为草图轮廓提供相应的编辑命令，"Operation"(操作)工具栏包含五组工具命令图标 ⌐ ⌐ ⌐ ✕ ⋔ ⧰ ，依次为 "Corner"(圆角)、"Chamfer"(倒角)、"Trim"(修剪)、"Mirror"(镜像)、"Project"(投影)，也可以通过选择"Insert"(插入)→ "Operation"(操作)→相应命令。

2.3.1 　"Corner"(倒圆角)

单击倒圆角工具命令图标 ⌐，在 "Sketch tools" (草图工具)工具栏中会显示出倒圆角的六种选项，此时若依次选取需要倒角的两条直线(或两直线的交点)，工具栏会继续弹出半径输入框，如图 2-32 所示，同时两条直线交汇处会显示一个圆角，圆角大小随指针移动而发生变化。此时可以在对话框中输入圆角半径，或者暂时默认尺寸，再双击尺寸线数值在输入框中进行修改。

图 2-32　倒圆角类型及半径输入框

倒圆角六个选项的含义如下。

(1) ⌐ ："Trim All Elements"(修剪所有元素)，是缺省默认选项，生成圆角，直线在圆角外的多余部分都将被修剪掉。

(2) ⌐ ："Trim First Elements"(修剪第一条直线)，生成圆角，并且第一条直线在圆角外的多余部分被修剪。

(3) ⌐ ："No Trim"（不修剪），生成圆角，但不修剪任何元素(直线)。

(4) ⌐ ："Standard Lines Trim"(标准直线修剪)，生成圆角，并且修剪两条直线在交点的另侧部分，保留(标准或构造)线形属性。

(5) ⌐ ："Construction Lines Trim"(修剪直线并绘制构造线)，生成圆角，并且修剪掉两条直线交点的另侧部分，同时由切点到交点部分会变为构造线。

(6) ⌐ ："Construction Lines No Trim" (不修剪并绘制构造线)，不修剪两条直线，但圆角以外部分会转变为构造线。

2.3.2 "Chamfer"(倒角)

为了在两条直线之间创建倒角，单击"Chamfer"(倒角)工具命令图标 ，在"Sketch tools"工具栏上显示进行倒角操作的六种命令选项 ，其中各选项的含义与倒圆角的含义完全一致。此时若依次选择两条直线，两条直线间会显示一个倒角，移动指针则倒角随之改变。此时可以在对话框输入圆角半径，或者暂时默认尺寸，再双击尺寸线数值在输入框中进行修改。另外在草图工具栏中给出了三种定义倒角尺寸的方法，如图2-33所示，在尺寸框输入相应数值，即可创建倒角。

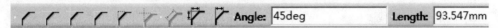

图2-33 三种定义倒角尺寸的方法

这三个选项的含义依次为：

(1) ："Angle/Length"(角度/斜边长)，通过给定角度和斜边长来确定倒角，这是工程制图常采用的定义形式，如2×45°。

(2) ："Length1/Length2"(边长1/边长2)，通过给定两边长来定义倒角。

(3) ："Length/Angle"(边长/角度)，通过给定边长和角度来定义倒角。

2.3.3 "Relimitations"(修剪限制)

单击操作工具栏上"Trim"(修剪)工具命令图标 右下角的黑色三角，将弹出修剪限制子工具栏 ，其上依次为修剪、打断、快速修剪、闭合、求补等工具命令图标。

1) "Trim"(修剪)

"Trim"(修剪)是在草图设计中应用最广的命令之一，可以修剪相交的线段，也可以连接未相交的线段。例如，图2-34(a)中已存在两条相交直线，单击修剪工具命令图标 ，草图工具栏显示进行修剪操作的两个工具命令图标 ，前者为"Trim All Elements"(修剪全部元素，默认选项)，应用此项两线段从交点处将被修剪掉；后者为"Trim First Elements"(修剪第一元素)，应用此项只修剪第一元素(线段或曲线)。此时若选择修剪全部元素方式，单击第一、第二元素的交点以上部分，结果如图2-34(b)所示，而图2-35(c)则是选择修剪第一元素的结果。

注意：修剪命令中单击的部分是要留下的部分。图2-34(c)中的第一线段被单击的是交单的上部分，所以下部分被修剪掉了。

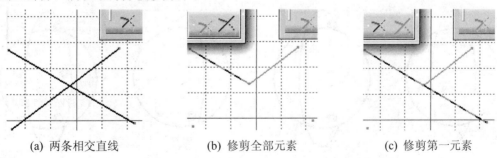

(a) 两条相交直线　　　　(b) 修剪全部元素　　　　(c) 修剪第一元素

图2-34 "Trim"(修剪)两条相交直线

对于图2-35(a)所示是两条未连接直线，依照上面操作选择修剪全部元素方式，结果如

图 2-35(b)所示，两条线段在交点处连接在一起，而选择修剪第一元素，就会如图 2-35(c)所示，右侧线段(第一元素)延长至交点，而第二元素不被修剪，也就没有变化(延伸)。

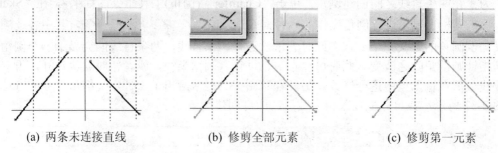

(a) 两条未连接直线　　　　(b) 修剪全部元素　　　　(c) 修剪第一元素

图 2-35 "Trim"(修剪)两条未连接直线

2) "Break"(打断)

为了打断线段，单击"Break"(打断)工具命令图标 ，选择要打断的线段(直线或曲线)，再单击一点(一般在线上)确定打断点的位置，该线即被打断成两段。

如果指定的打断点不在直线(曲线)上，则打断点将是指定点在该直线(曲线)上的投影点。打断也可用于相交元素的打断，此时，要先选择被打断的元素，再选择与其相交的元素，选择后，第一元素被第二元素截为两段(中间缺少一个交点)。

注意：对于修剪类操作，先选择的是被处理元素，后选择的是那把"剪刀"。

3) "Quick Trim"(快速修剪)

为了删除和快速修剪草图元素，单击"Quick Trim"(快速修剪)工具命令图标 ，在草图工具栏上显示出三种快速修剪命令选项， 这三个选项的含义依次如下。

① ："Break and Rubber In"(断开并擦除内部)，可以直接擦除所选元素两侧交点内的部分；

② ："Break and Rubber Out"(断开并擦除外部)，与前一选项相反，被选元素交点以外部分被擦除；

③ ："Break and Keep"(断开并保留)，被选元素会在交点处断开，但不会被擦除，相当于双侧打断。

例如，图 2-36(a)所示的两条曲线，同样选择椭圆的左侧中间段，按照三种不同命令选项所得的修剪结果依次为：图 2-36(b)中椭圆的中间弧线被擦除；图 2-36(c)中只剩余椭圆的左侧中间一段；图 2-36(d)中椭圆被圆打断(缺少两个交点)。

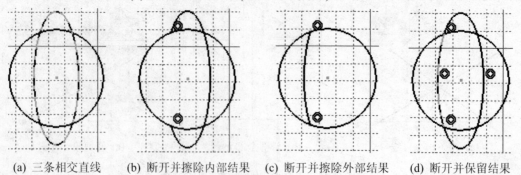

(a) 三条相交直线　(b) 断开并擦除内部结果　(c) 断开并擦除外部结果　(d) 断开并保留结果

图 2-36 "Quick Trim"(快速修剪)的三种结果

4) "Close"(封闭圆弧)

"Close"(封闭圆弧)命令用于封闭圆弧或椭圆弧。先单击工具命令图标 ⟳ ，再选择如图 2-37(a)中的圆弧，即可得到闭合后的圆，如图 2-37(b)所示。

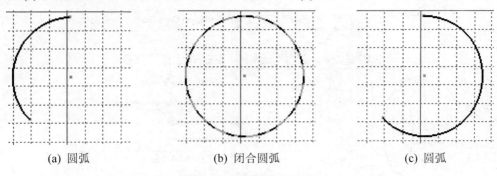

（a）圆弧   （b）闭合圆弧   （c）圆弧

图 2-37   圆弧的封闭与求补

5) "Complement"(圆弧求补)

"Complement"(圆弧求补)命令用于求得圆弧或椭圆弧。先单击工具命令图标 ⟳ ，再选择如图 2-37(a)中的圆弧，即可得到圆弧的互补弧(相反圆弧)，如图 2-37(c)所示。

2.3.4   "Transformation"(转换)

单击操作工具栏上"Mirror"(镜像)工具命令图标 ⊪ 右下角的黑色三角，将弹出转换子工具栏 ⊪ ⊪ → ⟳ ⟳ ◇ ，其中工具图标的含义依次为"Mirror"(镜像)、"Symmetry"(对称)、"Translation"(移动)、"Rotation"(旋转)、"Scale"(缩放)和"Offset"(偏移)，其实质是对既有图形元素的一种变换或复制。

1) "Mirror"(镜像)

该命令用于以直线或轴线作为对称轴复制现有的草图元素。应用方法为：单击选择"Mirror"(镜像)工具命令图标 ⊪ ，选择如图 2-36(a)中的两条曲线，再选择图 2-38(a)中的对称轴，即可得到两条曲线的镜像图形，如图 2-38(b)所示。

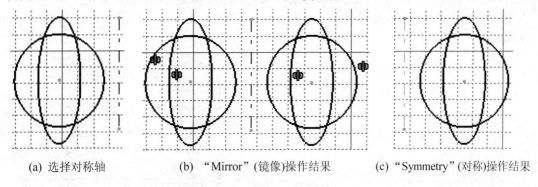

（a）选择对称轴   （b）"Mirror"(镜像)操作结果   （c）"Symmetry"(对称)操作结果

图 2-38   "Mirror"(镜像)和"Symmetry"(对称)操作

2) "Symmetry"(对称)

对称与镜像的操作方法相同，图标 ⊪ 显示原侧图形变虚，所以操作结果是原图形消失，形成其对称图形，如图 2-38(c)所示。

3) "Translation"(移动)

移动命令用于对所选草图元素进行平移或多重复制操作。以图 2-36(a)中的元素进行说明，单击移动工具命令图标 →，弹出如图 2-39 所示的"Translation Definition"(移动定义)对话框。

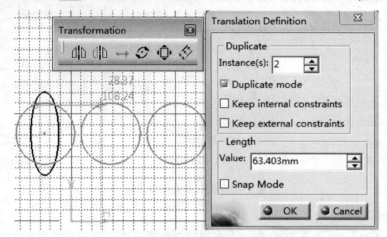

图 2-39 "Translation Definition"(移动定义)对话框及操作

如图 2-39 所示对话框中各选项的含义为：① "Duplicate Instance(s)"(复制数量)；② "Duplicate mode"(复制模式)，选择该项，则复制所选择的草图元素，否则，就会只移动草图元素；③ "Keep internal constraints"(保留内部约束)，选择该项，会保留所选择几何元素内部的约束；④ "Keep external constraints"(保留外部约束)，选择该项，会保留所选择几何元素与其外部几何元素之间的约束；⑤Value(长度数值)，输入的数值将确定参考点移动的距离。

接下来选择图 2-39 中的圆，在复制数量输入框中输入 2，单击一点确定参考点，此时移动指针圆会随之移动，在长度数值输入框中输入相应数值，选择好指针移动方向，单击确定按钮。

4) "Rotation"(旋转)

旋转命令用于对所选草图元素进行旋转或者环形阵列复制操作。例如，对图 2-40 中正六边形内的圆进行阵列复制，单击"Rotation"(旋转)工具命令图标 ↻，将弹出"Rotation Definition"(旋转定义)对话框，如图 2-40 所示。

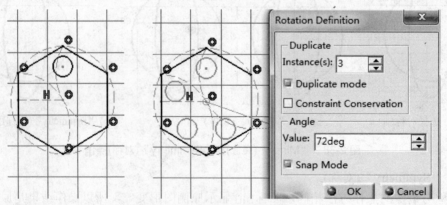

图 2-40 "Rotation Definition"(旋转定义)对话框及操作

该对话框中有多项与移动定义对话框相同,不同选项为:①"Constraints Conservation"(保持约束),激活该选项,会保留被旋转物体中已经建立起来的约束;②"Angle Value"(角度值),激活该选项,图形元素绕中心旋转的角度数值,以逆时针为正,顺时针为负;③"Snap Model"(捕捉模式),激活该选项,鼠标只能捕捉步距的整数倍的角度值,系统默认步距为5°。

接下来与移动操作类似:选择被旋转元素——圆,设置"Duplicate Instance(s)"(复制数量)为3,即新增加3个圆,单击六边形中心以确定旋转中心;在"Angle value"(角度值)中输入角度为72(默认单位为°),此时可得到如图2-40所示的环形阵列复制结果,单击"OK"按钮即确认。

5)"Scale"(缩放)

应用缩放命令可以对已存在的草图元素进行比例缩放。例如,对图2-41所示左侧的长圆孔执行此操作:单击"Scale"(缩放)工具命令图标,弹出如图2-41右侧所示的"Scale Definition"(缩放定义)对话框,选中"Duplicate mode"(复制模式)复选框,然后选择长圆孔,选定指定缩放中心点(大圆中心),再输入给定"Value"(缩放比例)为0.5(>1即为放大),单击"OK"按钮,得到缩小的长圆孔,如图2-41右侧轮廓所示。

注意:刚绘制完成的几何图形一般被认为默认选择,再选择缩放命令,同样可以进行上述操作,其他命令选项也如此。

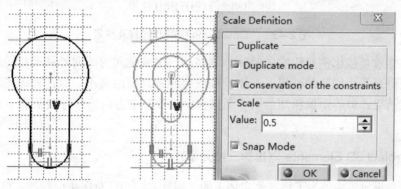

图2-41 "Scale Definition"(缩放定义)对话框及操作

6) Offset(偏移)

应用偏移命令可以对草图(一般为连续图形元素)进行偏移复制。还以图2-41为例:单击偏移工具命令图标,对应的草图工具栏后部会出现4个选项命令,其含义依次如下。

① :"No Propagation"(无拓展,默认选项),选择被偏移元素时不进行拓展,增加所选元素。

② :"Tangent Propagation"(切线拓展),选择被偏移元素时与所选元素相切的线也同时被选中,并且顺次传递。

③ :"Point Propagation"(点拓展),选择被偏移元素时与所选元素相连接的所有元素均被选中。

④ :"Both Side Offset"(双侧偏移),同时向两个方向偏移复制所选元素。

接着单击长圆孔线条,只能选取部分线条,为了选取整个长圆孔,需要选择"Edit"(编

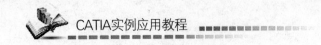

辑)→"Auto Search"(自动搜索)命令即可选定与选中部分相连的轮廓，此时出现虚的蓝色轮廓随指针移动，如图 2-42(a)所示在弹出的工具栏"Offset"(偏离)数值输入框中输入 8mm，即可得到如图 2-42(b)所示的结果。

Instance(s): 1	New Position: H: 329.168mm	V: 31.077mm	Offset: 8

(a) "Offset"(偏移)数值输入框

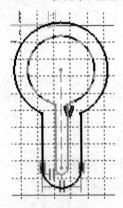

(b) "Offset"(偏移)操作结果

图 2-42   "Offset"(偏移)操作过程及结果

注意：缩放是按比例向轮廓内侧或外侧移动，偏离是向内或向外移动相等的距离。例如，田径跑道是等距偏移的结果，若比例缩放会导致直线距离不一致；而无论比例多大，缩放永远有结果，但等距偏移却会因不断偏移而导致某个方向的尺寸数值为 0 而无法进一步偏移。

2.3.5   "Project 3D Elements"(投影三维元素)

在实际建模过程中，为了将三维实体上的几何元素向当前草图平面投影，可以应用投影三维元素命令。单击操作工具栏上"Project 3D Elements"(投影三维元素)工具命令图标 ⚓ 的右下角的黑色三角，将弹出"3D Geometry"(三维几何图形)子工具栏 ⚓ ⚓ ⚓ ，工具命令图标的含义依次为投影三维元素、相交三维元素以及三维轮廓边界，应用实例如下。

1) "Project 3D Elements"(投影三维元素)

为了实现不用绘制轮廓、不用进行尺寸约束和不用对话框进行强制约束等操作，而直接提取三维实体的外轮廓线，可以将其投影到草图平面上来创建草图。

操作方法为：单击投影三维元素工具命令图标 ⚓ ，选择三维实体的轮廓边界(也可选择某个面，亦即选择其外轮廓)，如图 2-43(a)所示，选择实体的上端面，该轮廓边界就被投影到草图平面上，并显示为黄色，在此草图中将不可更改其形状和尺寸，但若改变实体尺寸，其投影将随之改变。

2) "Intersection 3D Elements"(相交三维元素)

与投影三维元素不同，相交三维元素用于创建三维元素与草图平面相交的元素，相当于实体被平面切割所形成的断面，操作方法为：单击相交三维元素工具命令图标 ⚓ ，选择已有实体与草图平面相交的面，如图2-43(b)所示，选择整个实体即可得到二者的黄色交线轮廓，若选择实体的一部分柱面会得到一段弧，而选择柱面的轴线就只能得到与蓝图平面的交点。

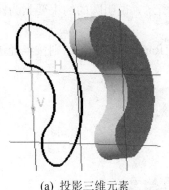 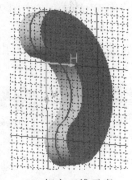 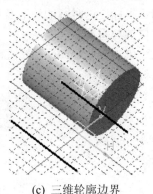

(a) 投影三维元素　　　　　(b) 相交三维元素　　　　　(c) 三维轮廓边界

图2-43　"Project 3D Elements"(投影三维元素)操作结果

3) "Project 3D Silhouette Edges"(三维轮廓边界)

为了将回转体的外轮廓投影到草图平面，可应用此操作：单击三维轮廓边界工具命令图标 ，选择如图 2-43(c)所示的圆柱面，求得其轮廓投影——柱面的最外缘边界在平面投影的两条线段。

2.4　草　图　约　束

在草图绘制中，系统默认设置的背景是蓝灰色，绘制的轮廓颜色为白色，这是欠约束的表现。如果加以合理的尺寸和位置约束，线条及尺寸就会变为绿色，另外过约束时草图和相应的约束都显示为紫色，这就需要对草图提供适度的尺寸约束和几何约束。其中尺寸约束是利用尺寸数值来确定几何图形的形状、大小和位置，如单个元素的长度、角度、半径、半长轴等及多个元素的距离和角度等都属于尺寸约束；几何约束则是限制一个或多个图形之间的相互位置关系，如限制一条直线的水平、垂直约束，以及两直线间的平行、垂直约束等都属于几何约束。1.3.2 节中已说明本书为印刷方便，将背景设为白色，线条设为黑色，而实际讲授与练习过程中依然应用蓝灰色。

通常情况下，需要对图形元素进行尺寸和位置约束。以图 2-44 所示的矩形和圆形轮廓为例，单击如图 2-45 所示的"Constraint"(约束)工具栏中的"Constraint"(约束)工具命令图标 。

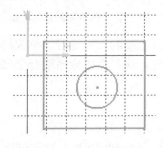

图2-44　约束前的图形元素

图2-45　"Constraint"(约束)工具栏

接下来点选圆，即对其轮廓尺寸进行约束：单击显示出圆的直径，双击直径数值，弹出如图 2-46 所示的 "Constraint Definition" (约束定义)对话框，在 "Diameter" (直径)数值输入框输入 20，说明将圆的直径约束为 20mm，此时圆并未变色，继续约束圆心的横坐标和纵坐标，这时圆的轮廓及尺寸线全部变成绿色，如图 2-47 所示，说明圆的约束要素为圆心位置与直径。

单击 "Diameter" 数值输入框后是下三角，选择弹出的 "Radius" (半径)，则按半径进行标注。

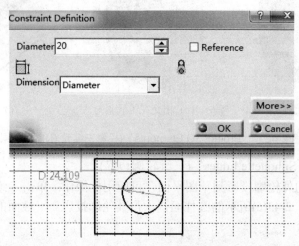

图 2-46 "Constraint Definition" (约束定义)对话框

对于矩形，先约束左竖线与纵轴和上横线与横轴的距离，单击约束工具命令图标，单击左线却显示线段长度，这是默认的优先约束，接着再单击坐标轴，即显示两者距离，依照图 2-47 方式约束其为 10mm，同理约束上横线与横轴距离为 35mm，然后再约束矩形的竖直线段长度为 45mm(可以单击线段，也可以约束两横线之间的距离)，即得约束完好的草图，如图 2-48 所示。

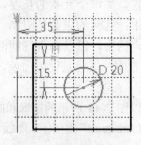

图 2-47 约束圆的尺寸

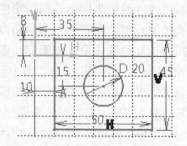

图 2-48 约束后的草图轮廓

注意：图形尺寸约束与位置约束的先后对绘图是有影响的，固定好了位置再约束尺寸就显得容易；若先约束尺寸，轮廓可能会移出视野之外，这时需要应用适合全部工具命令图标 ✛ 将其移回。

此外，还可以应用下列方法进行约束。

1) 使用草图工具栏创建约束

激活草图工具栏(见 2.2.1 节中的图 2-7)中后两个 "Geometrical Constraints" (几何约

束) 和 "Dimensional Constraints" (尺寸约束) 选项，前者可以在创建草图过程中会自动生成所有的几何约束，这些几何约束伴有绿色符号来表示轮廓的水平、垂直、相切、同轴、重合等，后者则在数值输入框中输入尺寸数值后会自动生成相应的尺寸约束。

2）"Constraints Defined in Dialog Box"（使用对话框定义约束）

选择要施加约束的图形元素后，单击约束工具栏中的 "Constraints Defined in Dialog Box"（应用对话框定义约束）工具命令图标，弹出 "Constraint Definition"（约束定义）对话框，对话框及其约束含义如图 2-49 所示。图 2-49 中只有个别项目可选，说明软件具有一定智能，只能选择存在可能性的约束。该对话框还可以对多个元素施加各种约束。

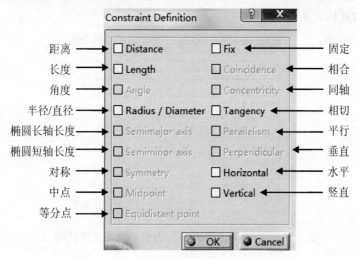

图 2-49　"Constraint Definition"（约束定义）对话框

操作过程中若弹出图 2-50 所示的警示框，提示所建的约束为临时约束。如果要创建永久约束，需要在单击 "OK" 按钮前激活约束创建按钮。也就是说需要激活 "Geometrical constraints"（几何约束）工具命令图标 及 "Dimensional constraints"（尺寸约束）工具命令图标 选项，是否激活后者取决于要创建约束的类型。

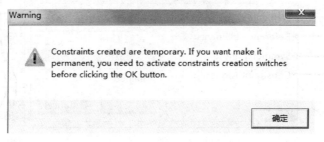

图 2-50　"Warning" 警示框

3）"Contact Constraint"（接触约束）

单击约束工具命令图标 右下角的黑三角，会看到约束工具命令图标下面还有接触约束工具命令图标 。创建接触约束可以先选择几何图形，也可以先选择命令。应用此命令，会让第二元素移动到第一元素处与其接触。被选元素种类不同，接触的含义也不同，在任意两个元素之间创建约束时，将优先建立以下的约束。

(1) 相合：被选元素为两条直线或一个是点，则第二元素移动与第一元素重合。

(2) 同轴：被选元素为两个圆或弧，则第二元素移动与第一元素同心。

(3) 相切：被选元素既有圆(弧)又有直线，则第二元素移动与第一元素相切。

4) "Fix Together"(固定约束)和"Auto Constraint"(自动约束)

固定约束命令用于将草图中的多个几何元素固连在一起。约束之后，这些元素被视为刚性组，此时只需拖动其中任一元素就会移动整个组。在单击固定约束工具命令图标 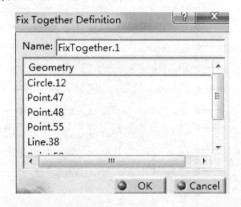 后会弹出图 2-51 所示的"Fix Together Definition"(固定定义)对话框，"Geometry"(几何)图形列表下为选定的几何元素。

图 2-51 "Fix Together Definition"(固定定义)对话框

自动约束命令用于检测选定元素间的所有可能约束，并在检测到之后施加这些约束。该命令还可以同时对多个元素进行约束。具体操作为：单击固定约束命令 右下角的黑三角，另有一个"Auto Constraint"(自动约束)工具命令图标，单击该图标会弹出"Auto Constraint"(自动约束)对话框，如图 2-52 所示，各选项对应含义左侧标注。

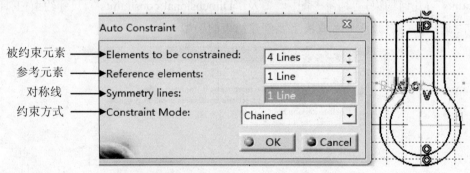

图 2-52 "Auto Constraint"(自动约束)对话框

对于图 2-52，选择需要约束的几条线段(或弧)，以对称轴作为参考元素，对称线也选为对称轴线，选择了参考元素后约束方式才可用，在此选择"Chained"(链式)，单击"OK"按钮，即如图 2-53 所示自动生成约束；若选择"Stacked"(基准式)，则如图 2-54所示。

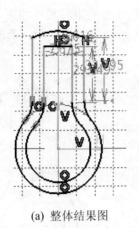
(a) 整体结果图

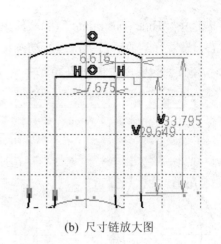
(b) 尺寸链放大图

图 2-53　"Chained"(链式)结果

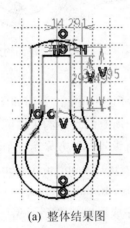
(a) 整体结果图

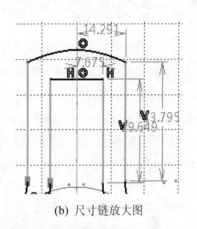
(b) 尺寸链放大图

图 2-54　"Stacked"(基准式)结果

5) "Animate Constraint" (动画约束)

应用动画约束命令可以检验机构的约束是否完备，自身是否会产生干涉，与其他部件是否会产生干涉，动画约束命令的应用操作过程如下：

(1) 在图 2-52 的基础上，以里面的两竖线为内壁，绘制上下边界相距 15mm 的矩形作为"活塞"，再从下边界中点绘制一条 25mm 的斜线代表连杆，从下面圆心引一直线与"连杆"尾端连接作为"曲柄"，约束如图 2-55 所示，其中曲柄与中心轴线的角度必须约束。

(2) 单击选中约束工具栏中的动画约束工具命令图标，再单击图中角度尺寸，弹出图 2-55 所示的对话框，将"Parameters"(参数)栏的"First value"(起始角度)设为 40°，"Last value"(结束角度)设为 150°，"Number of steps"(步数)在此默认为 10，可以增加到 50 以减缓杆件移动速度，方便观察；"Actions"(动作)栏的四个按钮依次为"Run Back Animation"(回复动画)、"Pause Animation"(暂停动画)、"Stop Animation"(停止动画)和"Run Animation"(运行动画)，用以选择运动方向、暂停及停止动画；"Options"(选择)栏的四个按钮含义依次为"One Shot"(沿指定方向运行一次)、Reverse(往返一次)、Loop(连续往返)和 Repeat(沿指定方向连续运行)。

若选中"Hide constraints"(隐藏约束)复选框,将隐藏几何约束和尺寸约束。

(3) 设置好参数后,单击运行动画按钮,会看到"活塞"、"连杆"和"曲柄"的运动状态,运行一次即停止在图 2-56 所示位置。

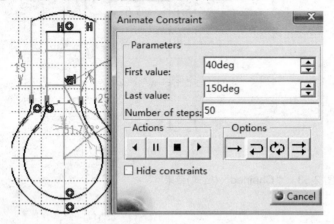

图 2-55   动画约束对话框及参数设置   图 2-56   动画约束运行结果

6) "Edit Multi-Constraint"(编辑多个约束)

在已有草图轮廓条件下,单击约束工具栏中的工具命令图标 ![icon]，弹出如图 2-57 所示的"Edit Multi-Constraint"(编辑多个约束)对话框,显示出所有的尺寸约束,可修改其中任一尺寸,如图 2-57 所示选中 15mm 的尺寸就可以对其进行编辑,下方显示三个输入框——"Current value"(理想值)、"Maximum tolerance"(最大公差)和"Minimum tolerance"(最小公差),以及"Restore Initial Value"(恢复初始值)和"Restore Initial Tolerance"(恢复初始公差)两个控件按钮,用于快速回复到最初设置状态。设置完成后单击"Preview"(预览)按钮可查看,满意后即可单击"OK"按钮确认。

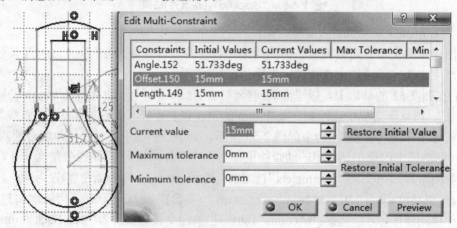

图 2-57   "Edit Multi-Constraint"(编辑多个约束)对话框及参数设置

注意:对于已创建的约束可以随时编辑和修改,只需双击约束的尺寸值,在弹出的约束定义对话框中就可以修改尺寸值。

2.5 草 图 分 析

为了解草图的约束状态及其他信息，通常需要对草图进行分析。单击草图工具栏最后一个工具命令图标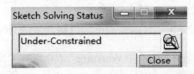右下角的黑三角，弹出"2D Analysis"(二维分析)子工具栏，其上有"Sketch Solving Status"(草图约束状态)和"Sketch Analysis"(草图分析)两个工具命令图标。

完成草图绘制后，单击草图约束状态工具命令图标，弹出"Sketch Solving Status"(草图约束状态)对话框，以显示草图的约束状态，分别显示为"Under-Constrained"(欠约束)、"Iso-Constrained"(全约束)或"Over-Constrained"(过约束)。例如，对图 2-58 所示草图的约束状态进行分析，结果是欠约束状态，这说明草图中有未约束元素。

图 2-58　"Sketch Solving Status"(草图约束状态)显示结果

单击图 2-58 中的放大镜工具命令图标，就会弹出如图 2-59 所示的"Sketch Analysis"(草图分析)对话框，这与直接单击二维分析子工具栏的草图分析工具命令图标效果是一致的。从图 2-59 最后一个选项卡"Diagnostic"(诊断结论)也可看出，"Solving Status"(约束状态)栏也提示"Under- Constrained"(欠约束)，下面的"Detailed Information"(详细信息)列出了全部图形元素的欠约束、全约束和过约束信息。

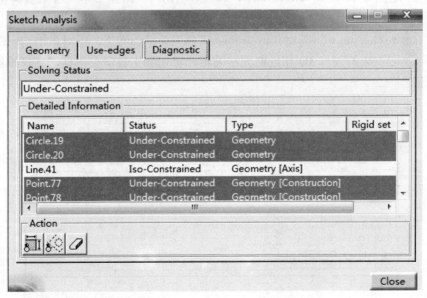

图 2-59　"Sketch Analysis"(草图分析)对话框

草图分析对话框另有两个选项卡："Geometry"(几何图形)、"Use-edges"(应用边线)，选择前者如图 2-60 所示。

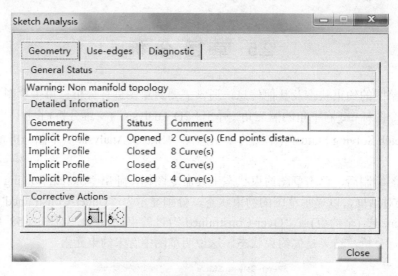

图 2-60   "Geometry"(几何元素)选项卡

"General Status"(总体状态)栏显示"Warning"(警告):"Non manifold topology"(非流形拓扑),"Detailed information"(详细信息)则说明哪些"Implicit Profile"(隐式轮廓)处于"Opened"(开)或"Close"(关)状态。选择应用边线选项如图 2-61(a)所示,中部依旧显示详细信息,但仅有草图无法显示,以 2.3.5 节投影三维元素中的图 2-43(c)为例说明,如图 2-61(b)所示,中部详细信息显示针对"Silhouette.1"(实体轮廓 1)进行操作,"Type"(类型)为"Intersection"(交叉),"Status"(状态)为"Valid"(有效),"Support"(支持面)为拉伸面,"Comment"(评价)为"Upgrade not possible"(不可升级)等信息。

对话框下边则显示"Corrective Action"(修正动作)六个图标 ,图标含义依次如下。

① "Isolate Geometry"(隔离几何图形):隔离当前草图元素,还用在 3D 投影操作中,使用 或 时生成的线与 3D 相连而无法编辑,单击此工具命令图标,选择投影轮廓,即去除关联。

(a)   "Use-edges"(应用边线)选项卡

图 2-61   "Use-edges"(应用边线)选项卡及应用

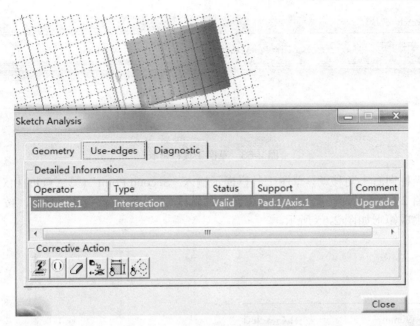

(b) 投影物体的应用边线选项卡

图 2-61 "Use-edges"(应用边线)选项卡及应用(续)

② "Active/Deactive"(激活/取消激活): 选择元素将其激活或取消激活。

③ "Delete 3D Geometry"(删除几何图形): 快速删除选中的几何元素。

④ "Replace 3D Geometry"(替换 3D 几何图形): 用草图元素替换投影的图形。

⑤ "Hide Constraints"(隐藏约束): 将尺寸约束和位置约束全部隐藏。

⑥ "Hide Construction Geometries"(隐藏构造几何元素): 将构造元素全部隐藏。

一般情况下, 分析合格的草图才能进一步在零件设计工作台中创建实体特征。

2.6 设 计 实 例

若要绘制如图 2-62 所示的草图, 先进行简要的分析: 应采用由外到内的顺序, 即先绘制矩形与半圆构成的外轮廓, 再绘制里面的、蛇形、长圆弧孔轮廓, 最后再将外轮廓左边线与两个圆弧进行修剪, 即完成草图绘制。

1. 绘制外轮廓

按照图 2-1~图 2-3 所示步骤, 新建 Part 进入零件设计工作台, 选中 xy(任一)平面再单击工具命令图标 ![pen], 进入草图绘制工作台。

单击生成矩形工具命令图标 ![rect], 草图工具栏即延长显示"First Point"(第一点)输入框, 如图 2-63 所示, 横、纵坐标均输入 0, 按 Enter 键确定。

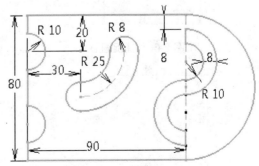

图 2-62 草图实例

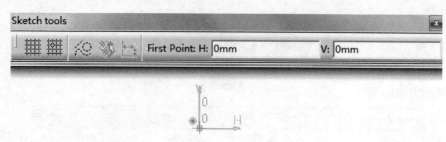

图 2-63　草图工具栏延长

拖动光标向右上角移动，草图工具栏提示输入"Second Point"(第二点)的相对(或绝对)坐标，如图 2-64 所示，在此输入相对第一点的宽度为 90mm，高度为 80mm，按"Enter"键确认即生成矩形如图 2-65 所示。

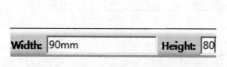

图 2-64　输入矩形的宽度和高度

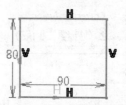

图 2-65　生成矩形

单击生成圆弧工具命令图标 ⌐，如图 2-66 所示，草图工具栏提示输入"Arc Center"(圆心)，在已选中草图工具栏中"Geometrical Constraints"(几何约束)工具命令图标 条件下，移动光标至矩形右边线中点处即可捕捉中点作为圆心。

如图 2-67 所示，再捕捉连线的一端作为"Start Point"(起点)，另一端为"End Point"(终点)，绘制结果如图 2-68 所示。选中矩形右边线，单击"Construction/Standard Element"(构造/标准元素)工具命令图标 ，图标变为色红，此时在边线被转为构造元素，如图 2-69所示，在线外单击，构造线条呈绿色，再单击构造/标准元素工具命令图标使其变为蓝色。

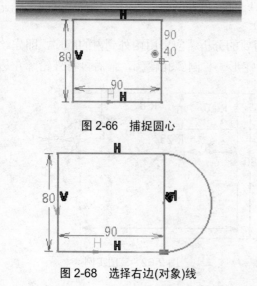

图 2-66　捕捉圆心

图 2-68　选择右边(对象)线

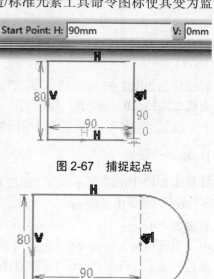

图 2-67　捕捉起点

图 2-69　转为构造线

2. 绘制蛇形轮廓

如图 2-70 所示，绘制一个半圆，圆心、起点和终点都在构造线上(注意不要捕捉到圆心和端点)，双击尺寸约束工具命令图标 ，再选择刚绘制的圆弧，双击生成的尺寸线，约束其半径为 10，如图 2-71 所示。

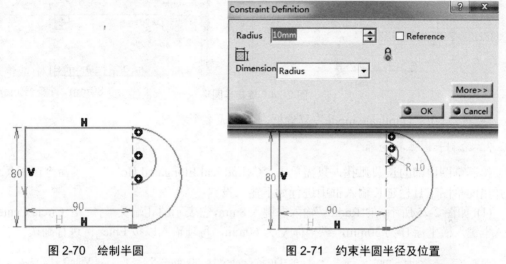

图 2-70　绘制半圆　　　　　　　　　　图 2-71　约束半圆半径及位置

如图 2-72 所示，选中 R10 的圆弧，单击"Offset"(偏移)工具命令图标 ，在草图工具栏延长的 Offset 输入框键入 8mm 并按 Enter 键确认；再约束偏移半圆的端点距上边线 8mm，得到如图 2-73 所示结果。

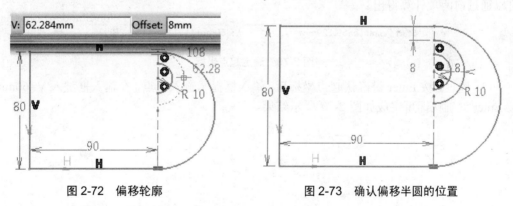

图 2-72　偏移轮廓　　　　　　　　　　图 2-73　确认偏移半圆的位置

注意：轮廓偏移时，其方向与指针所处的方向一致。

连接上面两个半圆外侧的两个端点，形成一个开口的半圆环，选择"Edit"→"Auto Search"命令，再单击半圆环的任一处，即自动搜索整个半圆环轮廓。单击"Transformation"工具栏中的"Rotate"工具命令图标 ，弹出如图 2-74 所示对话框，取消选中"Duplicate mode"(复制模式)复选框，单击构造线中点以其为中心，在"Value"输入框中输入 180°，则生成图 2-74 所示轮廓。

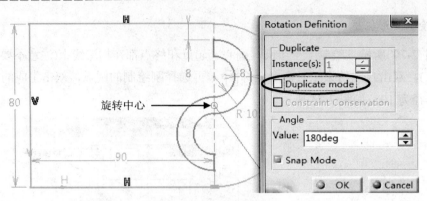

图 2-74　旋转半圆环

注意：选中"Duplicate mode"复选框，可生成多个实例。

3. 绘制长圆弧孔轮廓

绘制草图内部的长圆弧孔，只需单击"Cylindrical Elongated Hole"工具命令图标 ，在弹出的草图工具栏延长输入框中进行如下输入设置：

(1) 如图 2-75 所示，在"Radius"输入框键入 8mm，它表示圆孔端头半径；在"Circle Center"输入框键入横坐标 H 为 30mm，纵坐标 V 为 60mm，每项输入以按 Enter 键进行确认。

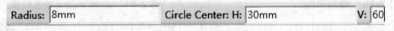

图 2-75　确定中心坐标

(2) 输入确认后，输入框变为起点输入，如图 2-76 所示，键入 V=60mm，R=25mm，H 可以通过前两项计算得出。

图 2-76　确定起点坐标

(3) 同理，按 Enter 键确认起点坐标后，输入框提示输入终点，在输入框键入 V=60mm，按 Enter 键确认即可生成如图 2-77 所示结果。

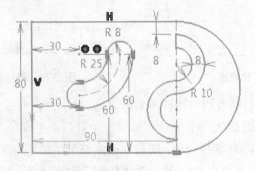

图 2-77　生成长圆弧孔

也可以先绘制长圆弧孔的大致形状，再应用约束图标进行相应的尺寸约束。

4. 绘制左侧半圆孔

双击"Circle"工具命令图标 ，连续绘制两个圆，如图 2-78 所示，圆心均在左边线上；双击约束工具命令图标▭，约束两圆半径都为 10mm，圆心距上边线、下边线分别为 20mm，如图 2-79 所示。

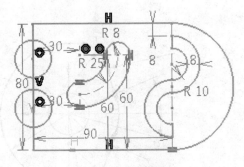

图 2-78 偏移轮廓

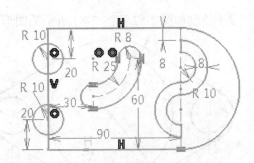

图 2-79 确认偏移半圆的位置

双击"Quick Trim"(快速修剪)工具命令图标✎，连续选择上面两个 R10 圆孔内的线段，将其擦除，得到如图 2-80 所示结果。

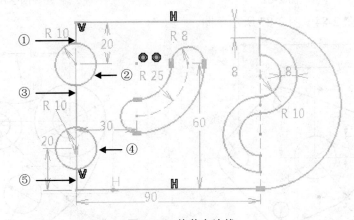

图 2-80 修剪左边线

双击修剪工具命令图标✕，以两条线作为一组，依次连续选择左边线要保留的①～⑤号曲线(①②→②③→③④→④⑤)，得到最终草图，如图 2-81 所示。

注意：双击图标可多次应用该功能，但要记得再次单击此图标以消除命令。

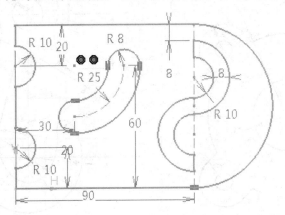

图 2-81 最终草图轮廓

习　题

2-1 绘制如图 2-82 和图 2-83 所示的图形。

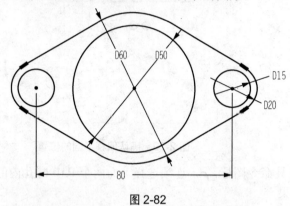

图 2-82

图 2-83

2-2 绘制如图 2-84～图 2-87 所示草图。

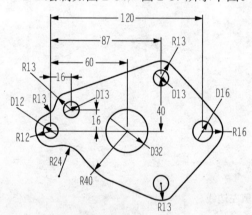

图 2-84

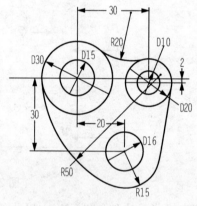

图 2-85

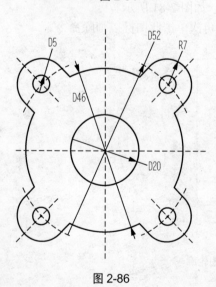

图 2-86

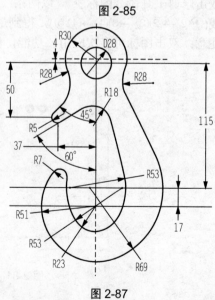

图 2-87

2-3 一个四杆机构如图 2-88 所示，$\overline{OA}$=50mm 且位置固定，将∠AOC 设为可动约束，分析曲柄(尺寸 50mm)是否能够旋转一周(提示：应用自动约束功能)?

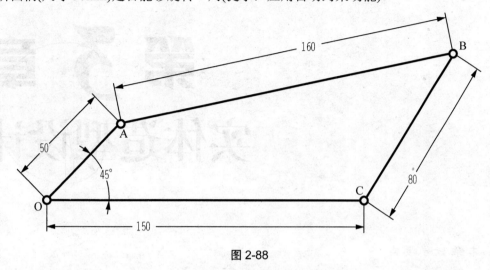

图 2-88

第3章

实体造型设计

本章教学要点

知识要点	掌握程度	相关知识
实体生成方式	掌握基于草图特征工具的应用方法； 熟悉参考元素的应用方法	拉伸、挖槽、旋转、环切、打孔、肋、沟槽、加强筋、放样； 参考点、线、平面
实体的修饰	熟练应用工具图标； 了解三种锻造工艺的应用	圆角、倒角、拔模、抽壳、增厚面、螺纹、移出面
布尔操作	掌握几何体间的布尔操作方法	插入几何体； 组合、求和、求差、求交、组合裁剪、去除残留
参数化设计	掌握参数的定义方法； 了解公式的定义方法	新建参数、长度类型； 编辑公式

"Part Design"(零件设计)模块为三维实体零件设计提供了系列强大的工具，能够满足从简单零件到复杂零件设计的各种需求。一般在零件设计模块中，基于草图和特征设计来创建实体模型，也可以在装配环境中对个别零件进行关联设计，以及在零件设计的过程中或完成后还可以应用参数化功能进行设计。再有通过创建曲面特征再加厚或填充也可以生成实体，本章只对非曲面表面的零件进行介绍。

3.1 实体造型的生成

2.1节已经介绍了进入零件设计工作台的几种方法，基于绘制好的这些草图就可以进行零件实体造型设计了。

零件的实体造型是在草图基础上通过拉伸、旋转、扫掠以及放样等操作来完成的，就像"积木"堆积在一起，这是在 CATIA V5 创建几何体的基本方法，"Sketch-Based Features"(基于草图的特征)工具栏提供了由二维草图创建三维实体造型的所有工具命令图标，如图 3-1 所示。

图 3-1　"Sketch-Based Features"(基于草图的特征)工具栏

3.1.1 "Pad"(拉伸)

1. "Pad Definition"(拉伸定义)对话框和参数含义

拉伸命令用于通过对草图轮廓拉伸一定长度以得到实体特征。操作时，单击"Pad"(拉伸)工具命令图标，弹出如图 3-2 所示的"Pad Definition"(拉伸定义)对话框。默认的对话框如图 3-2(a)所示，此时只有 First Limit(第一限制)，这时按照对话框要求在"Type"(类型)框中选择"Dimension"(尺寸)，在"Length"(长度)框输入相应尺寸，并在"Profile/Surface"(轮廓/曲面)栏的"Selection"(选择)输入框中选择被拉伸的草图，即可对选定的"Sketch.1"(草图.1)进行拉伸(默认为草图工作台退出前所作的轮廓)，草图还可以通过右击草图输入框创建，在弹出的快捷菜单中选择"Create Sketch"(创建草图)来进行草图绘制；单击"Reverse Direction"(反向)按钮或拉伸指向箭头可改变草图拉伸方向；若单击右下角的"More"(更多)按钮，按钮变为"Less"(更少)，对话框变大，如图 3-2(b)所示，右边多出"Second Limit"(第二限制)栏，此时可以设置两个方向的拉伸类型和距离，单击"Type"(类型)输入框后面的黑三角，会看到还有"Up to next"(直到下一对象)"Up to last"(直到最后对象)、"Up to plane"(直到某一平面)和"Up to surface"(直到某一曲面)四个选项可供选择；若选中"Thick"(厚度)复选框，将在轮廓内外两侧增加相应厚度，这时向外是增加实体，向内则是减少实体，选中"Mirrored extent"(镜像范围)复选框，则会在拉伸时由草图所在工作面沿法线向上下两个方向同时拉伸相等长度，就生成了相对草图工作面对称的实体。

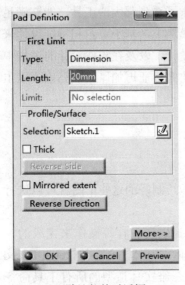

(a) 默认拉伸对话框　　　　　　　(b) 复式拉伸对话框

图 3-2　"Pad Definition"(拉伸定义)对话框

2. 其他拉伸方法

单击拉伸工具命令图标　右下角的黑三角，会弹出　　　三个图标，现介绍后面两个图标。

1) "Drafted filleted pad"(带拔模角并倒圆角的拉伸体)

以原有实体表面为草图工作面绘制草图，如图 3-3 所示，退出草图后单击工具命令图标，弹出右侧的对话框，在"First Limit"(第一限制)输入框输入欲拉伸的长度数值；"Second Limit"(第二限制)选择原有实体表面，在"Draft"(拔模)栏下的"Angle"(拔模)角度输入框输入相应角度值；"Neutral element"(中性元素)指的是拔模后尺寸不变的面，这里选择"First Limit"；"Fillets"(圆角)下包含"Lateral radius"(侧面竖直边圆角半径)、"First Limit radius"(第一限制面棱边圆角)和"Second Limit radius"(第二限制面棱边圆角)三个赋值输入框；数值输入完毕，单击"Preview"(预览)按钮可观察结果，满意后单击"OK"按钮即可。

2) "Multi-Pad"(多轮廓拉伸体)

对于多个轮廓拉伸长度不一致的问题，可应用多轮廓拉伸功能予以解决。以图 3-4 为例，在草图工作台绘制轮廓并退出至三维设计空间，单击多轮廓拉伸工具命令图标，轮廓显示如图 3-4(a)所示，同时弹出"Multi-Pad Definition"(多轮廓拉伸体定义)对话框，如图 3-4(b)所示，"First Limit"、"Type"和"Length"的意义及用法如前所述，与带拔模角并倒圆角的拉伸体有区别的是对话框的下部分：

(1) "Domains"(区域)包含草图中所有的(五个)可拉伸轮廓，单击对话框中第一个"Extrusion domains"(挤压区域)，对应的轮廓会变为蓝色，在对话框中输入拉伸尺寸，则"1：LIM1"会抬升到相应高度，"Thickness"(厚度)一栏也变为相应尺寸，若单击"More"(更多)按钮可以控制此轮廓的"1：LIM2"至相应高度。

注意：输入相应数值后不能单击"OK"按钮，继续选择下一个挤压域，待所有挤压域设置完毕再单击"OK"按钮。

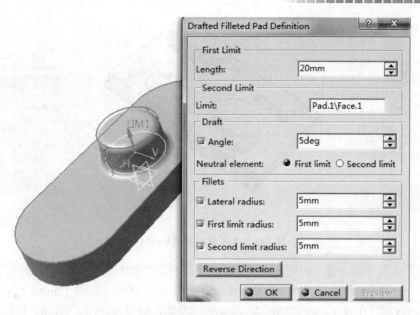

图 3-3　带拔模角并倒圆角的拉伸体对话框

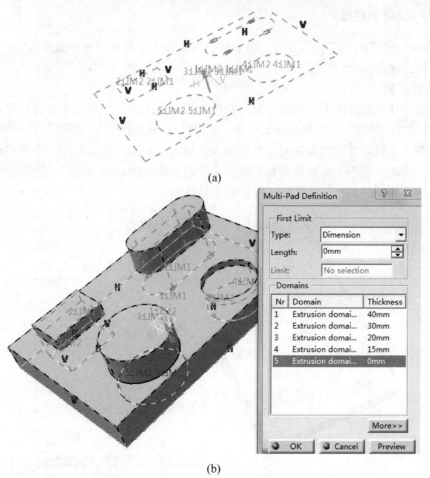

(a)

(b)

图 3-4　多轮廓拉伸演示

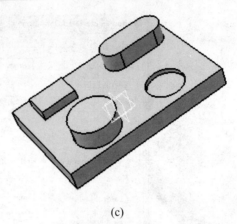

(c)

图 3-4　多轮廓拉伸演示(续)

(2) 按照上面步骤，逐一确定各区域拉伸尺寸，单击"Preview"(预览)按钮就会看到实体图，如图 3-4(c)所示，可以看到"Extrusion domains 5"(挤压区域 5)抬高 15mm，而最外廓抬高20mm，所以区域 5 出现了一个"凹坑"。若满意此绘图，则单击"OK"按钮，绘图完毕。

3.1.2　"Pocket"(挖槽)

"Pocket"(挖槽)与拉伸操作相反，用于从已有实体上移除部分柱体而形成空腔(容器状)特征，操作方法也完全一样。

1) 普通挖槽

以原有实体的表面作为工作面绘制一个草图 Sketcher.2，退出草图工作台后单击挖槽工具命令图标，弹出对话框如图 3-5 所示，此时默认 Sketcher.2 为切除轮廓，橙色箭头指向草图内部，选择尺寸类型并在深度数值输入框输入 20mm，就会切除一个圆柱体而形成一个孔洞，若输入值小于实体厚度则形成盲孔；若单击"Reverse Side"(反面)按钮，箭头将指向草图外侧，结果会切除柱体外部而剩余柱体。

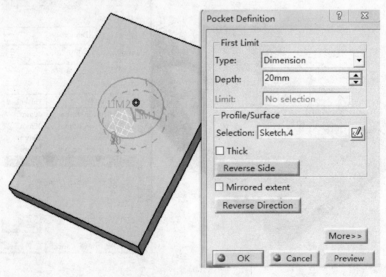

图 3-5　"Pocket Definition"(挖槽定义)对话框

与拉伸一样，在类型选择框中，同样有直到下一对象、直到最后对象、直到某一平面和直到某一曲面等选项供选择。若单击"More"按钮，可进行复式拉伸，也可双向挖槽。

2）"Drafted Filleted Pocket"（带拔模并倒圆角的挖槽）

单击工具命令图标 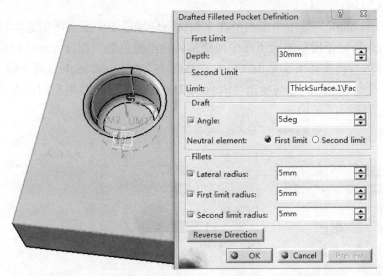，弹出"Drafted Filleted Pocket Definition"（带拔模并倒圆角的挖槽定义）对话框，与图3-5类似输入相应数值，预览即可看到如图3-6所示的效果，单击"OK"按钮可确认。

图3-6 "Drafted Filleted Pocket Definition"（带拔模并倒圆角的挖槽定义）对话框

3）"Multi-Pocket"（多轮廓挖槽）

单击工具命令图标 ，弹出"Multi-Pocket Definition"（多轮廓挖槽定义）对话框，与图3-5所示输入方法相同，预览可看到如图3-7所示的效果，单击"OK"按钮即确认。

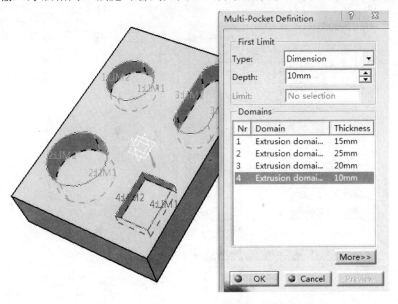

图3-7 "Multi-Pocket Definition"（多轮廓挖槽定义）对话框

3.1.3 "Shaft"(旋转体)

"Shaft"(旋转体)是指草图绕指定轴旋转而形成的实体，如圆柱、圆锥、球、圆环等。

单击旋转体工具命令图标 ██，弹出"Shaft Definition"(旋转定义)对话框，如图 3-8 所示，单击图 3-8(a)中的"More"按钮，即弹出展开对话框，如图 3-8(b)所示。对话框中与前述命令操作的区别在于"Limits"中"First angle"(第一角度)和"Second angle"(第二角度)以及"Axis"(轴)的选择。

这里，"First angle"是指草图由所在平面绕旋转轴沿图中箭头所指方向转过的角度，而"Second angle"则是指草图由所在平面绕旋转轴沿橙色箭头相反方向转过的角度，如图 3-8(c)所示，可以看出实体大小是由"First angle"与 "Second angle"两个输入值决定的。单击箭头可以改变其方向，这与单击"Reverse Direction"按钮效果相同，生成的旋转实体就会产生相应变化。

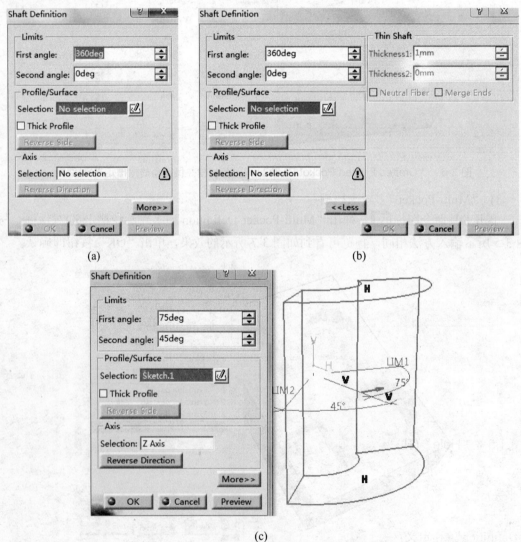

(a)　　　　　　　　　　　(b)

(c)

图 3-8 "Shaft Definition"(旋转体定义)对话框

"Axis"(轴)一般指旋转体的回转轴线，即在草图绘制时用图标 ┇ 绘制的轴线，若不绘制，就要在旋转体对话框的"Axis"的"Selection"(选择)输入输入框中指定轴线，这时可以选择草图轮廓中的某条线，也可右击输入框，再选择坐标轴或者建立其他轴线。"Profile/Surface"(轮廓/表面)选择的是已有的草图(也可单击选择输入框后的图标 ✐ 来创建或编辑)，与拉伸不同的是此草图可以不封闭，但需要以轴线来进行封闭，草图轮廓也不能有交叉，并且要位于轴线的同一侧。

3.1.4 "Groove"(环切槽)

如同"Pad"与"Pocket"的相反关系一样，"Shaft"与"Groove"也是一对基于旋转特征的相反操作：Shaft 是增加材料生成实体，而 Groove 是去除材料生成实体。创建环切槽的操作方法如下：

(1) 以原有的圆柱体为基础，选择 YZ 平面(通过轴线 Z)作为草图工作面，绘制草图轮廓，如图 3-9(a)所示白色轮廓。

(2) 单击"Groove"工具命令图标，弹出"Groove Definition"(环切槽定义)对话框，如图 3-9(a)所示，对"First angle"赋值为 75°、"Second angle"赋值为 45°，Axis 选择圆柱体的回转轴。

(3) 单击"Preview"(预览)按钮，若效果符合要求，单击"OK"按钮确认，得到图 3-9(b)所示效果。

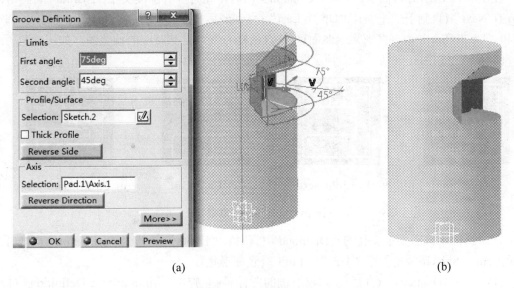

(a)   (b)

图 3-9　环切槽的操作方法

3.1.5 "Hole"(孔)

在已有实体上打孔，可以应用"Pocket"功能来实现，也可以直接应用"Hole"(孔)来完成。

单击"Hole"(孔)工具命令图标 ⊙，单击选择要创建孔的实体表面，弹出"Hole Definition"(孔定义)对话框，如图 3-10 所示，对话框有"Extension"(延展)、"Type"(类型)和"Thread Definition"(螺纹定义)三个选项卡。

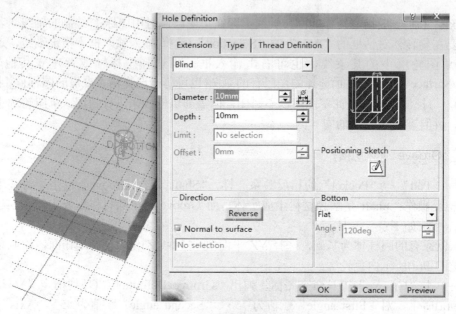

图 3-10　孔定义对话框中的延展选项

1)　"Extension"(延展)选项卡

在图 3-10 所示对话框中选择"Extension"项时，孔有五种深度类型："Blind"(盲孔)、"Up To Next"(直到下一平面)、"Up To Last"(直到最后平面)、"Up To Plane"(直到某一平面)和"Up To Surface"(直到某一曲面)，从对话框右侧可见其对应的预览图，如图 3-11 所示(直到某一平面和直到某一曲面预览图相同)。

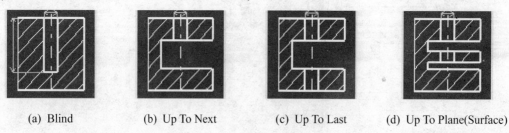

　　(a) Blind　　　　　(b) Up To Next　　　　(c) Up To Last　　　(d) Up To Plane(Surface)

图 3-11　孔深定义类型

在对话框中按需要定义孔的"Diamond"(直径)、"Depth"(深度)、"Direction"(方向)、"Positioning Sketch"(定位草图)和"Bottom"(底部形状)。

(1) 单击"Diameter"(直径)输入框右侧的图标⌀，弹出"Limit of Size Definition"(极限尺寸定义)对话框，可从"General Tolerance"(生成公差)、"Numerical values"(上下偏差)、"Tabulated values"(列表值)、"Single limit"(单一界限)四种方式中选择定义孔直径公差尺寸的形式，也有选择项"Envelope Condition"(包容原则，符号为Ⓔ)等供选择。

(2) "Depth"(深度)通过输入框输入，"Direction"(方向)可以通过单击按钮或实体中的橙色箭头进行调整。

(3) 单击"Positioning Sketch"(定位草图)工具命令图标可进入草图绘制器，约束孔中心的位置。

(4) 根据孔的深度类型，"Bottom"(底部形状)最多有"Flat"(平底)、"V-Bottom"(锥形底)和"Trimmed"(修剪)三种类型以供选择。

2) "Type"(类型)选项卡

单击"Type"(类型)选项卡，单击选择框下拉三角，会列出"Simple"(普通孔)、"Tapered"(锥形孔)、"Counterbored"(沉头孔)、"Countersunk"(埋头孔)及"Counterdrilled"(埋头沉孔)五种类型的孔，选择相应孔，则要求输入的"Parameters"(参数)就会变化，同时会显示不同的预览图，如图3-12所示。图3-13即是选择"Blind"(盲孔)时，五种类型孔的对应预览图。

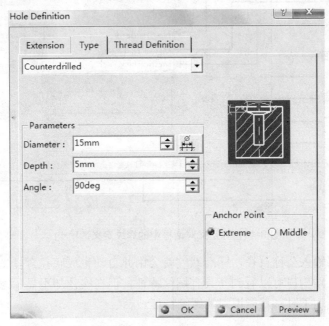

图3-12 "Hole Definition"(孔定义)对话框中的类型选项

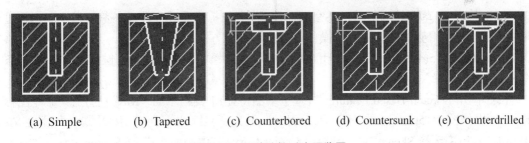

(a) Simple   (b) Tapered   (c) Counterbored   (d) Countersunk   (e) Counterdrilled

图3-13 五种孔的对应预览图

3) "Thread Definition"(螺纹定义)选项卡

多数实体所打孔都是螺纹孔，如图3-14所示，单击"Thread Definition"(螺纹定义)选项卡，在此对话框内，选中左上角的"Thread"(螺纹)复选框，其下的"Bottom Type"(底部类型)及"Thread Definition"(螺纹定义)就被激活处于可输入状态。

"Bottom Type"(底部类型)有"Dimension"(尺寸)、"Support Depth"(支持深度)和"Up-To-Plane"(到某一平面)三种选项，分别需要输入相应尺寸、默认实体深度(通孔)和新建一个孔欲达到的平面。

"Thread Definition"(螺纹定义)选项卡中各参数的含义如图3-14所示。

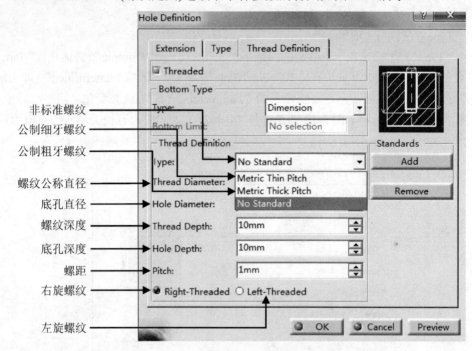

图3-14 孔定义对话框中的螺纹定义选项卡

注意：①只要输入公称直径，标准螺纹就会由此自动生成底孔直径。②通过实体创建得到的螺纹，打开结构树可以看到其具有螺纹特征，但在实体却不显示螺纹，若将其转为工程图或进行数控加工时，就能识别其螺纹特征。

3.1.6 "Rib"(肋)

"Rib"(肋)是草图轮廓沿着一条空间曲线(路径)扫掠，通过参数或参考元素控制扫掠过程中角度的变化得到的实体。具体操作可以应用如下方法：

(1) 如图3-15(a)所示，分别在相互垂直的平面各绘制一个草图——圆(Sketch.2)和样条线(Sketch.3)。

(2) 单击"Sketch-Based Features"(基于草图特征)工具栏中的"Rib"(肋)工具命令图标，弹出如图3-15(c)所示的"Rib Definition"(肋定义)对话框，在对话框中进行如下定义："Profile"(轮廓)选择Sketch.2(一个圆)，"Center Curve"(中心曲线)选择Sketch.3(一条曲线)，"Profile Control"(轮廓控制)选择"Keep angle"(保持角度，即轮廓草图的平面始终与中心线的切线保持初始时的角度)，其他参数选项默认即可。

(3) 单击"Preview"(预览)按钮，满意即可单击"OK"按钮生成最终的肋，如图3-15(b)所示。

另外，其他参数选项的含义说明如下：

(1) "Profile Control"用于控制轮廓沿中心线扫掠时的方向，除"Keep angle"外，还有"Pulling direction"(牵引方向)和"Reference surface"(参考曲面)两种选项，前者要求轮廓的法线方向始终与指定牵引方向一致，后者要求轮廓平面与参考曲面间的角度保持不变。

(a)

(b)　　　　　　　　　　　(c)

图 3-15　"Rib Definition"(肋定义)对话框及设置

(2)　"Move profile to path"(移动轮廓)需要选择"Profile Control"中的"Pulling direction"和 "Reference surface"时才被激活，其生成结果会离开原始位置一定距离。

(3)　"Merge rib's ends"(修剪端部)被选择后，与实体接触就会将多余部分自动修剪掉。

(4)　"Thick Profile"(加厚轮廓)可以用于创建加厚轮廓的扫掠体(管壁)，壁厚在"Thin Rib"(薄壁)区域中定义，"Thickness1"(厚度 1)指向内增厚的尺寸，"Thickness2"(厚度 2)是指向外增厚的尺寸。

3.1.7　"Slot"(沟槽)

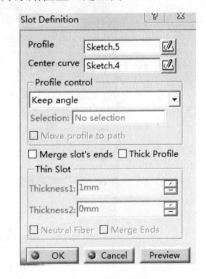

"Slot"(沟槽)与"Rib"(肋)也是一对相反的扫掠操作。肋是基于草图沿路径生成材料，而沟槽却是沿路径在实体中去除材料。

在已有实体造型的基础上，单击沟槽工具命令图标，弹出"Slot Definition"(沟槽定义)对话框，如图 3-16 所示，对话框中各参数与图 3-15 中"Rib Definition"(肋定义)对话框中的参数意义完全相同。

图 3-16　"Slot Definition"(沟槽定义)对话框

3.1.8 "Stiffener"(加强筋)和"Solid Combination"(组合体)

(1) 加强筋在机械零件中非常常见，一般用于增强零件的刚度。如图 3-17 所示，欲在垂直墙壁与地面间建立加强筋，只需在加强筋的正中央创建平面，进入此平面并绘制加强筋轮廓，如图 3-17(a)所示，确定轮廓的位置即可，退出后单击"Stiffener"(加强筋)工具命令图标弹出如图 3-17(b)所示的对话框。

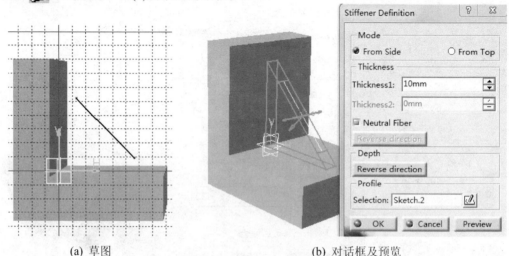

(a) 草图   (b) 对话框及预览

图 3-17   "Stiffener"(加强筋)的绘制

① 图 3-17 在"Mode"(模式)栏选中"From Side"(沿草图平面)复选框，结果是沿草图平面向外加厚生成加强筋，若选中"From Top"(沿草图平面法线方向)复选框，则沿草图平面垂直方向生成加强筋，一直延伸到实体表面，如图 3-18 所示。

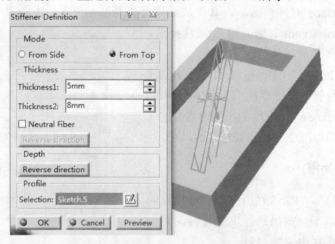

图 3-18   "Stiffener Definition"(加强筋定义)对话框

② 如图 3-18 所示，选中"Neutral Fiber"复选框，若在"Thickness"栏中的"Thickness1"输入框输入厚度值 10mm，则就以草图平面为中心镜像面向两侧各加相同的 5mm，若不选中"Neutral Fiber"复选框，则"Thickness1"和"Thickness2"两个数值输入框可以分别赋以不同的值。

③ "Depth"(深度)选项的 "Reverse Direction" 是指在轮廓线的上方还是下方生成加强筋。

④ "Profile" 一般默认选择刚绘制的草图，也可以单击 "Section" 后面的图标，进入草图绘制器创建及修改草图轮廓。

(2) 单击图标右下角的黑三角，会看到加强筋后的 "Solid Combination"(组合体)工具命令图标，"Solid Combination" 是指两个草图轮廓分别沿两个方向拉伸生成的交集实体。

应用图 3-19(a)中分别位于 xy 和 yz 平面的两个轮廓为例进行操作，xy 平面的轮廓是一个长圆形孔，yz 平面的轮廓则是一个正六边形，单击 "Solid Combination" 工具命令图标，弹出 "Combine Definition"(组合体定义)对话框，如图 3-19(b)所示，对话框中的 "First component"(第一元素)和 "Second component"(第二元素)分别选择 Sketch.1 和 Sketch.2 两个轮廓，默认选中 "Normal to profile"(垂直于轮廓)复选框，表示沿草图轮廓平面的法线方向进行拉伸，否则就要在对话框中的 "Direction"(指向)输入框定义拉伸的方向，此时结果如图 3-19(c)所示，显示出 Sketch.1 沿 xy 平面法向拉伸被六边形轮廓所限而形成的橙色框架结构，单击 "OK" 按钮则出现图 3-19(d)的结果。

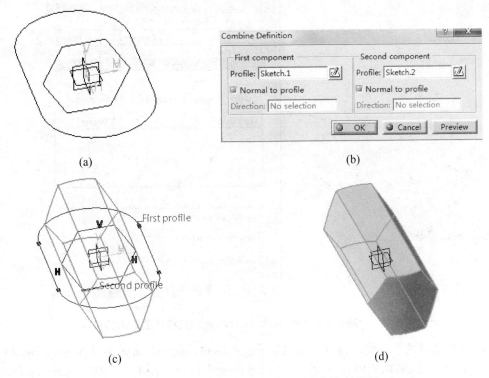

图 3-19　"Solid Combination"(组合体)的绘制

3.1.9　"Multi-sections Solid"(放样体)

"Multi-sections Solid"(放样体)用于一组不交叉的封闭草图轮廓沿一条或多条引导线以渐近方式扫掠而形成实体的操作，实体表面将通过这组轮廓。创建放样体的方法如下：

(1) 先建立草图所处的不同平面，在此基于 zx 平面建立一个与其平行的偏移面。单击 "Reference Elements"(参考元素)工具栏 ■ ╱ ▱ 中的平面工具命令图标 ▱，弹出如图 3-20 所示的 "Plane Definition"(平面定义)对话框，在 "Reference"(参考)输入框中选择 zx 平面，"Offset"(偏移)输入框赋值 30mm，单击 "OK" 按钮，即创建一个新的平面(平面.1)。

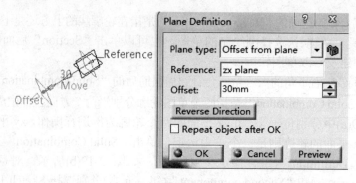

图 3-20　"Plane Definition"(平面定义)对话框

(2) 依次以 zx 平面和平面.1 为草图工作平面，各绘制一个半圆形轮廓。

(3) 单击工具命令图标 ![icon]，弹出"Multi-sections Solid Definition"(放样体定义)对话框，如图 3-21 所示。

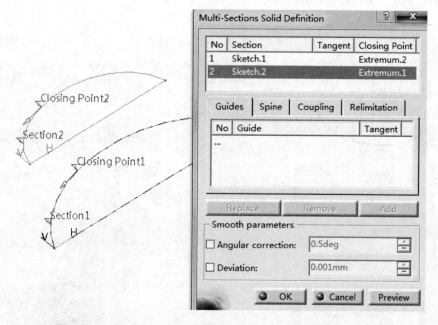

图 3-21　"Multi-sections Solid Definition"(放样体定义)对话框

(4) 依次选择两个草图，将其添加到轮廓选择的对话框中。如图 3-21 所示，"Section"列下为草图 1 和 2，后面列出各轮廓的"Closing Point"(闭合点)，图中可见各"Closing Point"及 Direction(闭合指向)，"Tangent"(相切)是指所选曲面将与该轮廓相切。

若要编辑闭合点，右击闭合点，弹出选项如图 3-22 所示，选择 Replace(更换)或"Remove"(移除)可以对闭合点进行调换，单击闭合箭头方向可以改变闭合指向。

注意：放样体时需要选择好每个轮廓的闭合点和该点处的闭合指向，否则会出现图形扭曲甚至错误。放样体操作在曲面设计中很常见，一些易于出错之处及其处理方法可参看曲面造型。

如果需要对草图进行编辑，右击对话框中的草图一栏，弹出如图 3-23 所示选项，可对各截面轮廓进行编辑。

如果右击图 3-21 中的 Sketch.1(截面.1)等，将会弹出综合了图 3-22 和图 3-23 的选项，以对该截面进行编辑。

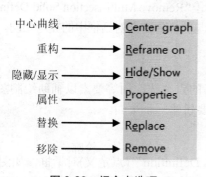

图 3-22 闭合点选项

Replace —— 替换
Remove —— 移除
Replace Tangent —— 替换相切面
Remove Tangent —— 移除相切面
Computed Tangent —— 计算的切面
Edit Closing Point —— 编辑闭合点
Replace Closing Point —— 替换闭合点
Remove Closing Point —— 移除闭合点
Add —— 添加草图
Add After —— 添加在后
Add Before —— 添加在前

图 3-23 草图选项

图 3-21 的对话框中部还包含 4 个选项卡，分别介绍如下。

(1) Guides(引导线)：在此选择各截面曲线的导线，草图轮廓以其为边界并沿此线扫掠。

(2) Spine(脊线)：一般默认，个别情况各截面间可定义脊线，但需要保证所选的曲线相切且连续。

(3) Coupling(耦合)：用于控制截面曲线的耦合，有 4 种方式供选择。

①Ratio(比率耦合)指按草图轮廓的比率连接实体的表面，一般用于各轮廓顶点数不同情况；②Tangency(相切耦合)指截面通过曲线的切线不连续点耦合，若各截面切线不连续点数量不等，还需手工修改使不连续点相同才能耦合；③ "Tangency then curvature" (切矢曲率耦合)指截面通过曲线的曲率不连续点耦合，若各截面曲率不连续点数量不等，还需手工修改使不连续点相同才能耦合；④ "Vertices" (顶点耦合)指截面通过曲线的顶点耦合，若各截面顶点数量不等，还需手工修改使不连续点相同才能耦合。

(4) Relimitation(重新限制)：用于控制放样体的首尾界限，默认为从第一个轮廓放样体至最后一个轮廓，也可设置为以引导线或脊线来限制放样体。若以引导线或脊线来限制就需要在图 3-24 所示 "Relimitation" 选项卡中取消选中 "Relimited on start section" (以起始轮廓限制)或 "Relimited on end section" (以结尾轮廓限制)两个复选框。

放样体定义对话框下部是 "Smooth parameters" (平滑参数)栏，用于定义扫掠体的光滑程度，如果选中 "Angular correction" (角度矫正)及 "Deviation" (偏差)复选框，在输入框中输入数值即可调整实体表面光滑程度。

(5) 设置完成后，单击 "Preview" (预览)按钮，实体符合要求即可单击 "OK" 按钮，得到如图 3-25 所示效果。

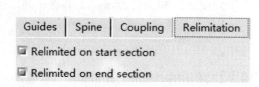

图 3-24 "Relimitation" (重新限制)选项卡

图 3-25 放样实体

3.1.10 "Remove Multi- section Solid"(移除放样体)

"Remove Multi- section Solid"(移除放样)与放样结果相反，就是在原有实体上移除对多个截面进行放样的实体。单击工具命令图标，即弹出"Remove Multi- section Solid Definition"(移除放样定义)对话框，其内容和参数的含义及用法与放样体定义对话框中的完全相同。

3.1.11 "Reference Element"(参考元素)

在实体建模过程中，有时需要新创建一些参考的点、线、面等要素以辅助绘制图形。如 3.1.9 节所述，进行放样体操作的两个草图就需要新建一个平面。

1. "Point"(点)

单击"Point"工具命令图标 ▪，弹出"Point Definition"(点定义)对话框，如图 3-26 所示。从图中的"Point type"(点类型)下拉列表中可以看出，共有七种方式可以创建点。

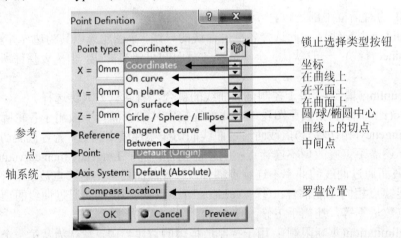

图 3-26   "Point Definition"(点定义)对话框

以建立坐标点为例，在图 3-26 中选择"Coordinate"方式，在下面输入框中输入对应的坐标值，单击"OK"按钮，即完成点的创建。

上述方法是以"Default"(默认)即坐标原点为参考，若应用其他参考，需要应用对话框中部的"Reference"(参考元素)的两个选项。

(1) 单击"Point"(参考点)输入框，再到绘图区选择某一参考点，输入框中显示出该参考点名称，则在输入框中输入的坐标是相对于该参考点的坐标。

若需要新建参考点，可以右击输入框，从弹出的快捷菜单中选择相应的命令选项，也可以从已有的几何元素上提取出参考点。

(2) 在"Axis System"(轴系统)中可以新建轴系统。

其他创建方法多应用于曲面设计，还经常会用到创建线和面的方法，本书将在曲面操作中陆续介绍到其具体应用。

2. "Line"(直线)

单击"Line"工具命令图标 ╱，将弹出如图 3-27 所示的"Line Definition"(直线定义)对话框，"Line type"(直线类型)下拉列表中显示有六种创建直线的方式。

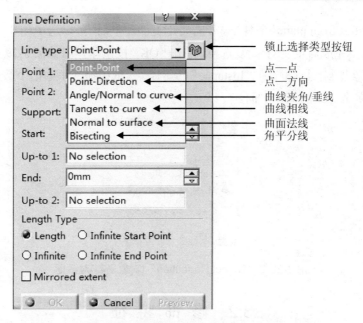

图 3-27 "Line Definition"(线定义)对话框

以点—点方法创建直线为例，选择并锁止该方式，在"Point1"(点 1)和"Point2"(点 2)选择框分别选取相应点，单击"OK"按钮，完成直线的创建。

对话框中还可以进行以下操作：①设置直线的"Start"(起点)及"Support"(支持面)来创建直线；②定义直线的"Length Type"(长度类型)，如"Length"(线段)、"Infinite Start Point"(射线起点)，"Infinite End Point"(射线终点)、"Infinite"(直线)；③选中"Mirrored extent"(镜像范围)复选框，可以创建选定的对称线。

3. "Plane"(平面)

单击"Plane"工具命令图标◯，将弹出"Plane Definition"(平面定义)对话框，如图 3-28 所示。

对话框"Plane type"(平面类型)下拉列表中显示了 11 种创建平面的方式。

前面已经在放样操作中应用了偏移平面的方法，其他方式将在曲面设计中进行讲述。

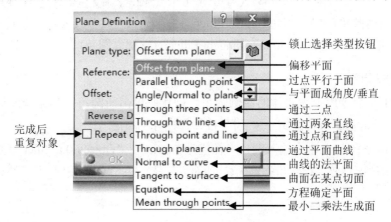

图 3-28 "Plane Definition"(平面定义)对话框

在选择"Offset from plane"条件下,若需要重复创建平面,可以选中图 3-28 中的"Repeat Object after OK"(完成后重复对象)复选框,单击"OK"按钮即弹出如图 3-29 所示的"Object Repetition"(对象复制)对话框,在"Instance"(实例)输入框中输入平面的个数后,单击"OK"按钮,将创建多个等距的偏移平面。

图 3-29   "Object Repetition"(对象复制)对话框

3.2 修 饰 特 征

修饰特征用于在已有实体的基础上进行修饰。如图 3-30 所示在"Dress-Up Features"(修饰特征)工具栏上列出了创建修饰特征的工具命令图标,依次为圆角、倒角、拔模、抽壳、增厚面、螺纹、移出面。

图 3-30   "Dress-Up Features"(修饰特征)工具栏

3.2.1   "Fillets"(圆角)

单击"Dress-Up Features"(修饰特征)工具栏中"Edge Fillet"(棱圆角)工具命令图标右下角的黑三角,即可弹出"Fillts"(圆角)子工具栏,图标命令依次为:"Edge Fillet"(棱圆角)、"Variable Radius Fillet"(变半径圆角)、"Chordal Fillet"(等弦圆角)、"Face-Face Fillet"(面-面圆角)和"Tritangent Fillet"(三切面圆角)。

1. "Edge Fillet"(棱圆角)

棱圆角工具命令用于为实体的棱倒圆角。操作时单击棱圆角工具命令图标,弹出"Edge Fillet Definition"(棱圆角定义)对话框,如图 3-31(a)所示。

在 Radius(半径)输入框中输入圆角半径值为 5mm;在"Object(s) to fillet"(圆角对象) 输入框中选择实体上将要进行圆角修饰的棱(顶面内侧棱),单击"OK"按钮,完成结果如图 3-31(b)所示。

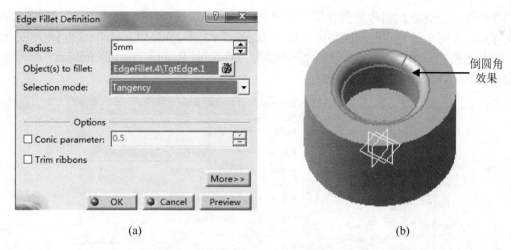

(a) (b)

图 3-31 "Edge Fillet Definition"(棱圆角定义)对话框及结果

注意：如果圆角对象选择为实体的上表面，则表面的内、外两条棱线均为圆角对象，如图 3-32(a)所示；若选择实体内部圆柱面，则柱面的上、下两条棱线均为圆角对象，如图 3-32(b)所示。

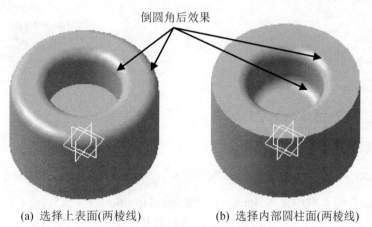

(a) 选择上表面(两棱线) (b) 选择内部圆柱面(两棱线)

图 3-32 选择表面进行棱圆角

新版 CATIA V5 对话框中的"Selection Mode"(选择模式)中有"Tangency"(相切)、"Minimal"(最小值)、"Intersection"(相交)和"Intersection with selected features"(与选定特性相交)四种选择方式。如果选择某条棱线，模式选择"Tangency"则与该棱线光顺连接的棱边都将选中并被倒角；"Minimal"是指同样选择棱线，输入的倒角半径过大影响到实体特征则需要计算最小倒角并自动修剪边界；"Intersection"是针对特征与特征的交线或者特征表面的所有棱进行圆角；"Intersection with selected features"是相交模式的一种高级应用，可以自由选择几个特征之间相交的某个位置。如果选中对话框中的"Trim ribbon"(修剪带)复选框，会自动修剪两个圆角中相互重叠的部分。

2. "Variable Radius Fillet"(变半径圆角)

"Variable Radius Fillet"(变半径圆角)与棱圆角的功能类似，只不过在对棱边倒圆角时，圆角半径可以变化。此时根据变化需要选择几个控制点，在每个控制点处可以设置各自的圆角半径。在两个控制点间倒圆角可以选择"Cubic"(三次方)或"Linear"(线性)规律变化。

操作过程为：单击工具命令图标 ，弹出"Variable Radius Fillet Definition"(变半径圆角定义)对话框，如图 3-33(a)所示。

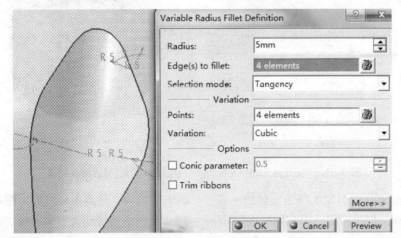

(a) 对话框

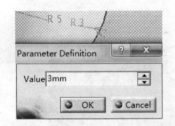

(b) 在数值输入框设置各圆角半径

(c) 结果

图 3-33   "Variable Radius Fillet Definition"(变半径圆角定义)对话框及操作结果

在"Radius"输入框中键入 3mm，在"Edge(s) to fillet"(棱圆角)输入框中选择图 3-33 中所示的棱，这时在棱边多处出现圆角半径的参数 R5。此时不要动对话框，直接双击任一点处的 R3 数值，即可在弹出的"Parameter Definition"(参数定义)对话框中修改圆角半径的值，如将其改为 5mm，如图 3-33(b)所示，单击"OK"按钮确认返回，再继续修改其他点处为 10mm、5mm，单击图 3-33(a)中"OK"按钮确认，结果如图 3-33(c)所示。

3. "Chordal Fillet"(等弦圆角)

"Chordal Fillet"(等弦圆角)是指以圆角曲面的弦长代替圆角半径来设定圆角曲面参数的操作，可以选择曲面上的曲线作为圆角曲面的边界。

4. "Face-Face Fillet"(面-面圆角)

"Face-Face Fillet"(面-面圆角)工具命令可以在两个相同底座的凸台间建立一个过渡圆角，圆弧半径大小与两凸台的间距要适应。操作时，单击工具命令图标 ，弹出"Face-Face Fillet Definition"(面-面圆角定义)对话框，如图 3-34 所示，键入圆角半径 5mm，选择相邻的两个面作为圆角对象，预览满意单击"OK"按钮即完成修饰。

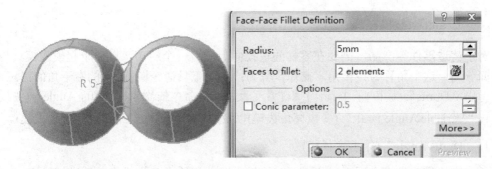

图 3-34　"Face-Face Fillet Definition"(面-面圆角定义)对话框

注意：此操作圆角半径应小于最小曲面的高度，且大于曲面最小间距的 1/2。

5. "Tritangent Fillet"(三切面圆角)

"Tritangent Fillet"(三切面圆角)用于生成与三面相切的圆角。操作步骤为：单击工具命令图标，弹出"Tritangent Fillet Definition"(三切圆角定义)对话框，如图 3-35(a)所示；在"Face to fillet"(圆角表面)输入框中选择保留的两侧表面，在"Face to remove"(移除表面)输入框中选择要形成圆角的上表面，单击"OK"按钮确定后结果如图 3-35(b)所示。

(a) 对话框　　　　　　　　　　　　　　　　　　　　(b) 结果

图 3-35　"Tritangent Fillet Definition"(三切圆角定义)对话框及操作结果

3.2.2　"Chamfer"(倒角)

倒角在机械加工中非常常见，操作步骤为：单击工具命令图标，弹出"Chamfer Definition"(倒角定义)对话框，如图 3-36 所示。选择"Length/Angle"(长度/角度)模式，设置变长为 2mm，角度为 45°，在"Object(s) to chamfer"输入框中选择圆弧及相切的两条棱线，单击"OK"按钮，即创建得到圆角特征。

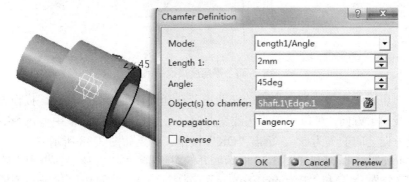

图 3-36　"Chamfer Definition"(倒角定义)对话框

3.2.3 "Drafts"(拔模)

对于铸造零件等产品，需要在零件的拔模面上构造一个斜角，以便于起模或模具与零件之间分离，这个角称为拔模角。操作步骤为：单击工具命令图标 的右下角的黑三角，即可弹出"Drafts"(拔模)子工具栏 ，工具命令依次为"Drafts Angle"(拔模角拔模)、"Variable Angle Draft"(变拔模角拔模)以及"Draft Reflect Line"(反射线拔模)。

1. "Drafts Angle"(等角度拔模)

等用度拔模工具命令用于以拔模面和拔模方向之间的夹角为拔模条件进行拔模。

操作步骤为：单击工具命令图标 ，弹出"Drafts Definition"(拔模角定义)对话框，如图3-37所示，选择四个外侧表面为拔模面，即以暗红色显示该面；在"Neutral Element"(中性元素)输入框选择上表面，即以蓝色显示该面。

图 3-37 "Drafts Definition"(拔模定义)对话框

图 3-38 等角度拔模结果

拔模方向可以选一条线或一个面的法线，若选择实体上面为中性面，拔模方向则默认为该面的法线向上方向，可以单击箭头改变方向。在"Angle"输入框中输入5deg，定义拔模面和拔模方向之间的夹为5°。单击"OK"按钮，结果如图3-38所示。

单击"More"按钮，得到如图3-39所示展开的对话框，可以在该对话框中设置"Limiting Element(s)"(分界元素)和"Parting Element"(分离元素)。此时可以选中右侧展开部分的

"Define parting element"(定义分离元素)复选框来定义分离面；若选中对话框中的"Parting=Neutral"(分离元素为中性面)复选框时，则可以选择"Draft both sides"(双侧拔模)进行双向拔模，而"Define parting element"复选框变灰不可选。

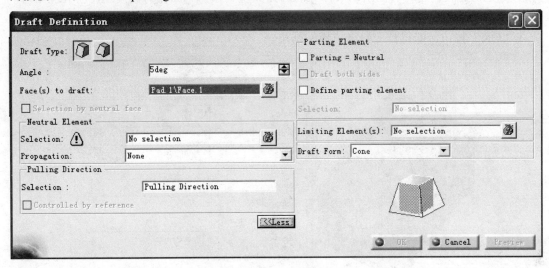

图 3-39 展开的拔模定义对话框

2. "Draft Reflect Lines"(反射线拔模)

"Draft Reflect Lines"(反射线拔模)是以曲面的反射线(曲面与平面的交线)为中性元素来完成拔模操作。

操作步骤为：单击反射线拔模工具命令图标![icon]，弹出"Draft Reflect Lines Definition"(反射线拔模定义)对话框，如图 3-40 所示。以图 3-40 中右侧所示实体的圆角曲面为拔模面，与其相切的面都选作拔模面。选择拔模方向后，系统会自动选择一条交线作为反射线(中性线)，并自动选择拔模面。若自定义上平面，则以其法线方向为拔模方向，弹出的交线为反射线，同样确定拔模面。单击"OK"按钮，得到反射线拔模的结果，如图 3-40(b)所示。

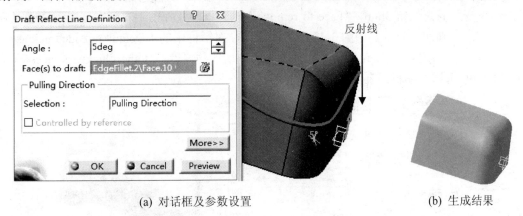

(a) 对话框及参数设置   (b) 生成结果

图 3-40 "Draft Reflect Lines Definition"(反射线拔模定义)对话框及结果

3. "Variable Angle Draft"(变角度拔模)

"Variable Angle Draft"(变角度拔模)功能同变半径圆角功能相类似，沿拔模中性线上的

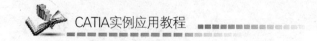

拔模角是可变化的，可以应用控制点来定义拔模角。

操作步骤为：单击工具命令图标 ⬚，弹出如图 3-41 所示的"Variable Angle Draft"(变角度拔模)对话框，选择右侧所示实体上的圆弧面及其相切平面作为拔模面，以上表面为中性面及中性线上的四个点为控制点。双击各控制点的角度参数，修改对应点处的拔模角。单击"OK"按钮，即得到变角度拔模的结果。

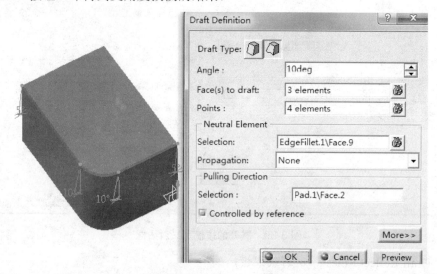

图 3-41 "Variable Angle Draft"(变角度拔模定义)对话框

3.2.4 "Shell"(抽壳)

"Shell"(抽壳)命令用于在实体内部除料或在外部加料而形成具有一定厚度的壳体零件的操作。

操作步骤为：单击"Shell"工具命令图标 ⬚，弹出"Shell Definition"(抽壳定义)对话框，如图 3-42 所示。在"Default inside thickness"(默认内部厚度)输入框中输入 3mm，即外表面不变并向内保留 3mm，"Face to remove"输入框中选择图中右侧实体底面，选中后该面呈紫色，则抽壳后得到如图 3-43 所示的实体。对话框中的"Default outside thickness"(默认外部厚度)用于定义抽壳后实体的外表面向外增加的厚度；"Other thickness faces"(其他表面厚度)可用于编辑某表面厚度。

图 3-42 "Shell Definition"(抽壳定义)对话框

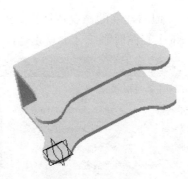

图 3-43 抽壳结果

3.2.5 "Thickness"(增厚)

"Thickness"(增厚)工具命令用于增加或减少指定实体表面的厚度。

操作步骤为：单击工具命令图标![icon]，弹出如图 3-44(a)所示的"Thickness Definition"(厚度定义)对话框；在"Default thickness"(默认增厚值)输入框中输入 10mm，"Default thickness faces"(默认增厚面)选择圆桶上表面，再以"Other thickness faces"(其他增厚面)选择底座上平面，更改厚度值为-10mm，对话框更改如图 3-44 所示。单击"OK"按钮确认，得到如图 3-44(b)所示结果。

(a) 对话框及参数设置   (b) 增厚结果

图 3-44 "Thickness Definition"(厚度定义)对话框及操作结果

3.2.6 "Thread/Tap"(外/内螺纹)

"Tread/Tap"(外/内螺纹)工具命令用于在圆柱(圆锥)表面生成外螺纹或在圆孔(锥孔)表面生成内螺纹。

以图 3-44 所示实体为例，圆柱及圆孔的直径分别为 $\Phi42$ 和 $\Phi24$。

生成"Thread"(外螺纹)的操作过程为：单击工具命令图标⊕，弹出"Thread/Tap Definition"(外/内螺纹定义)对话框，如图 3-45 所示。

选择 $\Phi42$ 圆柱外表面为"Lateral Face"(螺纹侧面)，以其上表面为"Limit Face"(限制面)作为螺纹的开始端面，外表面自动选择"Thread"型式，螺纹生成方向可以通过单击"Reverse Direction"按钮进行调整；中部默认；在下部"Numerical Definition"(数值定义)栏"Type"中选择"Metric Thick Pitch"(公制粗牙螺纹)，"Thread Description"(螺纹的公称直径)根据圆柱直径自动显示"M42×3"，输入"Thread Depth"(螺纹长度)为 40mm；单击"OK"按钮，即得到外螺纹。但所建立的螺纹特征在三维实体上并不显示，只在特征树显示螺纹参数，将来在生成二维工程图时系统才会识别螺纹。

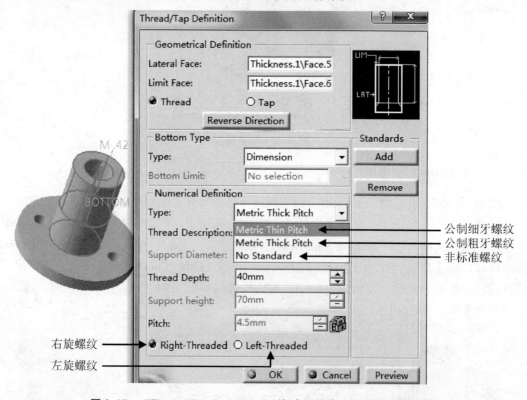

图 3-45　"Thread/Tap Definition"(外/内螺纹定义)对话框及其参数

同理，在 Φ24 孔建立"Tap"(内螺纹)的操作过程如下：单击工具命令图标，弹出"Thread/Tap Definition"(外/内螺纹)对话框，选择 Φ24 孔的内表面作为"Lateral Face"，"Limit Face"选择同图 3-45，若选择"Metric Thick Pitch"并创建 M27 的螺纹，系统会弹出图 3-46 所示的"Feature Definition Error"(特征定义错误)警示框，指出圆柱孔直径为 24mm，但根据 M27 的要求标准孔直径应为 23.752。单击"Cancel"(取消)按钮并回到原草图修改底孔尺寸为 23.752，再回到实体设计应用刚才步骤，就可以创建 M27 的螺纹了。

图 3-46　"Feature Definition Error"(特征定义错误)警示框

其他选择如图 3-47 所示，单击"OK"按钮，建立内螺纹并在特征树上显示螺纹特征。

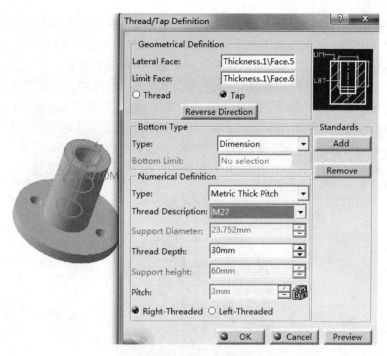

图 3-47　建立内螺纹

注意：在对话框中单击"Thread Description"选择框后的黑三角，选择任一种公称直径，都会弹出警示框提醒对应的标准底孔尺寸。

3.2.7　"Remove/Replace Face"(移除面/替换面)

单击"Dress-Up Features"工具栏中的"Remove Face"(移除面)工具命令图标 右下角的黑三角，即弹出移除面子工具栏 ，前者为"Remove Face"(移除面)，可用于移除实体中的复杂表面以简化模型结构便于应力分析，后者是"Replace Face"(替换面)，用于将某些实体表面替换为已有的外部曲面以得到特殊结构。

(1) "Remove Face"的操作步骤为：

对于已有实体，单击工具命令图标 ，弹出"Remove Face Definition"(移除面定义)对话框，如图 3-48 所示，在"Face to remove"(移除面)输入框中选择实体中需要移出的凹入面，该面变成粉色；在"Face to remove"(保留面)则选择需要保留的外端面，该面变为浅绿色。如图 3-48(a)中只要选择实体中的一个移出面放在移出面输入框中即可，而保留面输入框中需选择完整，选择两个保留面。移出后的结果如图 3-48(b)所示。

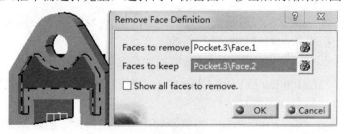

(a) 对话框及参数设置

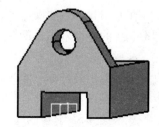

(b) 移除结果

图 3-48　"Remove Face Definition"(移出面定义)对话框及操作结果

(2)"Replace Face"(替换面)的操作步骤为：对于图 3-48 所示的实体，底面有些复杂，用加厚命令填满下部。单击端面进入草绘器绘制样条曲线，如图 3-49 所示，退出草图后进入"Shape"(曲面)模块中的"Generative Shape design"(创成式曲面设计)模块去生成曲面，简单的可应用"Extrude"(拉伸曲面)图标来生成曲面。再回到实体零件设计模块，由此可以理解混合设计的含义，接下来单击工具命令图标，弹出"Replace Face Definition"(替换面定义)对话框，其中"Replacing surface"(替换面)选择上一步创建的曲面"Extrude.1"，"Face to remove"(移除面)选择实体底面，实体面变成紫色，如图 3-50(a)所示。单击"OK"按钮，再隐藏曲面"Extrude.1"，如图 3-50(b)所示，得到替换面后的实体。

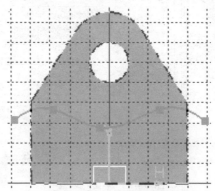

图 3-49 绘制样条线

(a) 对话框及选项

(b) 替换面结果

图 3-50 "Replace Face Definition"(替换面定义)对话框及操作结果

3.3 实 体 变 换

在 CATIA V5 的操作过程中或完成后，一般单击需要的结点![加号]就可及时观察结构树，对不满意的特征双击，即弹出相应操作的对话框以进行修改。

注意：如果要在某两步操作之间增加操作步骤，只需要右击前一操作名称，如图 3-51 所示，在弹出的选项列表中选择"Definition In Work Object"(定义工作对象)，就可接续此步骤开始操作，否则将在结构树的最后一步接续。

观察图 3-51 中其他选项，选择"Open Sub-Tree"将重新弹出一个结构树单独显示此结点及其子树；选择"Parents/Children"选项也将另弹出此结点及与其相关的父代和子代操作；对以往操作进行修改，经常需要选择"Local Update"选项或单击图标⊙进行更新；如图 3-51 所示，选择"Plane.1 object"(平面 1 对象)弹出右侧二级选项，其中选择"Definition"与双击结构树结点弹出相同的对话框以对该操作修改。

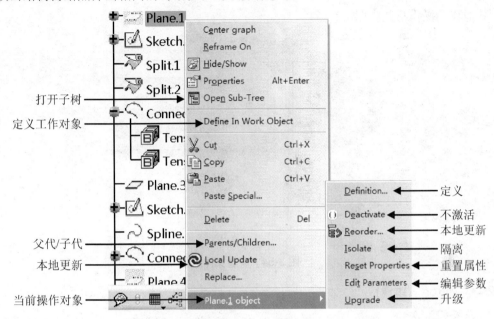

图 3-51　右击结点弹出的命令列表

如图 3-52 所示，"Transformation Features"(变换特征)工具栏中包含了"Translation"(移动)、"Mirror"(镜像)、"Rectangular"(矩形阵列)和"Scaling"(比例缩放)等实体变换工具命令图标。

图 3-52　"Transformation Features"
(变换特征)工具栏

3.3.1　"Translation"(移动)

单击"Translation"工具命令图标的右下角的黑三角，弹出子菜单，其功能分别为"Translation"(移动)、"Rotation"(旋转)、"Symmetry"(对称)、"Axis To Axis"(移动轴系统)。

以"Rotation"操作举例说明：单击工具命令图标，弹出如图 3-53 所示提示框，单击"是(Y)"按钮确认保留转换特性，而不是单纯的拖动几何体以方便观看。

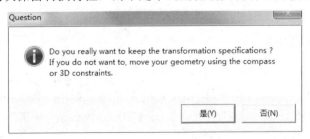

图 3-53　移动操作提示框

接着在弹出的如图 3-54 所示对话框中选择"Axis-Angle"模式,"Axis"选择 Z 轴,在 Angle 数值框输入 60°,显示原实体将被旋转至红线轮廓处,单击"OK"按钮确认,原实体将消失。

其他移动操作与此类似。

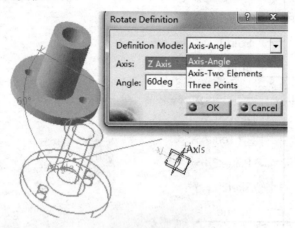

图 3-54 旋转实体

3.3.2 "Mirror"(镜像)

上述几种操作都是移动实体,操作后仍为一个实体特征。"Mirror"(镜像)工具命令与 "Symmetry"不同,可以将实体相对"Mirroring element"(镜像元素)复制到另一侧,结果是具有两个实体特征。"Mirroring element"可以是平面,也可以是轴系统,如图 3-55 所示,但不能是线和点。

图 3-55 镜像实体

3.3.3 "Patterns"(阵列)

"Patterns"(阵列)是将整个形体或几个特征按一定的规律进行复制。单击"Rectangular Patterns"(矩形阵列)工具命令图标右下角的黑三角,弹出"Patterns"(阵列)子工具栏,依次为"Rectangular"(矩形阵列)、"Circular Pattern"(环形阵列)和"User Pattern"(自定义阵列)。

1) "Rectangular"(矩形阵列)

操作时首先预选"Rectangular Pattern"是将多个特征按行、列的方式复制为 $m \times n$ 的矩

80

形阵列。如图3-55左侧所示底板上的圆柱特征复制为3行4列形式，操作过程为：预选要复制的圆柱，单击工具命令图标，弹出图3-56右侧所示的"Rectangular Pattern Definition"对话框，"Object to Pattern"(阵列对象)选项下"Object"选择为预选的圆柱特征。

注意：如果不选择阵列的对象，当前实体将成为阵列对象。

先在"First Direction"(第一方向)选项卡中进行定义，在"Parameters"(参数列表)下拉列表中选择"Instance(s) & Spacing"(实例数与间距)方式，"Instance(s)"数值输入框输入3(行)，"Spacing"数值输入框中输入30mm，单击"Reference Direction"(参考方向)栏下的"Reference element"(参考元素)输入框，选择图3-56中红线所示方向，若"Preview"(预览)显示方向反向，可以单击对话框中"Reverse"(翻转)按钮改变方向或图中箭头予以调整。

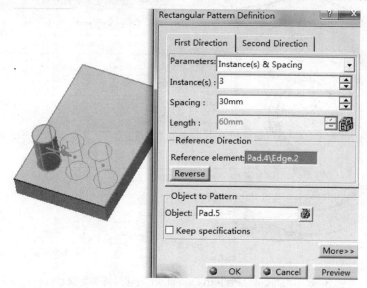

图3-56 选择要复制的圆柱特征

同样在"Second Direction"(第二方向)选项卡中定义为4列，对话框输入及预览如图3-57所示。

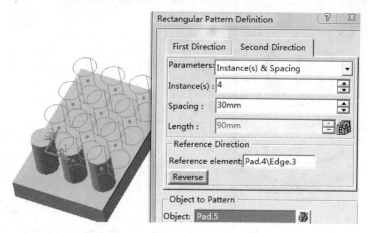

图3-57 定义行与列后的结果

2) "Circular Pattern"(环形阵列)

"Circular Pattern"(环形阵列)可以将一个实体或多个特征进行旋转复制成 m 个环及 n 个特征的环形阵列。操作步骤为：先选择要环形阵列的小圆柱孔，再单击工具命令图标，弹出"Circular Pattern Definition"(环形阵列定义)对话框，如图 3-58 所示。在对话框中"Axial Reference"(参考轴)选项卡的"Parameters"(参考)下拉列表中选择"Instance(s) & angular spacing"(数目和角度间隔)，在 Instance(s)(个数)输入框中输入 4，并在"Angular spacing"(角度间距)输入框中键入 90°。在"Reference element"(参考元素)输入框选择"Z Axis"，得到如图 3-59 所示结果。

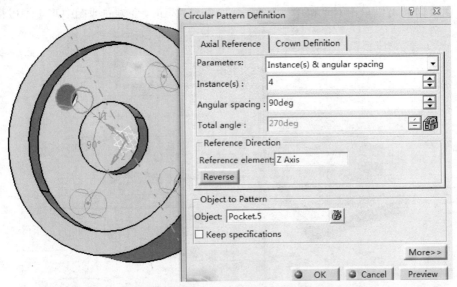

图 3-58 "Circular Pattern Definition"(环形阵列定义)对话框

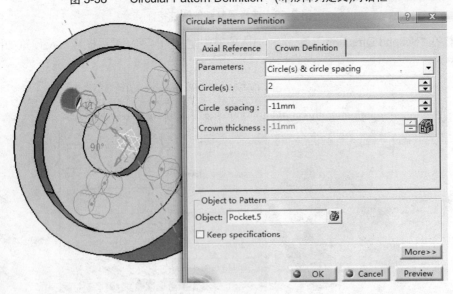

图 3-59 "Circular Pattern Definition"(环形阵列定义)的"Crow"(圈数定义)选项卡

单击"Crown Definition"(圈数定义)选项卡，在"Parameter"(参考列表)下拉列表中选择"Circle(s) & circle spacing"(圈数与圈间距)，在"Circle(s)"(圈数)输入框中输入2，并在"Circle spacing"(圈间距)中输入-20(向内为负)。单击"OK"按钮，将按各橙色轮廓区域生成环形阵列特征。

注意：若在图3-58中的"Parameters"(参考列表)中选择"Instance(s) & total angle"(个数与总角度)，此情况下的"Total angle"应输入270°，若输入360°，个数应该输入5，这是因为0°和360°在同一位置对阵列特征重复计算的缘故。

3) "User Pattern"(自定义阵列)

"User Pattern"(自定义阵列)可以依据事先在实体上建立的草图中自定义一系列点来确定阵列特征的位置来生成特征或实体。

对于图3-60所示的六棱柱实体，其操作步骤为：预先打一个孔，再以该实体上表面为草图工作面，绘制一个包含若干点的草图。选择要阵列的孔，单击工具命令图标，弹出"User Pattern Definition"(自定义阵列定义)对话框，在"Positions"(位置)输入框选择建立的草图(系列点)，单击"Preview"按钮预览，结果如图3-61所示。单击"OK"按钮，即创建自定义阵列。

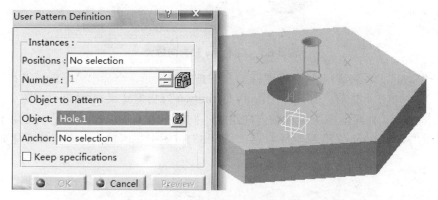

图3-60 "User Pattern Definition"(自定义阵列定义)对话框

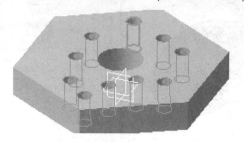

图3-61 自定义阵列预览结果

3.3.4 "Scaling"(缩放)

"Scaling"(缩放)工具用于对实体对象进行比例缩放。若使用点对实体进行缩放时，实体将以此点为基础沿三个坐标轴方向进行缩放；若以xy坐标平面等为参考，将沿着z轴缩放。操作过程为：选择图3-62所示的圆盘，单击"Scaling"工具命令图标，弹出"Scaling Definition"(缩放定义)对话框，在对话框中的"Reference"输入框中选择圆盘上表面平面，

实体将沿其法线(z 轴)方向放大。在"Ratio"(比率)输入框中输入 2，则实体在 z 轴方向放大 2 倍。

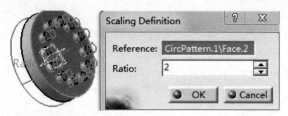

图 3-62　实体沿 z 轴方向放大

若选择上表面的垂面(zx 平面)为参考，则实体沿 y 轴方向放大 2 倍，如图 3-63 所示。

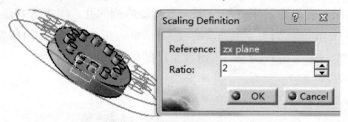

图 3-63　实体沿 y 轴方向放大

单击"Scaling"(缩放)工具命令图标的右下角的黑三角，会弹出"Affinity"(仿射)工具命令图标 ，单击此图标，弹出"Affinity Definition"(仿射定义)对话框，如图 3-64 所示。

对话框显示实体可沿三个坐标轴方向进行不同比率的缩放操作，这是主要用于曲面设计的操作，"Axis system"选择坐标原点，"Ratio"按图中数值输入，则实体变化如图 3-64 左侧所示。

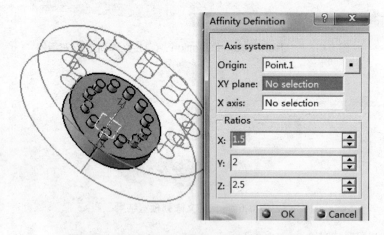

图 3-64　"Affinity Definition"(仿射定义)对话框

3.4　布　尔　操　作

有时创建的零件结构比较复杂，可以将其看作是由一组几何体构成的，这就可以在建立多个几何体后通过它们之间的"Boolean Operations"(布尔操作)来完成。

3.4.1 插入新几何体

在零件设计工作台，新建一个零件，则默认此零件结构下只有一个"PartBody"(零件几何体)。

如图 3-65 所示，在"Insert"(插入)下拉菜单中，选择"Body"(插入几何体)命令，即在当前几何体下插入一个新的几何体，结构树显示如图 3-66 所示，还可以继续插入"Body"，依次命名为：Body.2，Body.3，…，并且最后插入的实体即为当前工作对象。

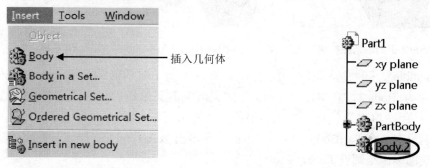

图 3-65　在 Insert 菜单插入 Body　　　　图 3-66　插入 Body 后的结构树

3.4.2 几何体间的布尔操作

如图 3-67 所示，右击工具栏区，勾选弹出的"Boolean Operations"(布尔操作)，工具栏区即可显示图标 ，依次为"Assemble"(组合)、"Add"(求和)、"Union Trim"(组合裁剪)以及"Lumps"(去除残留)操作；也可通过"Insert"(插入)→"Boolean Operations"(布尔操作)，如图 3-68 所示，即可选择对应的命令图标进行操作。

图 3-67　勾选"Boolean Operations"　　　　图 3-68　布尔操作列表及图标

1. "Assemble"(组合)

用"Assemble"工具命令用于将两个几何体组合在一起形成一个新的几何体。操作过程为：在原有 PartBody 中已创建几何体 Pad.1 条件下，应用图 3-65 所示方法在下拉菜单"Insert"中的"Body"选项插入一个新的 Body.2，在 Pad.1 表面绘制草图并建立圆孔特征 Pocket.1，如图 3-69 所示，此时 Pocket.1 即在几何体 Body.2 中。

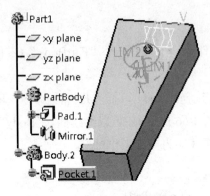
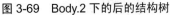

图 3-69　Body.2 下的后的结构树

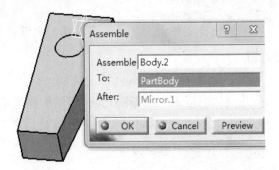

图 3-70　"Assemble"(组合)对话框

单击"Assemble"工具命令图标，弹出如图 3-70 所示对话框，"Assemble"输入框默认被组合对象为 Body.2，它将以"Mirror"（"PartBody"的最后结果)为基础被组合到"PartBody"中；单击"OK"按钮，生成结果如图 3-71 所示，两者合并为一个几何体，结构树显示操作后只有一个 PartBody，树中显示比原来多出个 Assemble.1 结点，而实体结构也显示几何体表面多出个圆孔 Pocket.1。

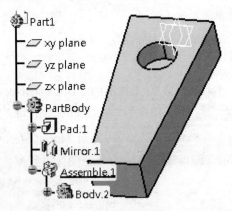

图 3-71　"Assemble"的结果

2．"Add"(求和)

"Add"(求和)工具命令下包含了"Add"、"Remove"(求差)和"Intersect"(求交)三项布尔操作命令。

(1)　"Add"相似于"Assemble"，两者区别在于："Assemble"能分辨出是增料还是除料特征，如"Pocket"等除料特征加到"Pad"等增料特征上，则移除"Pocket"，看到剩下的"Pad"实体；若增料特征加到除料特征上，结果看到除料特征；两者都增(或除)料，结果就是合并后的增(或除)料几何体。

而"Add"却不分辨增减，只把它们的特征加起来，相当于将两个几何体的绝对值相加，最终看到合并后的实体。还以图 3-71 中例子进行操作说明：

在原有 Pad.1 条件下，插入新几何体并建立一个 Pocket.1，单击工具命令图标，弹出"Add"(求和)对话框，如图 3-72 所示。

86

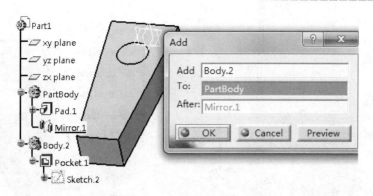

图 3-72   "Add"(求和)对话框

选择在"PartBody"基础上增加 Body.2 后单击"OK"按钮，得到如图 3-73 所示结果，可见与"Assemble"不同，对比前面图 3-71 的结果，并未显示 Pocket 特征。

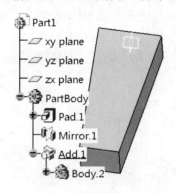

图 3-73   "Add"(求和)结果

(2) "Remove"(求差)工具命令是从当前几何体中减去一些几何体。继续以上例说明：

在既有 Pad.1 条件下，插入一个新几何体，以草图轮廓创建 Pad.2 特征，向下拉伸一定尺寸以保证实体与原几何体有重叠，如图 3-74 所示。单击工具命令图标 ，弹出"Remove"(求差)对话框，如图 3-75 所示。单击"OK"按钮后，即显示"Remove"结果，如图 3-76 所示。

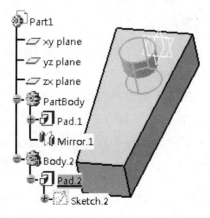

图 3-74   在 Body.2 新建 Pad.2

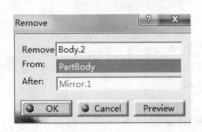

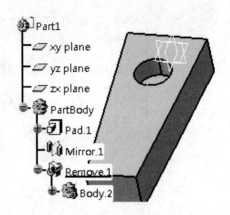

图 3-75　"Remove"(求差)对话框及输入　　　　图 3-76　"Remove"结果

(3) "Intersect"(求交)。"Intersect"(求交)工具命令是保留两个几何体中共有(交集)的部分而形成一个新的几何体。同样应用上面操作说明：在已有几何体 Pad.1 条件下，插入一个新几何体，接着创建 Pad.2 特征，将其拉伸至穿过原几何体(也有重叠)，如图 3-77 所示。单击工具命令图标 ，弹出 "Intersect"(求交)对话框，单击 "OK" 按钮后，图 3-78 即显示求差结果。

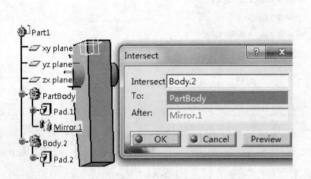

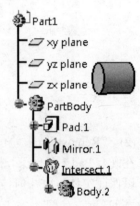

图 3-77　"Intersect"(求交)对话框及输入　　　　图 3-78　"Intersect"结果

3. "Union Trim"(合并修剪)

"Union Trim"(合并修剪)工具命令具有 "Add" 和 "Remove" 两种布尔运算特点，可以有选择的修剪所选几何体的部分结构。

下面仍然以图 3-79 所示几何体来说明其操作方法：在具有两个几何体条件下，单击 Body.2，再单击 "Union Trim" 工具命令图标 ，弹出如图 3-79 所示的 "Trim Definition"(修剪定义)对话框，在对话框中选择编辑 "Face to remove"(移除面)和 "Face to keep"(保留面)，图中显示移除面为紫色，保留面为蓝色，对应得到的不同结果如图 3-80 所示。

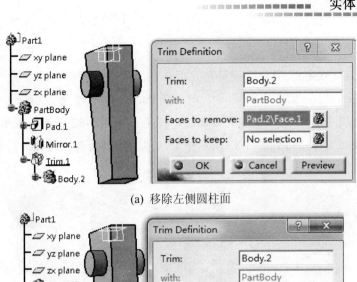

(a) 移除左侧圆柱面

(b) 保留左侧圆柱面

(c) 移除原有几何体侧面

图 3-79　"Union Trim"(合并修剪)对话框及输入

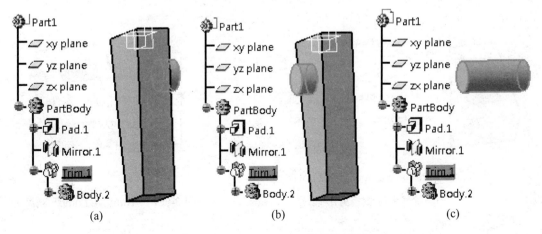

(a)　　　　　　　　　　　(b)　　　　　　　　　　　(c)

图 3-80　"Union Trim"操作后结果

4. "Lumps"(去除残余)

"Lumps"(去除残余)工具命令能够将几何体在完成布尔操作后残余的一些孤立几何体去除掉。操作过程如下：如图 3-81 所示，对于在 PartBody 下建立一个长方体 Pad.1 和在新插入的实体 Body.2 下建立的一个抽壳 Shell.2，操作前如图 3-82 所示，应用"Remove"操作将 Shell.2 从 Pad.1 移除得到图 3-83 所示结果，中部还剩余部分孤岛，需要清除。

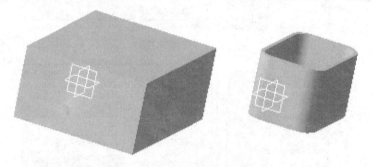

图 3-81　建立长方体和抽壳体

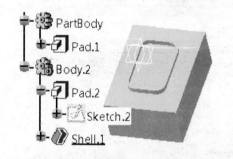

图 3-82　"Remove"操作前

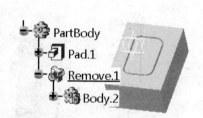

图 3-83　"Remove"操作后

单击工具命令图标，再单击实体或结构树 PartBody 结点，如图 3-84 所示，弹出"Remove Lump Definition(Trim)"(去除残余定义(修剪))对话框，在"Face to remove"框选择图中剩余孤岛的上平面，将显示为粉色，也可在"Face to remove"输入框编辑要保留的面，单击"OK"按钮确认，得到如图 3-85 所示的结果。

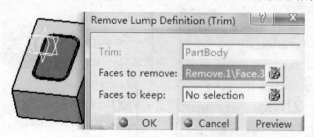

图 3-84　"Remove Lump Definition(Trim)"

(去除残余定义(修剪))对话框

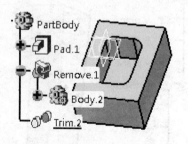

图 3-85　"Remove Lump"结果

3.5　参数化设计简介

对于生产实际中涉及的系列化产品，其尺寸规格及特征往往呈一定的规则，CATIA V5通过定义特征、公式、规则和检查，产生"Parameters"(参数)、"Design Tables"(设计表)、"Formulas"(方程)、"Checks"(检查)以及"Rules"(规划)等知识对象，可以对产品实施参数化设计，以实现产品设计的集成化和智能化。

3.5.1　环境设置

(1) 设置结构树的显示状态。选择"Tools"(工具)→"Options"(选择)命令弹出如图 3-86所示对话框。在该对话框左侧结构树上选择"Parameters and Measure"(参数与测量)，单击"Knowledge"选项卡，在选项卡"Parameter Tree View"(参数树视图)栏下选中"With value"(带值)和"With formula"(带公式)复选框，才能在结构树中显示参数与方程。

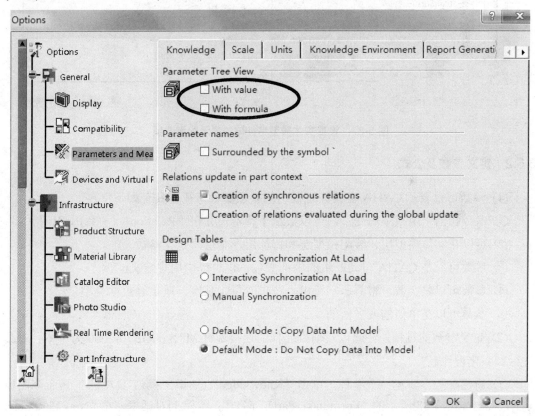

图 3-86　"With value"(带值)和"With formula"(带公式)选项

(2) 继续在"Options"对话框选择结构树中的"Infrastructure"(基础结构)→"Part Infrastructure"(零件基础结构)，选中"Display"选项卡下的"Parameters"和"Relations"(关系)复选框，如图 3-87 所示，这样才能在结构树中显示参数及其函数关系。

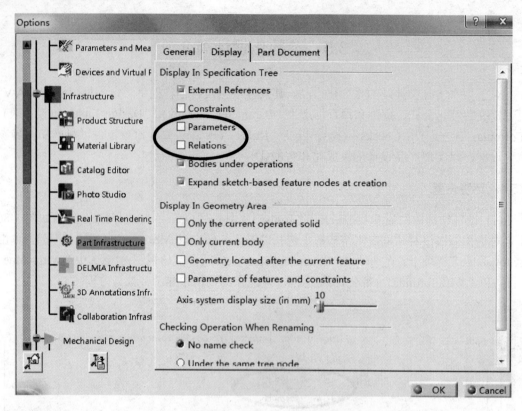

图 3-87　设置实体模型特征树的显示配置选项

3.5.2　定义参数及公式

(1) 参数可以表示 CATIA 在设计过程中的各项变量特征，具有如下特点：

① 参数相当于函数中的变量，可以被赋予特定值并在"Relation"(关系)中引用。

② 可以在实体模型层、装配模型层和特征层三个层次定义参数。

③ 参数可以是 CATIA 自动产生的内部参数，也可以由用户定义。

④ 参数可以是实数、整数、字符串、逻辑变量、长度、质量等数据类型。

⑤ 参数可以是单值的或多值的。

(2) 定义参数的过程。在此以发动机连杆的连接螺钉 M8×60GB70-2000 为母本，对其进行参数化设计。

① 新建参数。新建一个零件，单击"Knowledge"(知识工程)工具栏的工具命令图标 $f_{(x)}$，弹出如图 3-88 所示的"Formulas：Part1"(公式：零件 1)对话框，在"New Parameter of type"(新建参数类型)下拉菜单中选择"Length"(长度)，在"With"下拉列表中选择"Single Value"(单值)，再单击"New Parameter of type"按钮，则在对话框中的"Edit name or value of the current parameter"(编辑当前参数的名称或数值)栏中显示一个新参数 Length.1，默认值为 0mm。

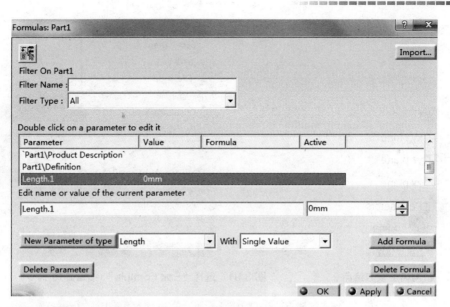

图 3-88　新建参数

在参数输入框更改 Length.1 为 D，用以代表螺钉的公称直径，右侧输入框输入 8mm，如图 3-89 所示。单击"Apply"按钮，在结构树上显示了该"Parameters"结点，如图 3-90 所示。该参数定义完毕，单击"OK"按钮确认退出。

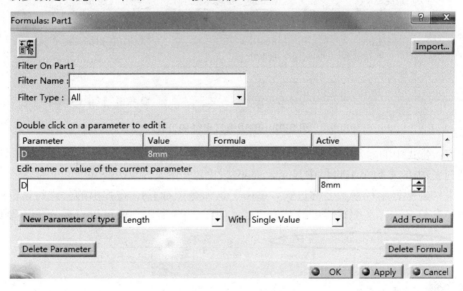

图 3-89　定义参数

② 定义螺纹半径的公式。选择 xy 坐标面，单击工具命令图标，进入草图绘制模块，以坐标原点为圆心，画任意半径的圆。如图 3-91 所示，将指针移至半径尺寸，右击，在随后弹出的快捷菜单中选择"Radius.1 object"(半径.1 对象)→"Edit Formula"(编辑公式)命令，在弹出的公式编辑对话框中输入公式"0.5 ∗ D"，如图 3-92 所示，单击"OK"按钮退出，结构树显示"Relations"(关系)结点。

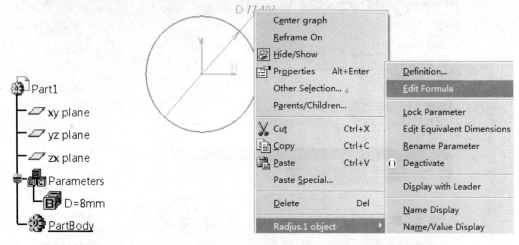

图 3-90　结构树上参数结点　　　　　　图 3-91　选择"Edit Formula"(编辑公式)命令

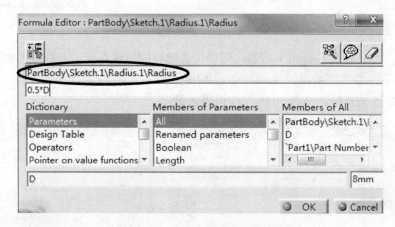

图 3-92　编辑螺钉半径的公式

注意：公式中的参数必须选择"Members of All"中的参数，双击"Members of All"(全体成员列表)中的参数至编辑栏中显示，而不能用键盘输入。

如果认为螺钉半径参数名称过长，单击工具命令图标**f(x)**，在弹出的公式对话框中选择螺钉半径参数名称，在编辑栏更改其为"r"，如图 3-93 所示，就可以直观分辨各参数了。

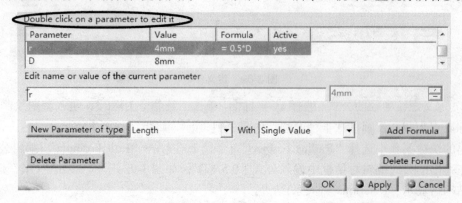

图 3-93　修改参数名称

从图 3-93 中的说明 "Double click on a parameter to edit it"(双击某一参数可对其进行编辑)可看出，也可先修改半径参数名称再进行公式编辑，此时双击参数 "r"，则弹出 3-92 所示对话框，只不过参数换成了 "r"。

③ 定义螺钉杆部长度公式如 3-88 图所示，再建立一个新参数 "L" 以定义螺钉长度的变化。退出草图返回实体设计模块，单击工具命令图标 拉伸草图。右击如图 3-94 所示对话框中拉伸长度尺寸，在弹出的快捷菜单中选择 "Edit Formula" 命令。

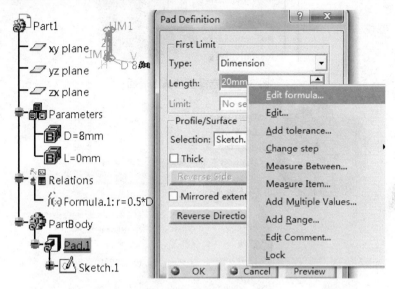

图 3-94　拉伸设置

在随后弹出的如图 3-95 所示公式编辑对话框中定义螺钉杆部长度的公式为 "L"，并设置初值，单击 "OK" 按钮退出，在参数输入框将参数修改为 L1。

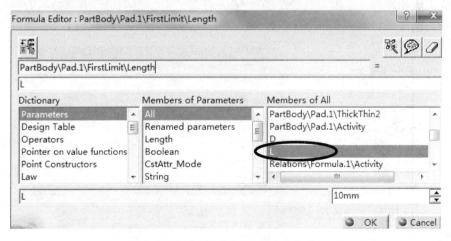

图 3-95　编辑螺钉杆部长度的公式

④ 定义圆头及内六角的公式进入 xy 平面绘制草图，依照图 3-91 和图 3-92 所示方法绘制一个圆并定义其半径 R 的公式为 "0.8*D"，退出后向另一侧拉伸，定义拉伸长度 k 公式为 "D"；单击拉伸后圆柱头的上表面，如图 3-96 所示，进入草图，绘制一个正六边形，如图 3-97 所示，用以上方法定义六角头对边距离 s 的公式为 "0.75*D"，退出进行挖槽操

作，定义挖槽深度 t 为"0.5*D"(也可以直接双击选取参数列表中的"r"。

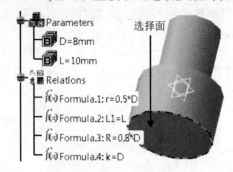

图 3-96　选择圆柱头上表面

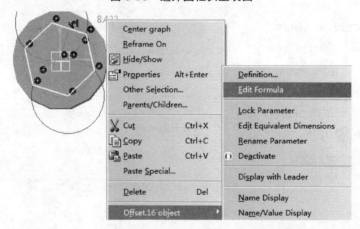

图 3-97　选择六边形对边尺寸进行公式编辑

完成上述操作后，单击工具命令图标 $f_{(x)}$，在公式对话框中可查看重命名的参数列表，如图 3-98 所示。

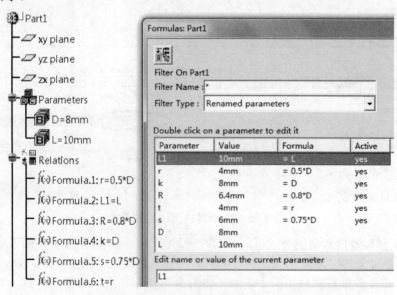

图 3-98　定义的公式列表

双击结构树中的参数结点 L=10mm，弹出如图 3-99 所示数值输入框，修改数值则实体长度随之改变。

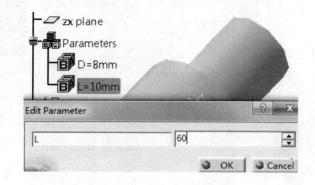

图 3-99　应用参数输入框数值修改实体外观

⑤ 定义圆头及内六角的公式单击倒角工具命令图标 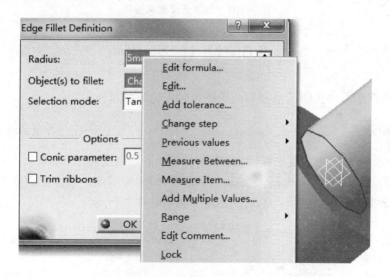 ，将螺钉头部倒角设为 1×45°；单击圆角工具命令图标，如图 3-100 所示，选择螺钉圆头与杆身结合处的边线，在弹出的倒角对话框中数值栏定义公式为"0.05*D"。

图 3-100　圆角处定义参数

单击螺纹工具命令图标，在弹出的对话框依次选择螺钉杆部侧面和顶端作为生成螺纹的侧面和限制面，如图 3-101 所示，选择尺寸类型和粗牙公制螺纹，定义螺纹长度为"0.6*D"。

各参数与公式编辑完成后，如图 3-99 所示，双击结构树中"D"和"L"的参数结点，弹出对应的数值输入框，修改其数值实体外观即随之改变。例如，设置 D=8、L=70，即可作为后面实例中连杆大头的连接螺钉。

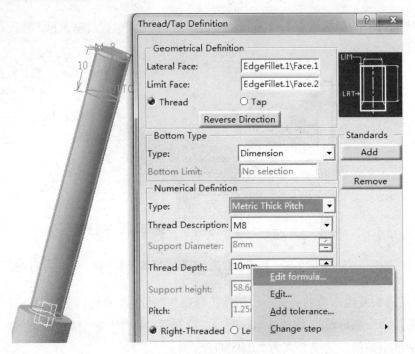

图 3-101　螺纹长度定义参数

3.6　设　计　实　例

本节选取汽车发动机中的活塞和凸轮轴正时齿轮为例进行说明。

3.6.1　发动机活塞

如图 3-102 所示即为某发动机活塞，缸径为 88mm，高度为 70mm，分析其结构，可按照下列步骤绘制：①旋转生成活塞头部(包括活塞环槽)和裙部；②添加活塞销座；③铰活塞销孔；④加工活塞顶部凹坑；⑤后期倒角、圆角处理。

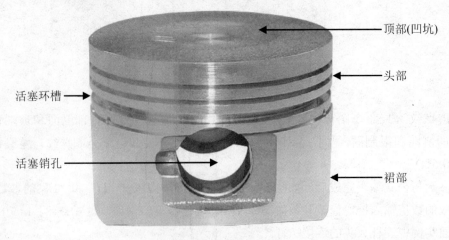

图 3-102　发动机活塞实物

1. 活塞头部和裙部

按图2-1所示步骤，从"File"下拉菜单中新建一个"Part"，进入实体设计模块，单击 "Sketcher"工具命令图标 ，选择 zx 平面即进入工作台；单击工具命令图标 绘制一条 与纵轴相合的轴线，再应用图标 绘制如图3-104所示草图轮廓。

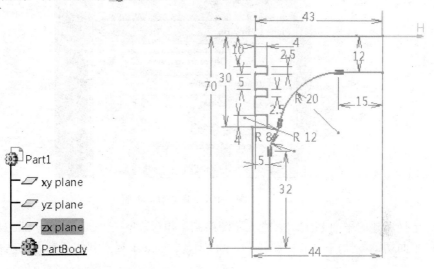

图 3-103　选择 zx 平面进入草图绘制工作台　　　　图 3-104　绘制旋转体轮廓

单击工具命令图标 ，退出草图工作台，单击旋转工具命令图标 ，弹出如图3-105 所示对话框，使 Sketch.1 绕草图轴线旋转一周，单击"OK"按钮即生成如图3-106所示的 旋转体。

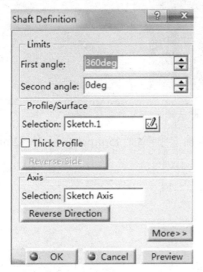

图 3-105　草图定义对话框　　　　　　　　图 3-106　旋转得到实体

2. 活塞销座

两个活塞销座最近端的距离为 38mm，说明每侧内端距中分面的距离为 19mm。故单击

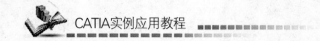

参考平面工具命令图标 ◢，弹出如图 3-107 所示对话框，按"Offset from plane"类型建立一个距 yz(或 zx)平面 19mm 的平面，单击"OK"按钮确认。

图 3-107　建立参考平面

选择新建的平面 Plane.1，进入草图绘制工作台，单击"Cut Part by Sketch Plane"(通过草图平面切割零件)工具命令图标 ，则显示从 Plane.1 观察到的活塞内部结构，如图 3-108 所示。

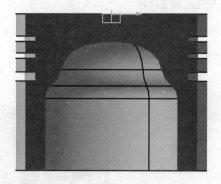

图 3-108　以草图所在平面分割活塞实体

应用绘制圆图标 ⊙ 绘制一个圆，约束其圆心在纵轴，距横轴 45mm，直径为 42mm，隐藏活塞即可看到如图 3-109 所示的草图。

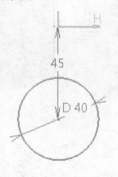

图 3-109　活塞销座外轮廓

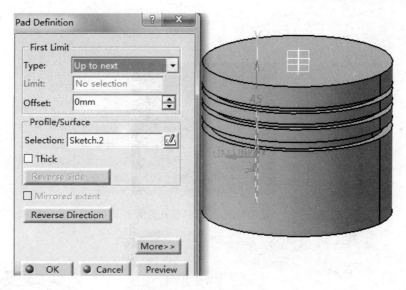

图 3-110　拉伸活塞销座

退出到零件设计工作台，单击拉伸工具命令图标，弹出如图 3-110 所示对话框，选择"Up to next"类型，确认后轮廓即伸长至活塞的内壁上；如图 3-111 所示，选中刚拉伸完的 Pad.1(活塞销座)，单击"Mirror"(镜像)工具命令图标，以 yz 平面为对称面，生成另一侧的销座。

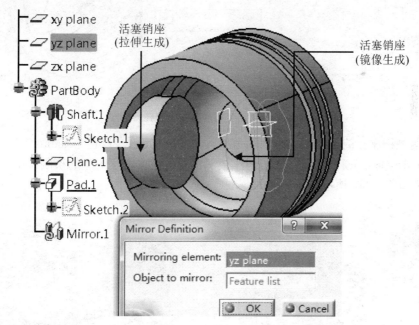

图 3-111　镜像活塞销座

选择销座一侧平面作为草图平面，绘制一个 Φ30mm 的同心圆(图 3-112)，退出草图工作台，单击"Pocket"工具命令图标，弹出"Pocket Definition"对话框，单击右下角的"More"按钮，在"First Limit"和弹出的"Second Limit"的"Type"选择框都选择"Up to last"，如图 3-113 所示，即可将所有实体都打通，形成活塞销座孔。

图 3-112　活塞销座孔轮廓

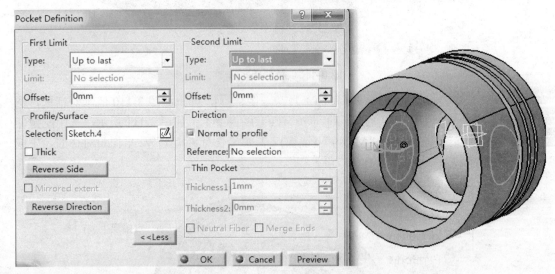

图 3-113　打通活塞销座孔

　　选择两侧销座孔的根部，单击倒圆角工具命令图标，设置"Radius"为 3mm，选择"Minimal"(最小)模式，即将活塞销座根部倒角，完成活塞销座的绘制；倒角前后对比如图 3-114 和图 3-115 所示。

图 3-114　倒角前的销座

图 3-115　倒角后的销座

选择 zx 平面，单击草图绘制器进入草图工作台，绘制如图 3-116 所示的两个矩形，活塞外部不必约束，左侧约束同右侧；退出后单击工具命令图标 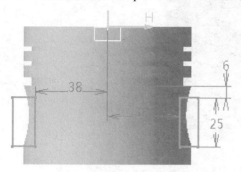，选择同图 3-113 所示，第一、二限制都选择"Up to last"，生成如图 3-117 所示的铣削平面。

图 3-116　绘制及约束矩形轮廓

图 3-117　生成铣削平面

选择 zx 平面进入草图，应用工具命令图标剖开断面，应用工具命令图标绘制一条横轴，按 Ctrl 键同时选中轴线与活塞销孔，单击工具命令图标，在图 3-118 所示对话框中选中"Coincidence"(相合)复选框，约束两者同轴。

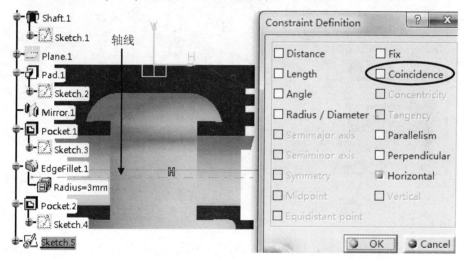

图 3-118　绘制轴线与活塞销座孔同轴

绘制如图 3-119 所示右侧的矩形草图轮廓，矩形右边线距铣削端面 2mm，矩形宽 2mm，矩形上边线距轴线 17.5mm，下端只要低于销座孔截面线即可；选中轮廓的全部三条线，单击"Mirror"工具命令图标，再选择活塞中线(纵轴或 yz 平面)，以其为对称元素建立另一侧的镜像。

退出草图工作台，单击"Groove"(环切槽)工具命令图标，弹出如图 3-120 所示对话框并显示实体，以图 3-119 绘制的草图轮廓将销座孔切出两个环槽，单击"OK"按钮确认。

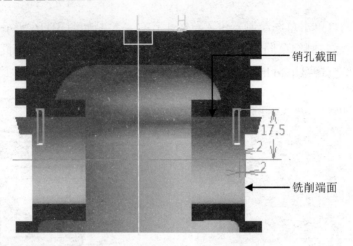

图 3-119　活塞销卡环槽轮廓

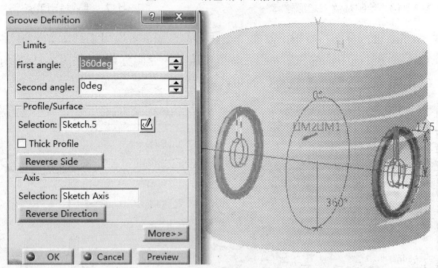

图 3-120　生成卡环槽

3. 活塞凹顶

在此应用布尔运算来绘制：如图 3-121 和图 3-122 所示，选择 "Insert" → "Body" 命令，结构树中新增一个结点 Body.2。

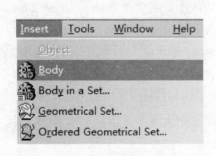

图 3-121　插入几何体

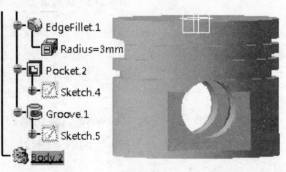

图 3-122　结构树新增 "Body.2" 结点

选择 zx 平面，单击草图编辑器工作图标，在草图设计模块绘制如图 3-123 所示轮廓，半径为 70mm，起点和终点均在纵轴上，且终点坐标为(0，−4)；退出草图，旋转成球体，如图 3-124 所示。

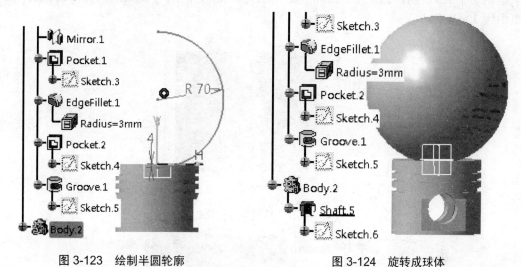

图 3-123　绘制半圆轮廓　　　　　　　　　　图 3-124　旋转成球体

单击"Remove"(移除)工具命令图标，弹出如图 3-125 所示的"Remove"对话框。

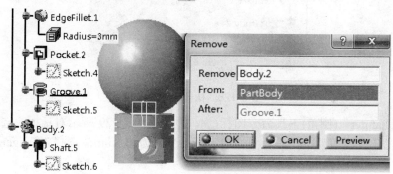

图 3-125　布尔(减)运算输入设置

设置以 Body.2 作为移除对象，使其从 PartBody 中移除，得到如图 3-126 所示实体。

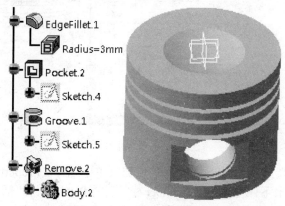

图 3-126　布尔运算形成的凹顶

4. 裙边及倒角

选择 yz 平面，进入草图绘制模块，绘制如图 3-127 和图 3-128 所示草图，圆心在纵轴上绘制一个 R500 的圆弧，圆弧最高点距横轴为 65mm，两侧与 R10 的圆弧相切，R10 圆弧距中线 30mm。

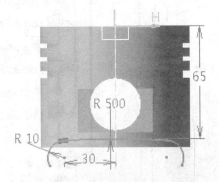

图 3-127 绘制切除裙部轮廓

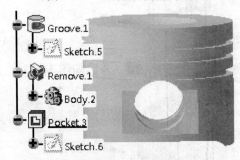

图 3-128 裙部切除效果

单击 "Chamfer" (倒角)工具命令图标，弹出如图 3-129 所示对话框，选中图中所示活塞环槽等几条棱线和销座孔的两侧外边，倒角半径为 0.5mm，选择 "Tangency" 模式，单击 "OK" 按钮即完成活塞实体绘制。

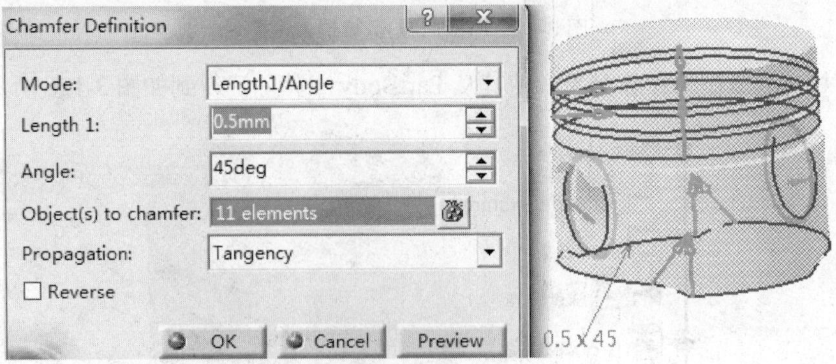

图 3-129 倒角

右击结构树最上端结点 Part1，在弹出的快捷菜单中选择 "Properties" 命令，在其对话框中 "Product" 选项卡下，将 "Part Number" 后面的 Part1 改为 "活塞"，单击 "Apply" 按钮即可看到结点名称已修改，对话框显示如图 3-130 所示，单击 "OK" 按钮确认。

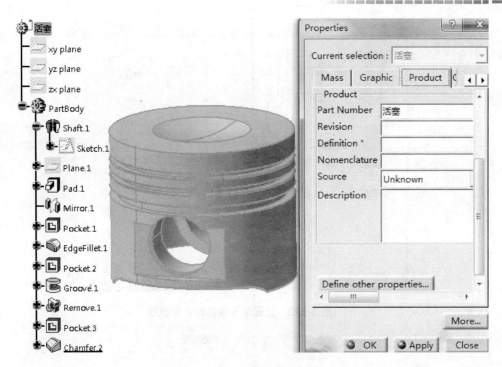

图 3-130　更改根结点名称

选择 File→"Save As"命令,选择文件夹将文件存盘,在此将其命名为"piston.CATpart",要注意 CATIA 不允许将文件存成中文名称。

3.6.2　凸轮轴正时齿轮

由于曲轴齿轮尺寸较小,不设置轮幅,本节以图 3-131 所示的发动机凸轮轴正时齿轮为例说明齿轮的绘制过程。

图 3-131　凸轮轴正时齿轮

(1) 首先利用 CAXA 电子图版绘制出齿轮齿形:打开电子图版,选择空白模板,进入工作页面,在"常用"工具栏中单击高级绘图中的齿形工具命令图标 ⚙,设置齿形参数为 $z=42$,$m=5$,如图 3-132 所示。

单击"下一步"按钮,在图 3-133 中设置两个有效齿数,单击"完成"按钮退出。移动鼠标,指针指示齿轮中心位置,选择原点单击即插入齿形弧线,如图 3-134 所示。

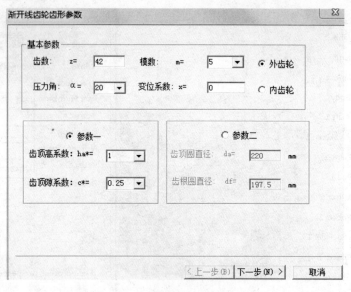

图 3-132　设置渐开线齿轮齿形参数

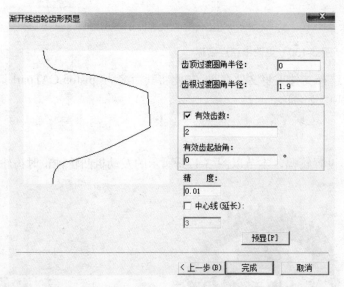

图 3-133　设置有效齿数

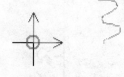

图 3-134　插入齿形

应用"修改"中的"分解"命令图标 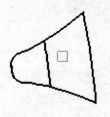 将齿形打散，绘制分度圆以及略大于齿顶圆的圆弧，如图 3-135 所示。然后对图形进行修剪，最终形成齿形切除轮廓如图 3-136 所示。

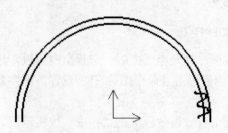

图 3-135　绘制分度圆及齿形外圆弧

图 3-136　修剪齿形轮廓

将绘制的 CAXA 文件保存为 gear.igs 的格式文件。

(2) 打开 CATIA 软件，在 CATIA 中单击工具栏中的 "Workbench" 工具命令图标⚙，弹出如图 1-13 所示的欢迎界面，单击 "Generative Shape Design" 工具命令图标🔧，弹出如图 3-137 所示对话框，键入零件名称为 "齿轮"，单击 "OK" 按钮确认进入零件设计工作台。

图 3-137　键入零件名称

在 CATIA 中打开前面生成的文件 gear.igs，单击 "Operations" 工具栏中的 "join" (接合)工具命令图标🔧，弹出如图 3-138 所示对话框，选择除分度圆外的所有线，单击 "OK" 按钮确认生成 Join.1。

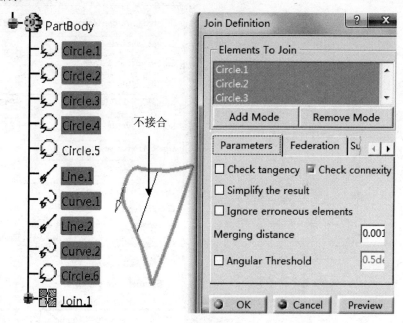

图 3-138　连接齿形线

单击 "Start" 进入 "Part Design" 工作台，选择 xy 平面，单击草图绘制工具命令图标✏，进入草图绘制模块。绘制如图 3-139 所示轮廓——直径为 220mm 的一个圆，退出草图工作台后，单击 "Pad" 工具命令图标🔧，设置拉伸长度为 60mm，单击 "OK" 按钮，生成如图 3-140 所示结果。

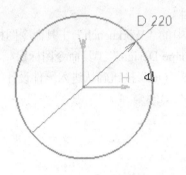

图 3-139　齿轮毛坯轮廓

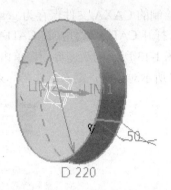

图 3-140　拉伸成毛坯

(3) 单击"line"工具命令图标 ∕，弹出如图 3-141 所示的"Line Definition"对话框，在"line type"选择框中选择"Angle/Normal to curve"(与曲线成角度)，在"Curve"(曲线)输入框中选择分度圆弧线，选择拉伸毛坯的柱面为"Support"(支持面)，在"Point"输入框中选择分度圆弧线上的一个端点，"Angle"设为-110°(螺旋角为 20°)，在"End"输入框中输入 60mm，再选中"Geometry on support"(支持面上的几何图形复选框)，单击"OK"按钮确认，生成斜齿的切除路径。

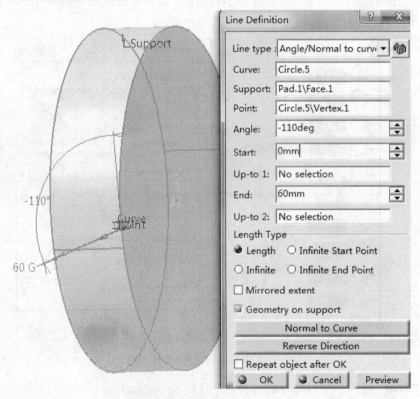

图 3-141　生成斜齿切除路径

单击"Slot"(开槽)命令图标 ，在弹出的"Slot Definition"对话框中选择join.1 为轮廓，螺旋线 line.1 为"Center curve"(中心曲线)，在"Profile control"(轮廓控制)输入框中选

择"Pulling direction"(拔模方向)，在"Selection"输入框选择 pad.1 的轴线，再选中"Merge slot's ends"(合并开槽的末端)复选框，预览如图 3-142 所示，单击"OK"按钮即确认。

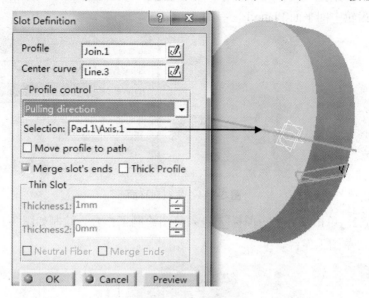

图 3-142　切齿槽

　　单击"Circular pattern"(圆形阵列)工具命令图标，弹出如图 3-143 所示的"Circular Pattern Definition"对话框，在"Parameters"选择框选择"Instance(s) & total angle"(实例和总角度)，"Instance(s)"输入 43，"Total angle"输入 360，在"Reference element"(参考元素)选择框中右击，在弹出的快捷菜单中选择 Z Axis(Z 轴)，以 Slot.1 为"Object to Pattern"(阵列对象)，单击"OK"按钮会弹出警示框，说明在同一位置有多个实例，这是 0°和 360°重复对象所致，即第 1 齿和第 43 齿在同一位置，单击"确定"按钮即可。

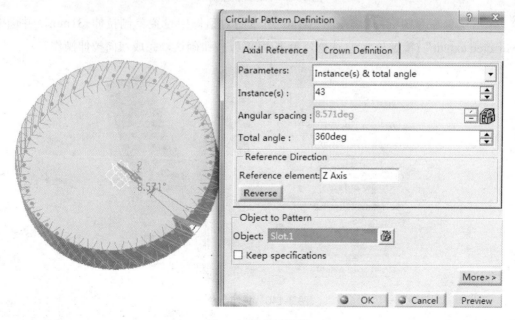

图 3-143　阵列齿槽

(4) 单击参考平面工具命令图标 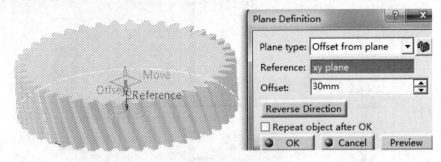，在弹出的对话框中选择"Offset from plane"平面类型，如图 3-144 所示，选择 xy 平面作为参考面，"Offset"输入 25mm，单击"OK"按钮确认，即生成齿轮中间平面 Plane.1。

图 3-144　生成对称面

选择 Plane.2，单击工具命令图标  进入草图绘制工作台。绘制如图 3-145 所示的 $\phi 80$ 的圆，然后退出草图工作台。

图 3-145　绘制加厚轮廓

单击工具命令图标 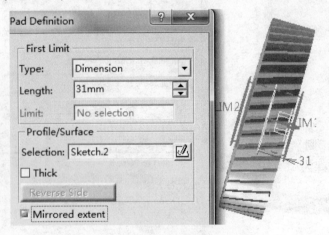，在图 3-146 所示的对话框中设置单侧拉伸 31mm，并选中"Mirrored extent"(镜像长度)复选框，单击"OK"按钮确认，完成双向拉伸操作。

图 3-146　拉伸凸台

(5) 选择齿轮凸台平面，单击工具命令图标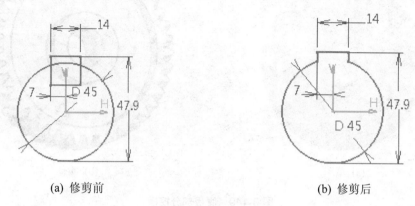进入草图绘制工作台。绘制并约束草图如图 3-147 所示，应用修剪功能，剪除内部线条得到图 3-147(b)所示结果，然后退出草图工作台。

(a) 修剪前   (b) 修剪后

图 3-147　剪除内部线条

单击挖槽工具命令图标，在弹出的对话框中默认选择 Sketch.3 为轮廓，"Type"选择 "Up to last"(直到最后)，单击 "OK" 按钮，完成挖槽操作。

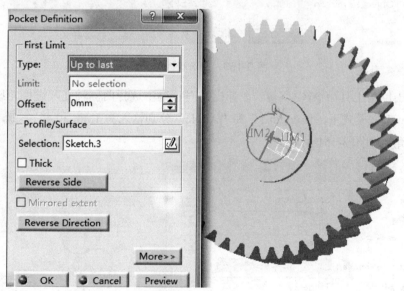

图 3-148　打通孔及键槽

(6) 单击齿轮一侧平面，进入草图绘制两个同心圆，直径分别为 180mm 和 80mm；退出草图后向实体挖深为 20mm 的槽，得到如图 3-149(b)所示实体。

单击镜像工具命令图标，默认选择生成的 Pocket.2 特征，在弹出的"Mirror Definition"对话框中选择 Plane.2 作为镜像对称面，单击"OK"按钮即完成另一侧挖槽操作，如图 3-150 所示。

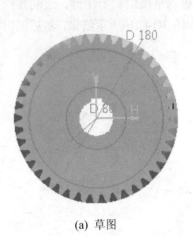

(a) 草图

(b) 实体

图 3-149　腹板部分挖槽

图 3-150　镜像腹板挖槽

(7) 单击倒角工具命令图标 ⬦，在弹出的对话框中选择两侧轴孔及键槽轮廓，在默认 "Length1/Angle" 模式下，"Length 1" 和 "Angle" 分别输入为 1mm 和 45°，确认即生成 1 ×45°的倒角，如图 3-151 所示。

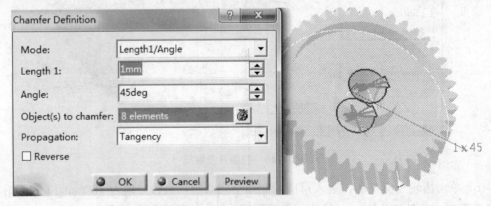

图 3-151　轴孔倒角

再单击倒角工具命令图标 ◈，选择腹板两平面，相当于四条内圆边，如图 3-152 所示，半径为 15mm，单击 "OK" 按钮完成腹板圆角操作。

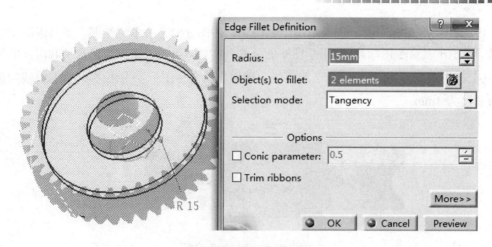

图 3-152 腹板倒圆角

同理，对图 3-153 中两腹板槽的四条外边倒角，半径为 2mm，单击"OK"按钮完成倒角操作。

图 3-153 腹板倒角

(8) 选择齿轮平面，绘制如图 3-154(a)所示草图。

退出草图工作台，应用草图轮廓挖槽，类型设置为"Up to last"，生成一个圆孔 Pocket.3。

再应用圆形阵列方法将 Pocket.3 绕 z 轴再生成均布的三个圆孔，完成腹板绘制，生成如图 3-154(c)所示实体。

(a) 草图　　　　　　(b) 挖槽　　　　　　(c) 阵列

图 3-154 生成腹板圆孔

(9) 选择 yz 坐标平面，进入草图绘制模块，如图 3-155 所示，绘制一条与纵轴重合的轴线，单击工具命令图标![icon]应用草图平面分割开实体，再投影得到齿轮水平和齿顶的边线 (图 3-155 中黄线)，绘制一条 45° 的斜线，应用修剪命令图标![icon]以投影线修剪斜线约束斜线段长度为 1mm。

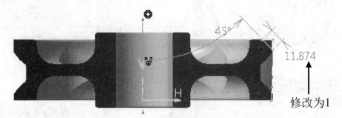

图 3-155　齿顶倒角轮廓

完成草图后退出工作台，单击环切槽工具命令图标![icon]，在 "Groove Definition" 对话框中默认选择 Sketch.6 为轮廓，如图 3-156 所示，单击 "OK" 按钮，完成切除操作。

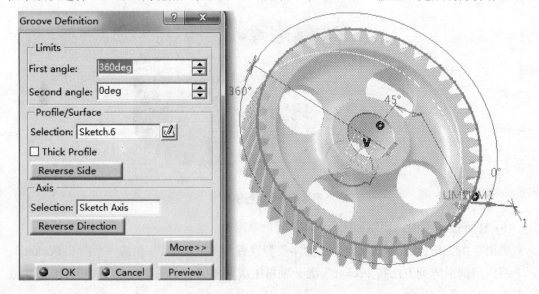

图 3-156　齿顶切除式倒角

选择结构树中的 "Groove.1" 特征进行镜像，在图 3-157 的对话框中选择平面 "Plane.2" 作为镜像对称面，单击 "OK" 按钮完成镜像操作。

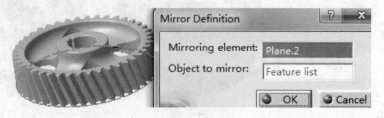

图 3-157　镜像倒角

(10) 单击"Apply Material"(应用材料)工具命令图标，弹出库列表框，如图 3-158 所示，选择"Metal"(金属)中的"Iron"(铁)，用鼠标左键拖动"球"到齿轮的任意部位，显示"+"标记则说明加载材料成功，结构树中显示"Iron"结点，单击"OK"按钮确认退出。

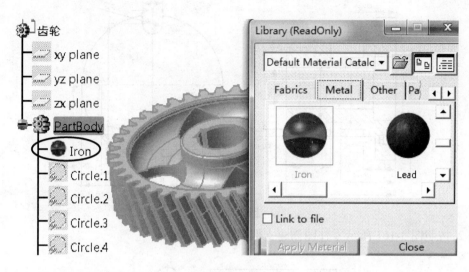

图 3-158　添加材料

选择"View"工具栏中的"Shading with Material"(带材料着色)图标，零件显示如图 3-159 所示。

图 3-159　带材料着色显示效果

(11) 文件保存为中文名称"gear.CATPart"，完成凸轮轴齿轮绘制。

习　题

3-1 按照图 3-160 所示零件图创建连接端头实体。

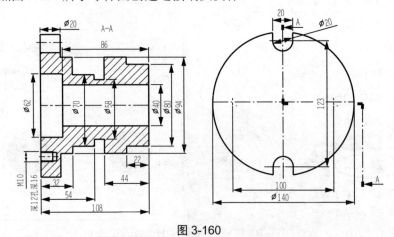

图 3-160

3-2 按照图 3-161 所示零件图创建支架实体。

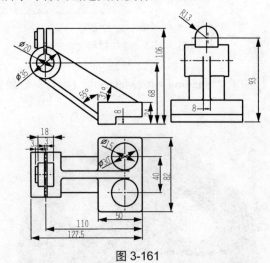

图 3-161

3-3 按照图 3-162 所示零件图创建杯座实体。

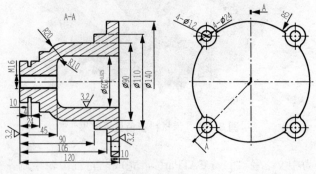

图 3-162

3-4 按照图 3-163 所示零件图创建轴承座实体。

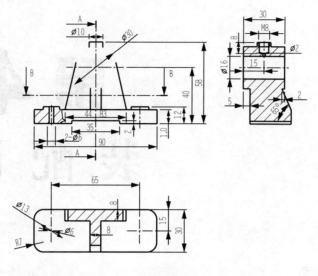

图 3-163

3-5 按照图 3-164 所示零件图尺寸创建一根轴。

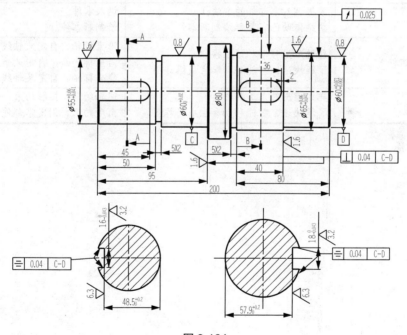

图 3-164

第 **4** 章
装 配 设 计

 本章教学要点

知识要点	掌握程度	相关知识
装配方式	掌握调入零部件的方法; 熟练借助已有装配绘制新零件	调入零件; 绘制新零件
移动零件、组件	熟练应用移动对话框按钮; 了解快速、智能移动和生成爆炸图	沿坐标轴、自定义轴线移动; 沿坐标平面、自定义平面移动; 绕坐标轴、自定义轴线转动
约束方式	熟练应用约束工具图标; 了解快速、智能移动和生成爆炸图	同轴约束、接触约束、偏移约束、 角度约束、固定零部件

4.1 装配设计概述

"Assembly Design"(装配设计)模块是 CATIA 软件中极具特色的模块，能够将设计完成的零件(组件)通过约束装配在一起，从而构成最终的产品。事实上，部件和产品是相对而言的，如以汽车作为一个大系统(产品)，下面涵盖诸多子系统(部件，如发动机、变速器等总成)，子系统下面可能还有几层更小的子系统(组件)，最后才到零件。设计过程中，通常需要对零部件进行适当的移动或旋转，调整好位置或角度以方便装配；在装配设计工作台，不仅能将零部件通过合理约束进行虚拟装配，而且还能对产品进行干涉检查；在装配过程中还能根据需要新建及修改零部件。

4.1.1 进入装配设计工作台

一般说来，可以应用以下 4 种方法进入装配设计工作台。

(1) 如 2.1 节中图 2-1 所示，选择"File"→"New"命令，在弹出的"New"对话框中选择"Product"，单击"OK"按钮，即进入装配设计工作台，如图 4-1 所示。

图 4-1　装配设计工作台

(2) 如 2.1 节中图 2-2 所示，选择"Start"→"Mechanical Design"(机械设计)→"Assembly Design"(装配设计)命令，进入装配设计工作台。

(3) 单击当前模块的"Workbench"(工作台)图标，在事先定制的欢迎对话框中单击"Assembly Design"工作台图标 ，如 1.3 节中的图 1-13 所示，进入装配设计工作台。

(4) 打开已有的 CATIA V5 装配设计文件，直接进入装配设计工作台。

4.1.2 产品结构工具

进入装配设计工作台后，就需要用"Product Structure Tools"(产品结构工具)工具栏中的工具命令图标来添加或替换零部件以装配产品，其对应功能如图 4-2 所示。

"Component"（调入新组件）

"New Product"（调入新产品）

"Part"（添加新零件）

"Existing Component"（调入现有组件）

"Existing Component with Positioning"（调入现有组件并定位）

"Replace Component"（替换组件）

"Graph Tree Reorder"（重新排序目录树）

"Generate Numbering"（生成编号）

"Selective Load"（选择性加载）

"Manage Representations"（管理展示）

"Multi-Instantiation"（多实例化）

图 4-2 "Product Structure Tools"（产品结构工具)工具栏

1. "Existing Component"（调入现有组件）

(1) 对于已经绘制好的零件部件，用如下方法调入到产品中：

① 选择结构树顶端结点 Product1，结点变成橙色，单击"Existing Component"工具命令图标 ⬛，弹出"File Selection"（文件选择)对话框，可选择已绘制的文件，如图 4-3 所示。

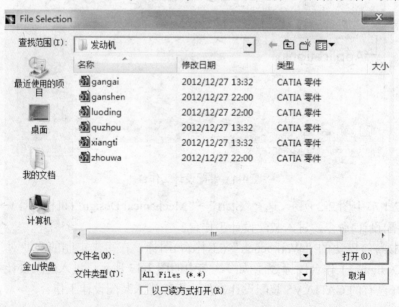

图 4-3 "File Section"（文件选择)对话框

② 选择要插入的零部件(可多选)，然后单击打开按钮，零部件随即添加到结构树中，并在工作界面显示插入的零部件，如图 4-4 所示。

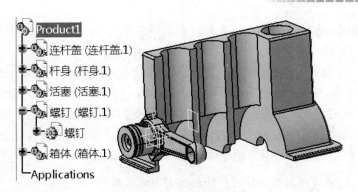

图 4-4　文件调入后画面

(2) 在调入零部件时常常会出现如下情况:

① 如果零部件存盘时未更改根结点名称,将以 Part1 文件名调入到装配体中,这样会因为出现多个 Part1 而弹出"Part number conflicts"(零件编号冲突)对话框,如图 4-5 所示。

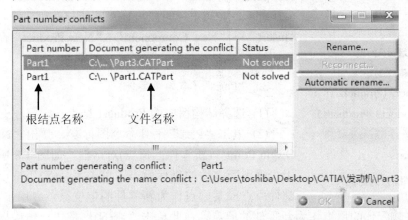

图 4-5　"Part number conflicts"(零件编号冲突)对话框

从图 4-5 中可看出,即便存盘的文件名不一致,可根结点处名称相同一样会发生冲突,这时就要将零件重新命名。单击对话框中的"Rename"(重命名)按钮,弹出"Part Number"(零件编号)对话框,如图 4-6(a)所示,在其中的"New Part Number"(新零件编号)输入框中输入新的编号"xiugai",单击"OK"按钮,则图 4-5 中的根结点名称对应改变,"OK"按钮由灰转亮,结构树也由图 4-6(b)所示名称变成图 4-6(c)所示名称。

(a)"Part Number"对话框　　　　(b) 改名前结构树　　　　(c) 改名后结构树

图 4-6　零件重命名的前后对比

如果单击"Automatic rename…"(自动重命名)按钮,系统自动将 Part1 改为 Part1.1,结构树同步变化。将所有冲突的零件编号更改完之后,单击"Part number conflicts"对话

框中的"OK"按钮，零件才能调入，重命名后的零件编号也显示在结构树中，如图 4-6(c)
所示。

　② 由于我们在设计零件时通常以坐标原点为参考点，所以，在调入这些零件后，零件
仍然以坐标原点为参考点进行空间分布，这样就导致多个零件重叠在一起或零件间坐标方
向达不到所需效果的现象。如果在创建零件时就按照零件在装配体中的空间坐标位置来进
行设计就会避免此类现象的发生，这也是我们强调汽车(乃至飞机)中的每个零部件都按照
整车坐标系配置相应坐标才可以方便完成装配的原因。

　2. "Component"(调入新组件)和"Product"(调入新产品)

　(1) 单击图 4-4 中结构树的根结点 Product1 以选择此产品。

图 4-7　插入的新部件

　(2) 单击"Component"(调入新组件)工具命令图标 或
"Product"(调入新产品)工具命令图标 ，在结构树中
Product1 下将插入一个新部件 Product2、Product3、……如图
4-7 所示，在其下还可以再插入其他部件和零件。这和选择
"Insert"→"New Component"/"New Product"命令的结果
相同。

　3. "Parts"(添加新零件)

　(1) 选择结构树中的 Product1 结点。

　(2) 单击"Part"工具命令图标 ，弹出"New Part：
Origin Point"(新零件：原点)对话框，如图 4-8 所示，要求
用户确定新零件的坐标原点：单击"是(Y)"按钮，将选择
部件原点或某一点作为新零件的定位原点；单击"否(N)"

按钮，则将装配体的原点作为新零件的原点。在此单击"否(N)"按钮，结构树中将添加
一新零件 Part1，如图 4-9 所示。双击该零件结点(注意：此处为零件结点，非组件结点)
即可进入零件设计工作台进行设计，按照箱体轴承座孔尺寸设计轴瓦，完成后右击零件
结点，选择属性将零件编号修改为"主轴轴瓦"，并将颜色修改为蓝色，结果如图 4-10
所示。

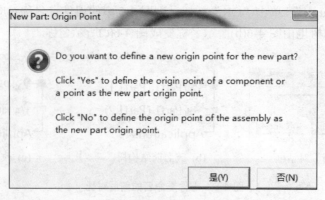

图 4-8　"New Part：Origin Point"(新零件：原点)对话框

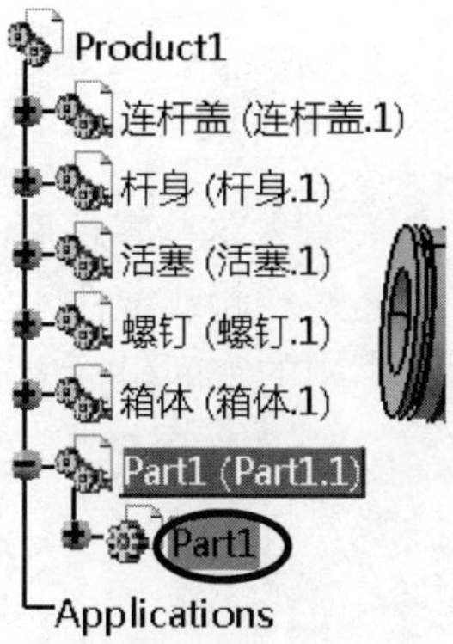

图 4-9 插入新零件

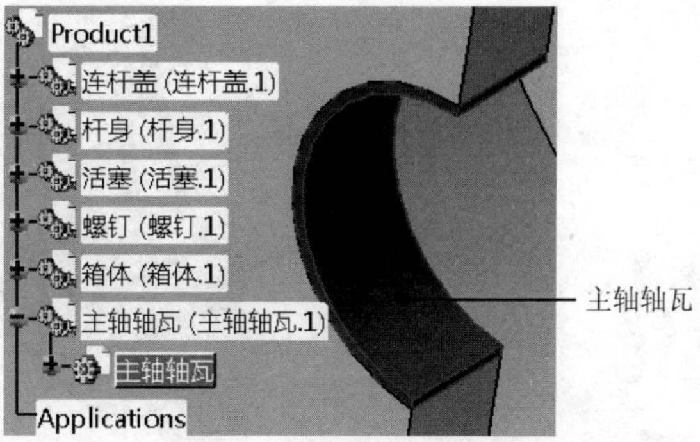

图 4-10 更改零件名

应用此功能还可以简便地设计出与“Product1”匹配的发动机轴瓦及活塞销。

4. “Existing Component with Positioning”(调入现有组件并定位)

“Existing Component with Positioning”(调入现有组件并定位)命令是“Existing Component”命令的增强功能，可以实现在插入部件的同时对其定位，并通过创建约束进行定位。如果插入部件时没有几何图形需要定位，则此功能相当于应用“Existing Component”命令再加上“Visualize”(可视化)。

(1) 选择结构树中的根结点“Product1”。

(2) 插入已有零件“quzhou.CATpart”。

(3) 单击工具图标，将弹出“File Selection”对话框，从中选择“quzhou.CATpart”，弹出“Smart Move”(智能移动)对话框，如图 4-11 所示。在此对话框中，“Fix Component”(固定部件)按钮是可用的。首先，将指针指向曲轴主轴颈的圆柱面，在绘图区和对话框都显示其轴线，单击选中此轴线；接着，以同样方式选择“xiangti.CATpart”的上部半圆柱轴线，曲轴就按同轴要求移动过去，如图 4-12 所示，它是按两个零件轴段的对应位置来进行轴向定位的；单击“OK”按钮，对话框消失，曲轴位置即被确认。

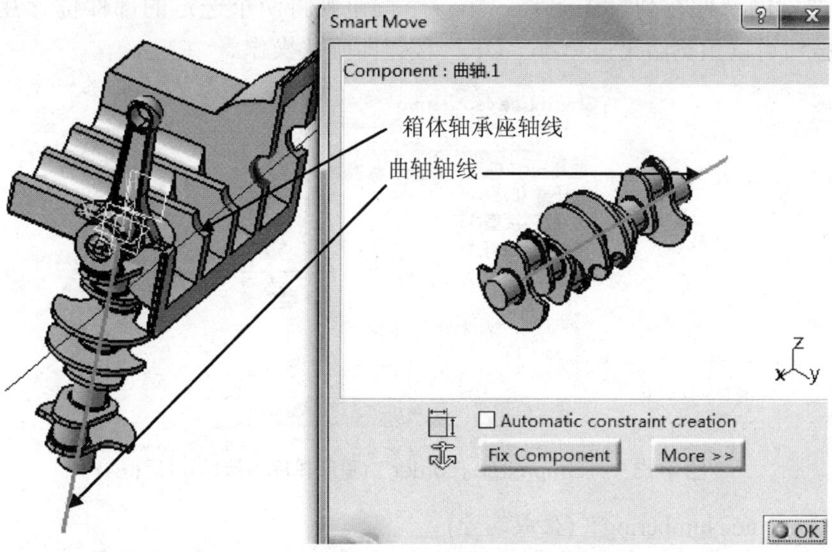

图 4-11 “Smart Move”(智能移动)对话框

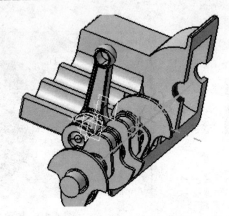

图 4-12   "Smart Move"(智能移动)预览结果

5. "Replace Component"(替换组件)

Replace Component"(替换组件)命令可将一个组件替换为其他部件，操作步骤为：

(1) 在结构树中选择要被替换的部件。

(2) 单击工具命令图标，显示"File Selection"和 Browse(浏览)窗口，在"File Selection"窗口中选择替换文件，单击"打开"按钮，浏览窗口消失，并显示"Impacts on Replace"(替换的影响)窗口。单击"OK"按钮，完成替换；若单击"Cancel"按钮，则中断"Replace"(替换)操作。

6. "Graph Tree Reorder"(重新排序目录树)

(1) 选择将要重新排序的产品的文件编号 Product1。

(2) 单击工具命令图标，弹出"Graph tree reorder"(重新排序目录树)对话框，如图 4-13 所示。对话框中列出了 Product1 产品的所有组成部件，右侧的三个按钮用于重新排序这些部件：第一个按钮箭头向上表示选定的部件在列表中上移；箭头向下的第二个按钮会使选定的部件在列表中下移；第三个按钮则将两个选定的部件位置互换。单击"Apply"按钮可以预览结果；单击"OK"按钮即确认操作。

图 4-13   "Graph tree reorder"(重新排序目录树)对话框

7. "Generate Numbering"(生成编号)

(1) 选择结构树中的 Product1 结点。

(2) 单击工具命令图标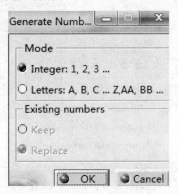，弹出"Generate Numbering"(生成编号)对话框。"Mode"(模式)栏列有两种编号模式："Integer"(整数)模式和"Letters"(字母)模式，如图 4-14 所示。选择相应模式，可使用现有的编号给装配编号，再选择"Keep"(保留)或"Replace"(替换)这些编号，单击"OK"按钮即完成操作。

图 4-14   "Generate Numbering"(对话框生成编号)对话框

可以通过右击，在弹出的快捷菜单中选择"Properties"命令，在弹出的属性框显示的"Product"选项卡中查看这些编号，或者选择"Analyze"(分析)→"Bill of Material"(BOM，物料清单)命令，弹出如图 4-15 所示的"Bill of Material：Product1"对话框，选择"Bill of Material"或"Listing Report"(列表报告)选项卡也可查看。

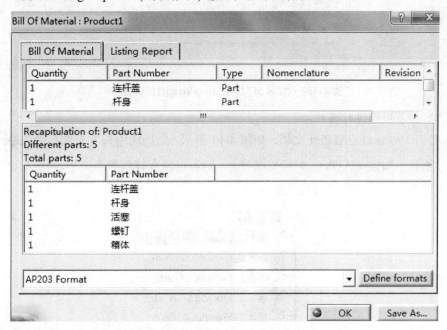

图 4-15   "Bill of Material：Product1"对话框

8．"Selective Load"(选择性加载)

选择性加载能够将零部件的几何图形加载到系统内存中，它可以选择单独加载零件或部件，也可以两者都加载，使得加载更精确、更具有选择性。

要应用选择性加载功能，需要在打开文件前进行设置：选择"Tools"→"Options"命令，弹出"Options"对话框，如图 4-16 所示，取消选中"General"(常规)选项卡中的"Referenced Documents"(参考文档)栏的"Load referenced documents"(加载参考文档)复选框。

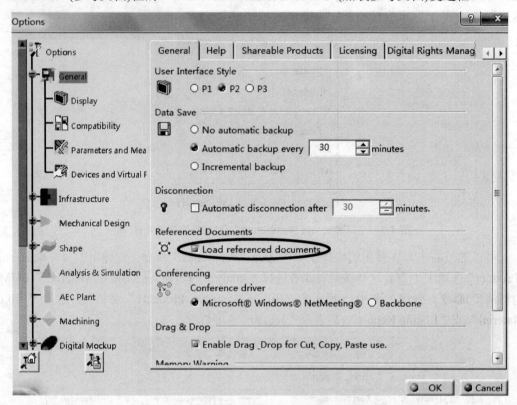

图 4-16   "Bill of Material: Product1" 对话框

接着按如下步骤进行操作：

(1) 打开 Product1.CATPart 文档，如图 4-17 所示，结构树中该文件图标变成，表示文档未被加载；如果 CATPart 图标变成，则表示没有找到参考文档，此时几何图形不可见，也见不到文件结构树的其他结点。

图 4-17   结构树中未被加载文档

(2) 若要可视化连杆盖.1，单击选择此零件结点，再单击"Selective Load"工具命令图标，弹出"Product Load Management"(产品加载管理)对话框，如图 4-18(a)所示，单击对话框中的"Selective Load"(选择性加载)图标▤，对话框中则显示选定部件的名称并提示"Product1/连杆盖.1 will be loaded."(Product1/连杆盖.1 将被加载)，如图 4-18(b)所示(也可以一次性选择多个零件)。单击"OK"按钮，则加载连杆盖.1，结构树中的零件符号及其几何图形也重新显示出来，如图 4-18(c)所示。

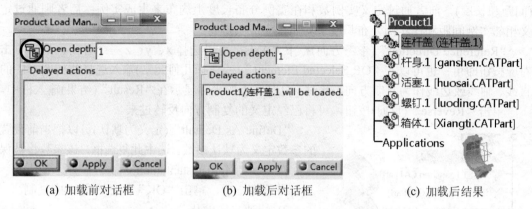

 (a) 加载前对话框   (b) 加载后对话框   (c) 加载后结果

图 4-18 "Product Load Management"(产品加载管理)对话框及操作结果

9. "Multi-Instantiation"(多实例化)

对于螺钉等标准件和发动机中如连杆这种大套零(组)件，可进行多重复制。应用"Multi-Instantiation"(多实例化)命令可以对已有零部件进行多重复制，并设置复制的数量及方向。

单击工具命令图标▤右下角的黑三角，弹出多实例化的两个工具命令图标▤ ▤，分别为"Fast Multi-Instantiation"(快速多实例化)和"Define Multi-Instantiation"(定义多实例化)。

1) 定义多实例化

选定要复制的零部件连杆盖.1，单击工具命令图标▤，弹出"Multi Instantiation"对话框，如图 4-19 所示。

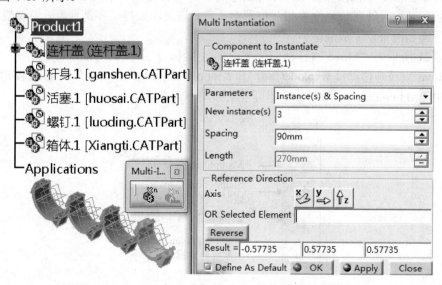

图 4-19 "Multi-Instantiation"(多实例化)对话框

在"Parameters"选择框中默认选择"Instance(s) & Spacing"(实例与间距)，在"New instance(s)"输入框输入 3，"Spacing"输入框输入 90mm；"Reference Direction"(参考方向)选择 x 轴，则图 4-19 中显示连杆盖将沿 x 轴每隔 90mm 复制一个实体，单击"OK"按钮即可确认。

"Parameters"另两个选项为"Instance(s) & length"(实例和长度)和"Spacing & Length"(间距和长度)，前者通过定义实例数和在实例分布长度上均布来生成实例；后者则通过定义相邻实例间距和在实例分布长度上均布来生成实例。

"Reference Direction"(参考方向)栏下"Axis"可以选择 x、y、z 三个方向，只需单击对应按钮即可；也可以在"OR Selected Element"(或选择几何元素)输入选择几何图形中的直线、轴线或边线作为复制方向，此时，复制元素的坐标显示在"Result"(结果)输入框中。

单击"Reverse"(反向)按钮，可将已经定义的复制方向反转过来。

图 4-20　快速多实例化结果

"Define As Default"(定义为默认)可以把当前设置的参数定义为默认参数。选中此复选框，该参数将被保存并在"Fast Multi-Instantiation"命令中重复使用。

设置完毕后，单击"OK"按钮，即完成复制。

2) 快速多实例化

快速多实例化命令无须在对话框中设置，单击选定要复制的连杆盖.1，单击"Fast Multi Instantiation"(快速多实例化)工具命令图标 🔧ⁿ，则按上述设置复制三个新零件，如图 4-20 所示。

对于四缸发动机，需要应用实例化命令再复制三件杆身、七根螺钉才能满足装配需求。

4.2 移动功能

因为零件都是单独按各自坐标原点创建的，并没有按整个系统进行统一设置，所以调入零件后在装配设计工作界面中相互位置会重叠，这就需要移动零部件，适当调整其位置，使之方便施加约束以完成装配。

图 4-21 所示为"Move"(移动)工具栏，四个图标分别对应 Manipulate(操作)、"Snap、Smart Move"(精确移动)、Explode(爆炸)和"Stop manipulate on clash"(干涉时停止)四项功能。应用"Manipulate"(操纵)命令即可手动移动零部件。

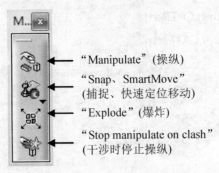

图 4-21　"Move"(移动)工具栏

4.2.1 "Manipulate"(操纵)

应用"Manipulate"(操作)命令可以使用鼠标手动移动零部件，具体操作方法为：

(1) 单击工具命令图标 ，弹出"Manipulation Parameters"(操纵参数)对话框，如图 4-22 所示。对话框中第一行的四个按钮分别表示零部件将沿着 x、y、z 坐标轴和任一选定线(棱线或轴线)的方向移动；第二行的四个按钮分别表示零部件可以在 xy、yz、xz 坐标平面内和任一选定平面内移动。第三行的四个按钮则分别表示零部件可以绕着 x、y、z 坐标轴和任一选定轴线(棱线或轴线)转动。

图 4-22　"Manipulation Parameters"(操作参数)对话框

单击工具命令图标 ，左上角灰色图标将与其对应，此时零部件即可沿 x 轴移动。

对于已经施加了约束的零部件，选中"With respect to constraints"(遵循约束)复选框即表示不允许进行违反约束要求的上述操作。

(2) 将连杆零件实例化后，为了方便观察图中堆积在一起的连杆零件，单击图标 ，选中连杆大头的轴线，各零件均可沿此轴线移动，将其放置于易见的位置，如图 4-23 所示。

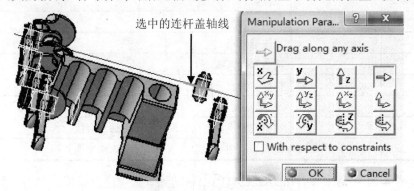

图 4-23　沿自定义轴线移动

若选择其他轴线或平面，各零件即可沿此轴线或平面移动。

(3) 单击图标 ，选择各连杆及连杆盖大头圆孔中心，拖动使其绕各自轴线旋转，再借助沿轴线移动和平面移动功能，使各连杆在图幅内分散并相对缸体竖直布置，以利于后面各连杆与对应气缸进行装配。

注意：有些零部件相互间有遮挡，可以借助"隐藏/显示"命令或单击结构树中零件结点来进行观察或移动。

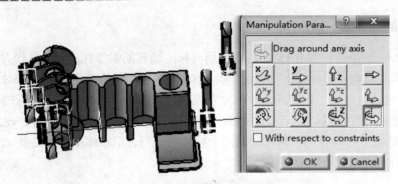

图 4-24　绕自定义轴线转动

4.2.2　"Snap、Smart Move"(捕捉、快速定位移动)

单击捕捉、快速定位移动工具命令图标![icon]右下角的黑三角，显示两个工具命令图标![icons]，分别为"Snap"和"Smart Move"(智能移动)工具命令图标。

1. "Snap"(捕捉)

(1) "Snap"(捕捉)命令可以通过选择几何元素使零部件按照几何元素间的关系快速定位移动，选择不同的几何元素以及先后顺序，将得到不同的移动结果。选择不同元素及顺序对应得到的捕捉结果见表 4-1。

表 4-1　捕捉命令可以进行的操作及获得的结果

初选元素	终选元素	捕捉结果
点	点	投影到同一点
点	直线	点投影到直线上
点	平面	点投影到平面上
直线	点	直线通过点
直线	直线	两条直线共线
直线	平面	根据平面重新定向直线，且直线通过平面
平面	点	平面通过点
平面	直线	根据直线重新定向平面，且平面通过直线
平面	平面	根据第二个平面定向第一个平面，两平面共面

(2) 以图 4-24 中活塞零件(huosai.CATPart)移动到气缸中进行说明：单击工具命令图标![icon]，图标呈现橙色，选择第一个几何元素——活塞的轴线(单击活塞表面即可捕捉到)，如图 4-25(a)所示；再选择第二个几何元素——发动机 I 缸的轴线，则活塞移动到气缸内，其轴线与 I 缸同轴，如图 4-25(b)所示。图 4-25(c)中活塞上方显示一个绿色箭头，单击该箭头其方向会反转，活塞也将翻转过来；再次单击"Snap"(捕捉)工具命令图标，图标由橙色转成原色，零件移动结束。

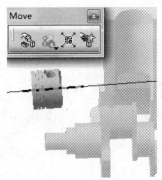

(a) 选择第一个几何元素

(b) 选择第二个几何元素

(c) 点击箭头调转方向

图 4-25 "Snap"(捕捉)操作过程及结果

2. "Smart Move" (智能移动)

(1) 单击工具命令图标 ，弹出"Smart Move"对话框，如图 4-26(a)所示。单击"More"按钮，得到展开的"Smart Move"对话框，如图 4-26(b)所示。在该对话框的"Quick Constraint"(快速约束)列表中包含可以设置的约束，这些约束以分级顺序显示，单击对话框右侧的两个箭头可调整约束优先顺序。选中"Automatic constraint creation"(创建自动约束)复选框，应用程序将按照约束列表中指定的优先顺序来创建最有可能的约束。

(2) 对于图 4-26 中的发动机产品，选择活塞的轴线，再选择发动机II缸轴线，智能移动结果如图 4-26(b)所示，先按上表面要求定位，再保证两者同轴。也可以先选择第一几何元素，再将零件拖至第二部件的几何元素上，系统就会自动检测两几何元素之间可能存在的约束，并按照优先顺序创建约束。单击"OK"按钮，即可观察精确移动效果。

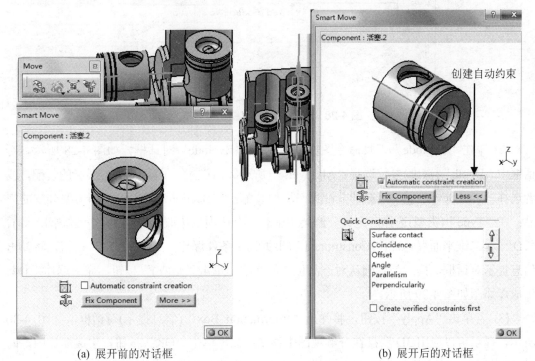

(a) 展开前的对话框   (b) 展开后的对话框

图 4-26 "Smart Move"(精确移动)对话框及操作过程

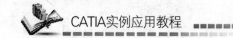

注意：各种移动都是临时的，并没有添加约束关系，此时各零部件不能被固定。

4.2.3 "Explode"(爆炸)

"Explode"(爆炸)命令用于分解约束完成的装配体以查看它们的关系。操作步骤如下：

(1) 选择要分解的装配产品——单击根结点 Product1，此时装配产品显示如图 4-27 所示。

图 4-27 爆炸前的产品

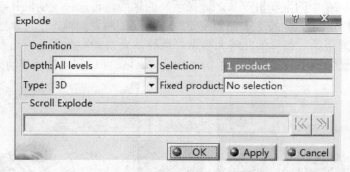

图 4-28 "Explode"(爆炸)对话框

(2) 单击"Explode"工具命令图标 ，弹出"Explode"对话框，如图 4-28 所示。对话框中"Depth"(深度)参数选择"All levels"(所有级别)选择，即分解所有层级的装配，或者选择"First level"(第一级)即分解第一层的装配；"Selection"输入框内即为要分解的产品；在"Type"(类型)选择，定义分解类型中有三个选项供选取，即 3D(在三维空间爆炸)、"2D"(在二维平面爆炸)和"Constrained"(根据约束条件爆炸)。单击"OK"按钮，将弹出信息提示对话框，提示是否确认对产品位置的修改，单击"是(Y)"按钮，完成爆炸操作，生成爆炸图如图 4-29 所示。

(3) 若单击"Apply"按钮，将弹出"Information Box"(信息提示)对话框，如图 4-30 所示，提示可以应用 3D 罗盘在分解视图中移动产品，单击"OK"按钮，生成爆炸图，同时"Explode"对话框中出现"Scroll Explode"(爆炸滚动条)栏，如图 4-31 所示。

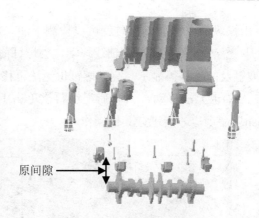

图 4-29　直接爆炸结果

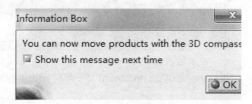

图 4-30　信息提示对话框

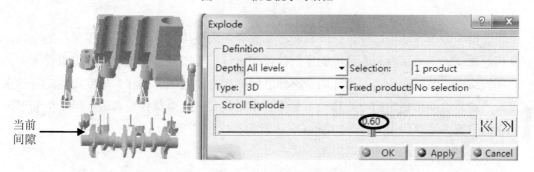

图 4-31　应用"Scroll Explode"(爆炸滚动条)调节零件间距离

可以利用爆炸滚动条下部的滑块及左右两箭头来调整爆炸图中零件间的距离，默认值 1 即为最大距离，拉动滑块相当于调整零件间"松紧"，使零件间的距离变小，当"松紧度"值为 0 则恢复到未爆炸前的装配状态。从图 4-31 可以看出，左移滑块减小数值，各零件随之向内紧缩，图中所示是数值为 0.60 的情况，活塞与曲轴间隙明显缩小，上述操作设置完成后，单击"OK"按钮，仍弹出"Warning"对话框，单击"是(Y)"按钮，完成爆炸操作。

注意：若想取消爆炸，只需单击"Update"(更新)工具命令图标 ⟳ ，即可恢复到装配状态。若需要进行效果图的绘制工作，还需利用"Manipulate"命令进一步调整各零件间相对位置，以达到个人需求。

4.2.4　"Stop manipulate on clash"(干涉时停止操纵)

选中如图 4-22 所示"Manipulation parameters"对话框中的"With respect to constraints"

(遵循约束)复选框后，再用操纵命令移动部件时就可以检测干涉。以装配体中移动螺钉为例说明：单击工具命令图标🔧，操纵螺钉沿其轴线移动，当螺钉前端触及实体(图 4-32 中为连杆盖底端平面)时，被触及的连杆盖显示高亮，螺钉也无法再移动。此时即使换为其他方向(如沿螺钉轴线的法平面)也无法移动，只有后退或再次单击工具命令图标🔧以取消"Stop manipulation on clash"命令，才能进行其他操作。

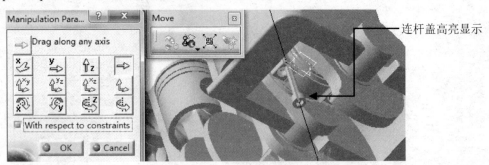

连杆盖高亮显示

图 4-32　"Stop manipulate on clash"(干涉时停止操纵)的应用

4.3　约束功能

通过操纵命令移动零部件，只能临时将其放置在大概位置，而且各个零部件的空间位置是相对独立的。为了将装配体中的零部件正确定位，需要按装配设计的要求来设置零部件之间的约束。装配操作需要指定两个部件之间的相合、接触、偏移、角度及固定等约束类型，系统将自动按指定的方式移动零部件到指定位置。约束部件后再进行手动更新即可显示新的位置关系。约束工具栏如图 4-33 所示。

注意：进行约束的部件必须为激活状态。

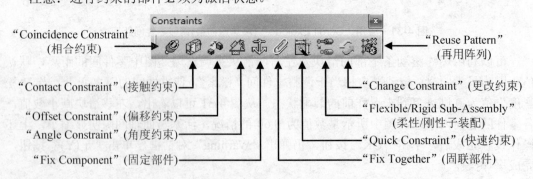

"Coincidence Constraint"(相合约束)

"Reuse Pattern"(再用阵列)

"Contact Constraint"(接触约束)

"Change Constraint"(更改约束)

"Offset Constraint"(偏移约束)

"Flexible/Rigid Sub-Assembly"(柔性/刚性子装配)

"Angle Constraint"(角度约束)

"Quick Constraint"(快速约束)

"Fix Component"(固定部件)

"Fix Together"(固联部件)

图 4-33　"Constraints"(约束)工具栏

4.3.1　"Coincidence Constraint"(相合约束)

相合约束用于对齐零部件的几何元素。根据选择的几何元素可获得同心、同轴或共面约束，如 4.2.2 节提及的活塞移至气缸过程就是同轴约束过程。

在上面的移动过程中，我们发现若把连杆杆身、连杆盖及螺钉先装配成一个组件，然后再装配到发动机产品中，将会减少很多重复操作而节省大量时间，所以对此类有固定装配关系的几个零件来说，应该先装配在一起作为"子系统"。在此以连杆组件装配为例说明其操作步骤：

(1) 创建 Product2，调入连杆杆身、连杆盖和螺钉，单击工具命令图标，光标指向连杆盖内孔表面，则显示其轴线如图 4-34 所示。图 4-34 中轴线好像是螺钉轴线，这是由于创建螺钉零件时选择坐标原点并沿 z 向拉伸的缘故。

(2) 再选择杆身，指向杆身时显示蓝色轴线，结点发红，单击确认，则在两者轴线处各生成一个同轴符号，结构树中同时增加"Constraints"结点，结点下的同轴注释显示有"待更新"标记。单击更新工具命令图标，则生成图 4-34(d)所示结果。

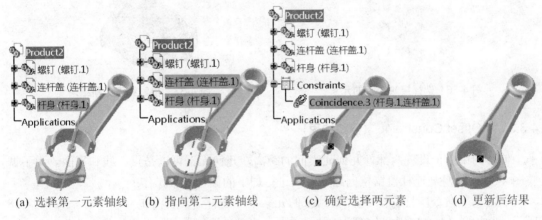

(a) 选择第一元素轴线　(b) 指向第二元素轴线　(c) 确定选择两元素　(d) 更新后结果

图 4-34　"Coincidence Constraint"(相合约束)操作过程及结果

以同样方法继续约束螺钉与大头"双耳"的螺孔同轴，更新后得到如图 4-35 所示结果。说明螺钉与孔的轴向位置尚未确定，这还需要应用接触约束或偏离约束来完成。

图 4-35　螺钉与孔建立同轴约束

4.3.2　"Contact Constraint"(接触约束)

接触约束可以在两个曲面间产生接触约束。它们之间的公共区域可以是一个曲面(曲面、平面接触)、一条直线(直线接触)或一个点(点接触)。

对于图 4-35 中螺钉未安装到位的问题，可按如下步骤进行接触约束操作：

单击工具命令图标，如图 4-36 所示，分别选择螺孔阶梯表面和螺钉的圆头底面作为被约束元素，选择后单击更新工具命令图标，生成如图 4-37 所示结果，同时结构树中添加接触约束说明。图 4-37 中为方便观察，将属性设置为粉色的螺钉已按接触要求嵌入到螺孔中，同时发现连杆盖与杆身虽然同轴，但轴向有错位现象，还需要进行偏移约束。

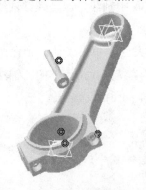
图 4-36　选择接触约束的元素

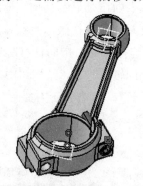
图 4-37　接触约束更新结果

4.3.3　"Offset Constraint"(偏移约束)

偏移约束用于设置两部件几何元素间的距离，几何元素可以是点、线和平面。为了调整图 4-36 中杆身与连杆盖错位问题，对其进行如下的偏移约束操作：

单击工具命令图标，选择要约束的元素——连杆盖及杆身的一端平面，如图 4-38 所示，选中的面上会出现绿色箭头，并显示两元素间的距离数值，距离与弹出的"Constraint properties"(约束属性)对话框中的"Offset"值同步显示。

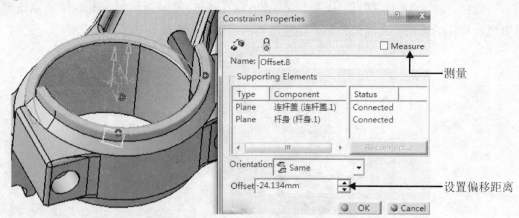
图 4-38　偏移约束"Constraint Properties"(约束属性)对话框

图 4-38 中显示两个绿色箭头，其中第一个选定元素的箭头为参考箭头，其方向不可改，单击图中任一箭头，第二个元素上的箭头变向，同时"Orientation"(方向)选择框由"Same"(同向)变为"Opposite"(反向)。若"Orientation"选择框选择"Undefined"(未定义)，则箭

头消失。双击图中任一箭头，箭头消失，只显示偏移数值，双击此数值则弹出"Constraint Definition"(约束定义)对话框，单击"More"按钮即变为图4-39所示的扩展对话框。

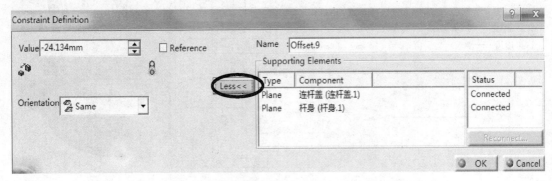

图4-39 偏移约束"Constraint Definition"(约束定义)扩展对话框

修改对话框中"Value"的值为0，得到偏移约束结果，如图4-40所示。

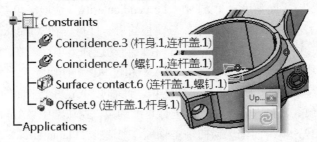

图4-40 偏移约束结果

如果选中图4-38的约束属性对话框中的"Measure"(测量)复选框，则根据测量进行偏移约束，即测出的值就是两元素间的距离值，对话框更改数值会跳出，如图4-41所示，距离值变成括号形式，表示无法更改。

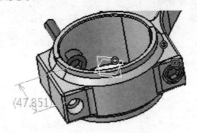

图4-41 选择测量选项结果

4.3.4 "Angle Constraint"(角度约束)

角度约束用于在两个部件的几何元素间保证一定的角度约束。

操作步骤为：单击工具命令图标，依次选择要约束的两个部件的几何元素——杆身轴线与连杆盖端平面，弹出"Constraint Properties"(约束属性)对话框，如图4-42所示，对话框中包括选定约束的属性以及可用约束的列表。

图 4-42　角度约束 "Constraint properties" (约束属性)对话框

图 4-42 左侧依次为 "Perpendicularity" (垂直度)、"Parallelism" (平行度)、"Angle" (角度)和 "Planar angle" (平面角度)：①选中 "Perpendicularity" 选项，角度值为 90°；②选中 "Parallelism"选项后需要定义平面的方向，与偏移约束一样可以在"Orientation"中选择"Same"还是 "Opposite"；③ "Angle" 为默认选项，在此自动选择该项，若在 "Sector" (象限)选择框可选择对应的象限，只需在 "Angle" 中输入不超过 90° 的角度值；④应用 "Planar angle" (平面角度)选项，需要选择一根轴进行角度约束，此轴必须是两个平面的交线，如图 4-43 所示为选择发动机 I 缸、II 缸内连杆中垂面进行角度约束，默认选中 "Angle" 复选框，"Planar angle" 复选框为灰色，单击曲轴选择曲轴主轴颈，则选中 "Planar angle" 复选框，其余变灰，"Component" 列表显示为两个杆身的平面绕曲轴轴线的角度为 337.555°。

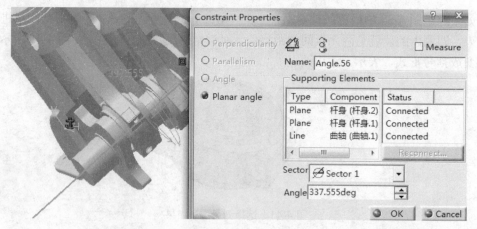

图 4-43　 "Constraint properties" (约束属性)对话框的 "Planar angle" (平面角度)选项

4.3.5　 "Fix Component" (固定部件约束)

固定部件约束命令用于固定部件在空间的位置，一般选择在组件中不会移动(或相对不动)的机架，如在发动机总成中的箱体。具体步骤为：单击工具命令图标，再单击选择要固定的部件，该部件即被施加固定约束，在图中区域显示一个绿色的符号，同时在结构树的 "Constraints" 结点下，增加一个固定约束，即发动机在空间被固定，如图 4-44 所示。

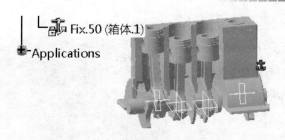

图 4-44　固定发动机的结果

4.3.6　"Fix Together"(固联组件)

固联组件命令用于将若干个组件固联在一起，使它们彼此间相对不动，前提是它们都处于激活状态。

在发动机装配总成中，活塞连杆组可以作为一个组件，但活塞与连杆间要绕小头轴线转动，连杆杆身、连杆盖与螺钉组成的连杆组件之间是相对不动的，就可以将其设置约束固联在一起。设置固联约束后，连杆组再与其他部件之间设置约束时，整组部件都受约束限制。

操作步骤为：单击工具命令图标🖉，弹出"FixTogether"对话框，选择要组成一组的所有部件——杆身、连杆盖及螺钉，如图 4-45 所示，对话框中列出所选部件，图中也予以高亮显示；若要移除某件，只需单击该部件名称即可；将在对话框的"Name"(名称)输入中"FixTogether.1"重命名为"连杆组"，单击"OK"按钮，完成操作。

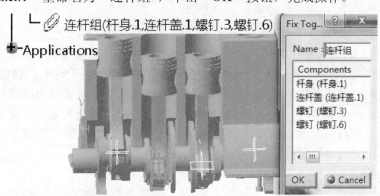

图 4-45　"Fix Together"(固联组件)及操作

4.3.7　"Quick Constraint"(快速约束)

快速约束命令用于根据选择的几何元素自动为零部件设置适当的约束。

操作步骤为：单击工具命令图标🔧，依次选择图 4-46 中活塞轴线与气缸轴线，系统将根据所选的两个轴线自动设置活塞与气缸为同轴约束，其他选项亦然。

双击约束结点下发红的同轴约束说明结点"Coincidence.52"，弹出"Coincidence Definition"(相合定义)对话框，单击"More"按钮，弹出如图 4-47 所示的扩展对话框，右键选择零部件可对其进行重构及居中编辑操作。

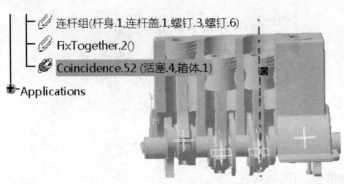

图 4-46　活塞与气缸进行快速约束的结果

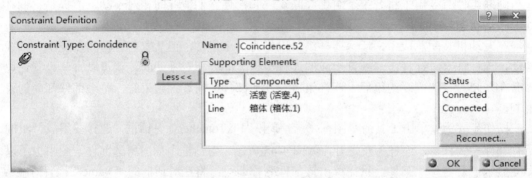

图 4-47　"Coincidence Definition"(相合定义)扩展对话框

4.3.8　"Flexible/Rigid Sub-Assembly"(柔性/刚性子装配)

CATIA V5 可以将装配体中的子装配设置为柔性子装配，特点为能从其父一级装配中移动；更新父一级子装配时不影响其下一级子装配；更新下一级子装配时不影响其父一级装配。

柔性子装配的设计操作步骤为：单击工具命令图标，选择要设为活动部件的连杆组 (Product2.1)，如图 4-48 所示，可看到结构树结点图标的齿小轮变为紫色，说明已变为柔性子装配，此时就可对该部件内的零件进行操作了；若要将柔性子装配重新变为刚性，选取该部件，再单击工具命令图标即可。

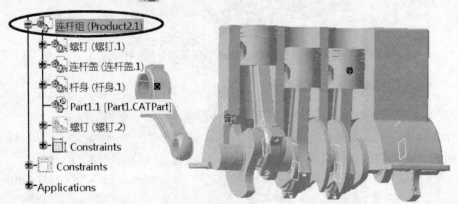

图 4-48　"Flexible/Rigid Sub-Assembly"柔性/刚性子装配操作结果

设置柔性子装配的好处还在于可在总装配中通过移动工具来调整零部件的空间位置。

4.3.9 "Change Constraint"(更改约束)

更改约束命令用于将已添加的约束更改为其他约束类型的约束。

操作步骤为：选择要更改的约束，单击工具命令图标 ，弹出 "Possible Constraints"(可能更改的约束)对话框，如图 4-49 所示，在对话框内显示了所有可能的约束，选择新的约束类型后单击"OK"按钮即可确认。若单击"Apply"按钮，则可在结构树和几何图形中预览。

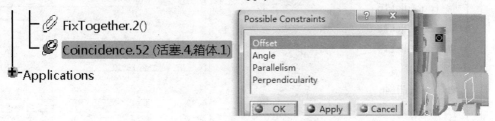

图 4-49 "Change Constraint"(更改约束)操作

4.3.10 "Reuse Pattern"(再用阵列)

再用阵列命令用于在装配时再次应用零部件的原有阵列模式来复制零部件。

操作方法为：如图 4-50 所示，先将要装配的发动机上箱体和螺钉按装配要求进行约束，选择结构树中的矩形阵列结点"RectPattern .1"，再按住 Ctrl 键以选择需要阵列装配的螺钉，如图 4-51 所示。

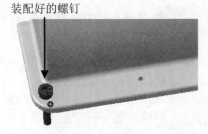

图 4-50 约束后的上箱体和螺钉

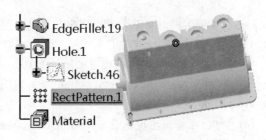

图 4-51 选择矩形阵列和螺钉

单击工具命令图标 ，弹出 "Instantiation on a pattern"(在阵列上实例化)对话框，对话框列出关于螺钉在箱体上阵列的相关信息，如图 4-52 所示，绘图区同时显示阵列结果预览。单击"OK"按钮，按图示生成结果。

对话框中一些选项的意义如下：

(1) "Keep Link with the pattern"(保持与阵列的链接)复选框，用于保证复制的部件与被引用的阵列保持链接关系。如果阵列定义被修改，复制的部件也将随之改变。

(2) "Generated components' position with respect to"(关于生成组件位置)栏下有两个选项。

① "pattern's definition"(阵列的定义)复选框，选中后只复制部件而不引用约束。

② "generated constraints"(生成约束)复选框，选中后将复制并引用原部件的约束，此时 "Re-use Constraints"(重新使用约束)列表显示为部件检测到的约束，同时列出所有原始约束供选择，在定义实例化部件时可以根据需求选择复制一个或多个原始约束。

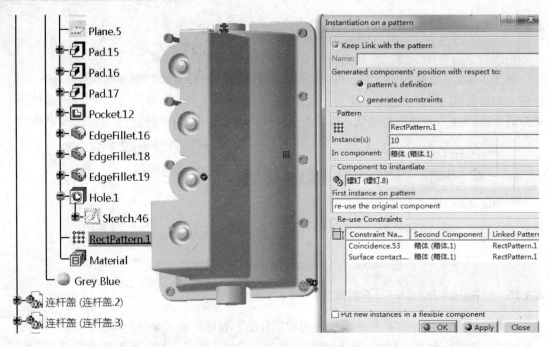

图 4-52　"Instantiation on a pattern"(在阵列上实例化)对话框及阵列结果预览

(3) 在"First instance on pattern"(阵列的第一个实例)选择框中通过三种选项可以设置部件的三种复制方式。

① "re-use the original component"(再用原始部件)：保留部件在原来阵列和结构树中的位置，并作为阵列的第一个实例。

② "create a new instance"(创建新实例)：在阵列的第一位置再创建一个复制的实例。

③ "cut & paste the original component"(剪切并粘贴原始部件)：剪切原始部件，将其粘贴在阵列的第一个实体位置。

(4) "Put new instances in a flexible component"(在柔性部件中放入新实例)复选框，用于控制将所有阵列实例集中放置在同一部件中还是分散放置。复选框处于选中状态时，新插入的部件就会放入一个新部件中。

4.4　装　配　分　析

零部件装配后，需要分析部件之间的约束关系、自由度、检验干涉、测量距离等。

选择"Analyze"(分析)命令，弹出如图 4-53 所示命令列表，主要包括：

(1) "Bill of Material"(材料清单)。

(2) "Constraints Analysis"(约束分析)。

(3) "Degree(s) of freedom Analysis"(自由度分析)。

(4) "Compute Clash"(碰撞计算)。

(5) "Clash Analysis"(干涉分析)。

图 4-53 右侧"Measure"和"Space Analysis"中的两组命令在工具栏中就可以直接选择。

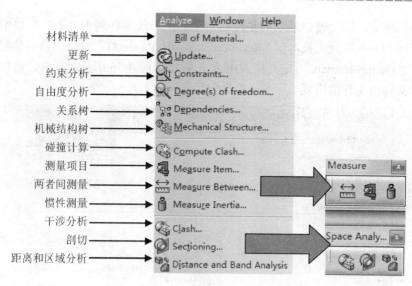

图 4-53 "Analyze"(分析)命令列表

左侧标注（从上到下）：
材料清单 → Bill of Material...
更新 → Update...
约束分析 → Constraints...
自由度分析 → Degree(s) of freedom...
关系树 → Dependencies...
机械结构树 → Mechanical Structure...
碰撞计算 → Compute Clash...
测量项目 → Measure Item...
两者间测量 → Measure Between...
惯性测量 → Measure Inertia...
干涉分析 → Clash...
剖切 → Sectioning...
距离和区域分析 → Distance and Band Analysis

4.4.1 "Bill of Material"(材料清单)

材料清单命令用于分析装配产品中激活的零部件的数量、名字以及属性等信息，即 BOM 表。

对于装配完成的发动机总成产品，需要查看其材料清单信息。打开装配体后，选择图 4-53 中的"Bill of Material"命令，弹出"Bill Of Material：Product1"对话框，如图 4-54 所示。

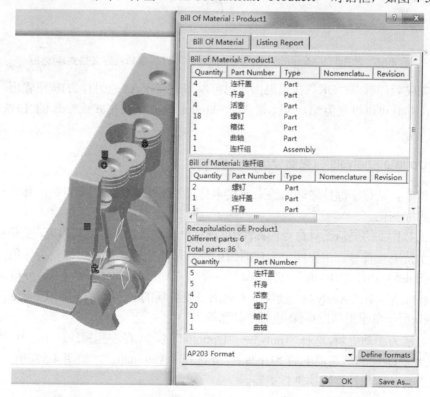

图 4-54 "Bill Of Material：Product1"(材料清单：产品 1)对话框

在材料清单中，第一窗口显示的是结构树中的第一级零件列表，第二窗口中显示的是它的子装配列表……以此类推；在"Recapitulation of：Product1"窗口中显示装配体零件的总数；单击"Define formats"(定义格式)按钮，弹出如图4-55所示对话框，可以选择需要的部分来定义输出文件的格式。

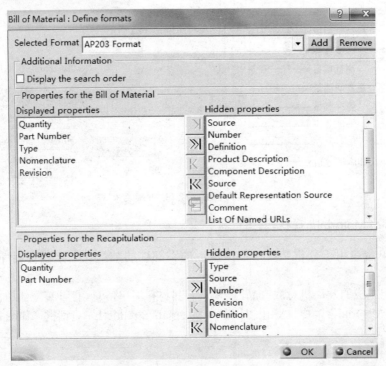

图4-55 "Bill Of Material：Define formats"(材料清单：定义格式)对话框

设置完成后，单击"OK"按钮退出，也可单击"Save As"(另存为)按钮输出一个材料清单文件，并且可以设置为*.txt文本格式、*.html超文本链接格式或*.xls的Excel文档格式存盘。

4.4.2 "Update Analysis"(更新分析)

装配体中，某些零部件之间的约束或其本身尺寸发生变化，需要对装配体进行更新，才能完成相应变化。

单击工具栏上的更新工具命令图标 可进行全局更新，若更改某约束，结构树中的约束结点显示待更新符号，工作区中零件的约束符号是黑色的，更新后即变为绿色。

选择图4-53中的"Update"(更新)命令，弹出"Update Analysis"(更新分析)对话框，如图4-56(a)所示，在"Analysis"选项卡下列出了要更新的元素。再选择"Update"选项卡，如图4-56(b)所示单击更新图标 进行手动更新。

上述方法为手动更新，选择"Tools"→"Options"命令，在左侧模块树中选择"Assembly Design"，在"General"选项下的"Update"处选择"Automatic"，如图4-57所示，则在完成约束修改后，零部件将自动进行更新。

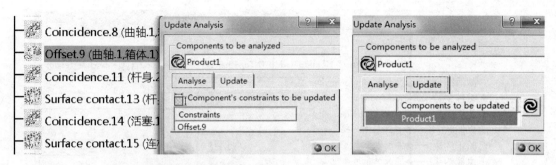

(a) Analyse 选项下的分析结果　　　　　　　　(b) Update 选项

图 4-56　"Update Analysis"(更新分析)对话框

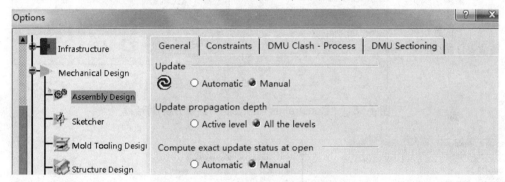

图 4-57　"Automatic"(自动更新)选项设置

4.4.3　"Constraints Analysis"(约束分析)和"Degrees of freedom Analysis"(自由度分析)

约束分析命令用于对当前装配产品中的约束关系进行分析，统计各种约束类型。

选择图 4-53 中的约束分析命令，弹出"Constraints Analysis"(约束分析)对话框，如图 4-58 所示，共有五个选项卡。

① 在"Constraints"选项卡下显示出约束分析的状况："Active component"框中显示对象为"Product1"；"Components"和"Not constrained"则分别显示激活零部件中包含的零部件数量及未约束的数量。

"Status"(状态)栏中的应用图标说明已验证约束、不可能(无解)约束、未更新约束、已断开约束、未激活约束、测量模式约束、固联组件以及激活零件约束总数。

② 选择"Not updated"、"FixTogether.1"、"FixTogether.2"选项卡，窗口将显示约束名称，双击该约束名称，弹出"Constraint Definition"对话框，单击"OK"按钮返回分析对话框。

③ 选择"Degrees of freedom"选项卡，弹出如图 4-59 所示对话框，其中列出了所选装配体下一级组件的自由度，双击对应组件，弹出"Degrees of Freedom Analysis"提示框，如图 4-60 所示，说明此组件含有三个旋转和三个移动自由度。这与直接单击菜单"Analyze"下的自由度分析工具命令图标 效果是一样的。

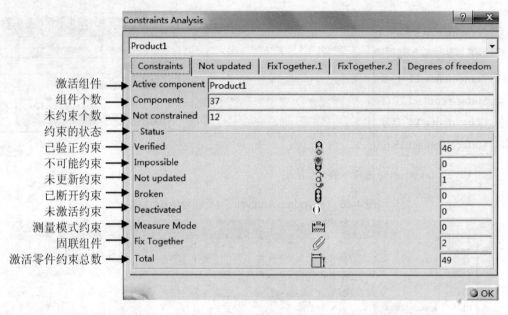

图 4-58   "Constraints Analysis"(约束分析)对话框

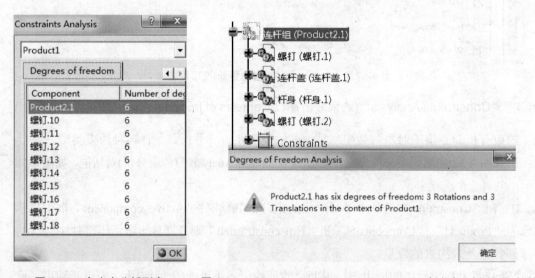

图 4-59   自由度分析列表   图 4-60   "Degrees of Freedom Analysis"(自由度分析)提示对话框

注意：分析的对象是选中的产品，各级组件的分析结果是不同的；有时因为隶属关系的问题，会提示无法计算而不能分析现象。

4.4.4   "Dependencies Tree"(关系树)

选中装配体 Product1，选择分析命令列表中的关系树命令，弹出如图 4-61 所示对话框，首先显示结点 Product1，双击 Product1，弹出装配体下的约束关系，再双击任一约束，则弹出进行此约束的两个组件，双击任一组件，又将弹出与此组件相关的所有约束，如图 4-61 所示，还能继续弹出下一级零件及约束。此时，选中任一组件或约束符号，与其相同的组件或约束也会显示橙色。

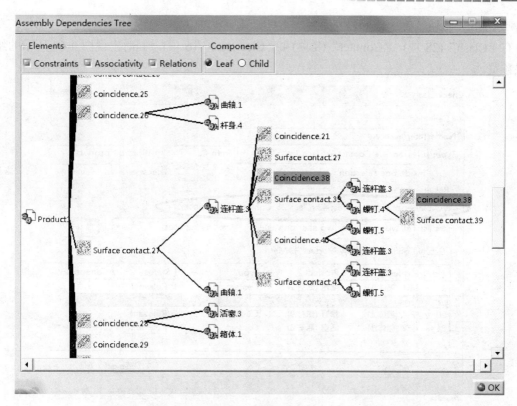

图 4-61　"Assembly Dependencies Tree"(装配关系树)对话框

4.4.5　"Clash"(干涉分析)

干涉(碰撞)分析可以检测当前装配体中的组件之间是否存在干涉(碰撞)现象，能够分析出组件之间干涉的不同类型，显示出干涉(碰撞)的部位，并计算出组件之间的距离。

具体操作步骤为：选择结构树中的 Product1 结点，选择"Analyze"→"Compute Clash"命令，弹出"Check Clash"(检测干涉)对话框，如图 4-62 所示。

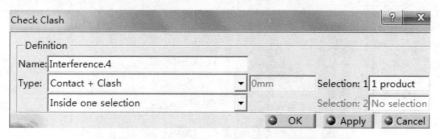

图 4-62　"Check Clash"(检测干涉)对话框

这与单击"Space Analysis"工具栏中的工具命令图标的效果一致，后者及"Distance and Band Analysis"距离和区域分析命令都来源于 DMU Kinematics(Digital Mockup Kinematics Simulator，电子样机运动机构仿真)模块。

图 4-62 中，"Type"选择框共有四种类型："Contact+Clash"、"Clearance+ Contact+Clash"、"Authorized penetration"(批准渗透)和"Clash rule"(干涉规则)。在此选择第二种类型，单

击"Apply"按钮，弹出检测结果如图 4-63 所示，列表中显示了出现干涉的所有部件，其中有"Clash"(28 项)、"Contact"(8 项)和"Clearance"(6 项)，同时出现图 4-64 所示的结果预览。

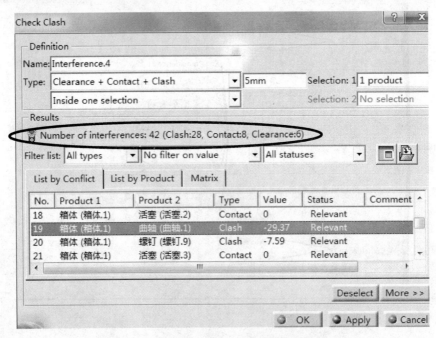

图 4-63   "Check Clash"(检测干涉)结果列表

图 4-64 中的预览默认为第一项，只显示第一项中的两个组件的干涉情况，图 4-64 中所示为选择第 19 项的结果，黑色箭头表示干涉部分的矢量方向，数值 29.733 表示箱体与曲轴在此处的最小距离，若为负值则说明两个零件相互嵌入，红色边线表示干涉的部位。

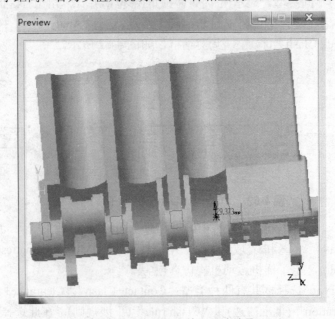

图 4-64   直观显示检测干涉结果

选中图 4-63 所示的第 19 项结果，单击"More"按钮即在原图基础上向下扩展出如图 4-65 所示的"Detailed Results"(检测详细结果)，按钮同时变为 Less。

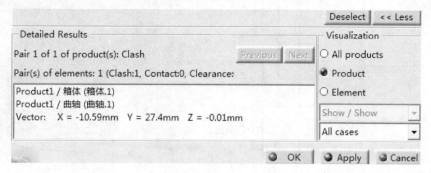

图 4-65　"Detailed Results"(检测详细结果)扩展对话框

4.4.6　"Sectioning"(剖分)

剖分功能用于以任意截面来剖分装配模型而显示切割后的断面。

操作方法为：首先选择一个装配组件或零部件的某平面(坐标面)，选择分析列表中的剖切命令，弹出"Sectioning Definition"(剖分定义)对话框，如图 4-66 所示，默认选择"Section Plane"(平面剖分)工具命令图标，工作区同时显示一平面在剖分选择对象，剖分面可以根据法线方向来选择，以及弹出一个显示截面形状的 Section.1 预览框，可以在对话框中的 Name 输入框改名。若选择图标 隐藏的图标"Section Slice"(薄片剖分)或"Section Box"(箱式剖分)，则以两平行面或箱体结构来对选项进行剖分。

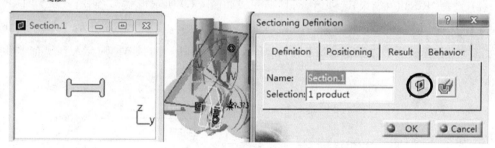

图 4-66　"Sectioning Definition"(剖分定义)对话框及预览

如图 4-67 所示，选择Ⅲ缸连杆零件，单击剖分图标后在"Name"输入框改名为剖分.2，再单击"Volume Cut"(整体切除)工具命令图标，将显示剖分剩余部分，如剖分箱体则剩余一个长方体。

预览后单击"OK"按钮，结构树显示如图 4-67 所示，记录下进行的测量、碰撞、剖分以及后面的距离等分析步骤和结果。

"Sectioning Definition"对话框中有四个选项卡："Definition"(定义)、Positioning(定位)、"Result"(结果)和"Behavior"(行为)。

(1) 选择"Positioning"选项卡，点选"Normal constraint"(法向约束)的三个坐标轴单选按钮可以更改工作区剖分面指向，如图 4-68 所示。

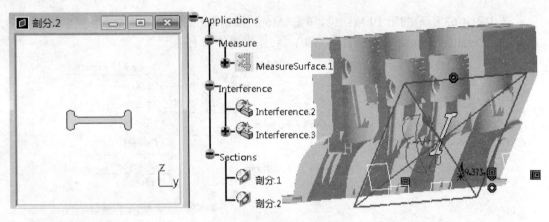

图 4-67 "Volume Cut"(整体切除)预览

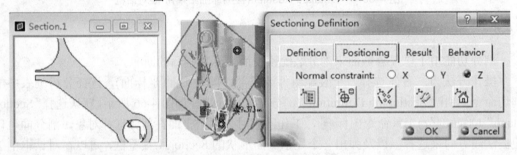

图 4-68 "Sectioning Definition"(剖分定义)对话框的"Positioning"选项卡

(2) 选择"Result"(结果)选项卡,对话框变成如图 4-69 所示形式,左侧第一组为"Export"图标可供选择,选择前两项"Export and Open"(输出并打开)和"Export As"(输出为)可另存为零件,选择最后的"Export In Existing Part"(输出到已有的零件)则存入到现有零件中。

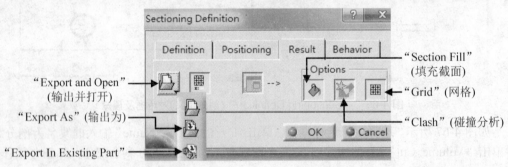

图 4-69 "Sectioning Definition"(剖分定义)对话框的"Result"选项卡

单击第二组图标▦,弹出"Edit Grid"(编辑网格)对话框,如图 4-70(a)所示,可以编辑网格大小,预览框将显示相应网格;单击第三组图标▣(Results Window),则预览窗口在图 4-70(b)与图 4-68 之间切换。

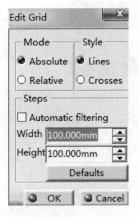 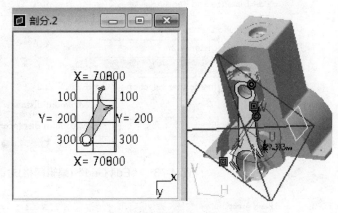

(a) 编辑网格对话框   (b) 结果预览

图 4-70 "Edit Grid"(编辑网格)对话框及结果预览

(3) 选择"Behavior"(行为)选项卡，弹出如图 4-71 所示对话框，有三个选项分别为"Manual Update"(手动更新)、Update(更新)和"Section Freeze"(冻结截面)。

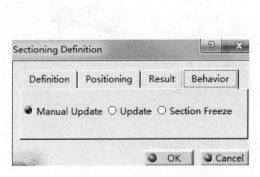 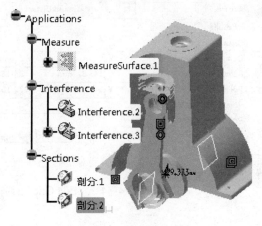

图 4-71 "Sectioning Definition"(剖分定义)   图 4-72 剖分操作结果
对话框的"Behavior"选项卡

(4) 所有设置完成后，单击"OK"按钮，得到如图 4-72 所示截面剖分结果，双击结点"剖分.2"，将弹出上述"Sectioning Definition"对话框及预览框以便于观察或修改；右击结点，在弹出的快捷菜单中选择"剖分.2Project"→"Definition"命令，此操作同样弹出上述对话框及预览框。

4.4.7 "Distance and Band Analysis"(距离和区域分析)

单击工具命令图标，弹出"Edit Distance and Band Analysis"(编辑距离和区域分析)对话框，如图 4-73 所示，在此选中箱体和曲轴，"Selection：1"输入框显示为"2products"，"Type"选择"Along Z"(沿 Z 轴)，单击"Apply"按钮，弹出如图 4-74 所示的扩展对话框及结果预览图。

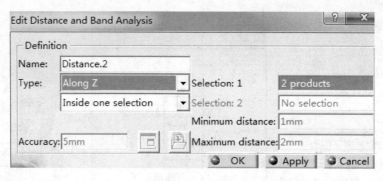

图 4-73　"Edit Grid"(编辑网格)对话框

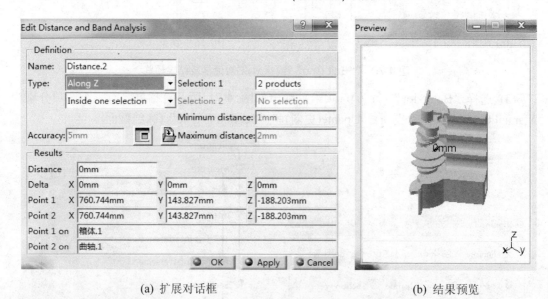

(a) 扩展对话框　　　　　　　　　　(b) 结果预览

图 4-74　"Edit Grid"(编辑网格)扩展对话框及结果预览

4.5　设　计　实　例

本节以汽车发动机中的活塞连杆组为例进行装配设计说明。

4.5.1　调入零件

通过选择菜单"File"→"New"命令，选择新建一个"Product"文件，确认后进入装配设计模块，结构树顶端显示 Product1 结点。

选择 Product1 结点，单击"Existing Component"(现有组件)工具命令图标，弹出文件选择对话框如图 4-75 所示，选择已有的活塞(piston.CATPart)、螺钉(screw.CATPart)、连杆杆身(rod.CATPart)及杆盖(cap.CATPart)文件，将它们打开即调入装配设计模块。

调入文件后，显示界面如图 4-76 所示，此时各零件相对位置取决于建模所选的坐标。

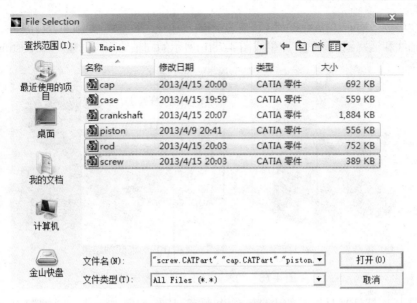

图 4-75　打开活塞连杆组零件

图 4-76　调入零件

4.5.2　移动、约束零件

单击"Manipulation"(操纵)工具命令图标 ，单击自定义轴线按钮，捕捉活塞表面，则可沿其轴线移动零件。各零件分散开后，单击"OK"按钮退出操纵，保持零件在当前空间位置。

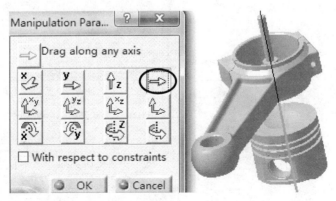

图 4-77　移动零件

双击"Coincidence Constraint"(同轴约束)工具命令图标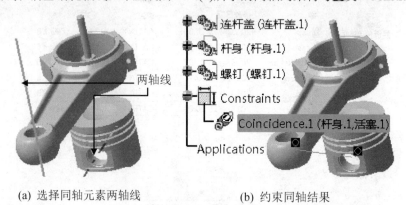，如图 4-78(a)所示，选择连杆小头圆孔轴线和活塞销孔轴线，即生成图 4-78(b)所示的同轴约束符号及"Constraints"结点。

(a) 选择同轴元素两轴线   (b) 约束同轴结果

图 4-78 约束连杆小头与销座同轴

继续选择连杆杆身与杆盖的内壁，约束两者同轴；约束螺钉与大头螺钉孔同轴，结束约束显示如图 4-79(a)所示，单击"Update All"(全部更新)工具命令图标，则各零件按约束条件移动就位，从图 4-79(b)所示更新结果来看，各零件还需要确定轴向位置。

(a) 约束杆身与杆盖、螺钉与螺钉孔同轴   (b) 更新结果

图 4-79 约束连杆杆身与杆盖、螺钉与螺钉孔同轴

单击"Offset Constraints"(偏移约束)工具命令图标，选择连杆小头侧面与活塞销座内侧面的距离为 1mm，如图 4-80 所示。

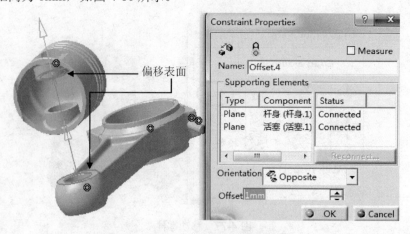

图 4-80 约束连杆小头与活塞销座距离

更新后，活塞顶向下，再应用"Manipulation"命令，如图 4-81 所示，操纵活塞绕销轴旋转至顶部向上，确认退出。

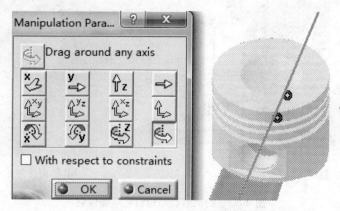

图 4-81　活塞绕销轴转动

单击"Define Multi Instantiation"(定义多实例化)工具命令图标，拾取螺钉实体，在弹出的如图 4-82 所示对话框的"New instance(s)"(新实例)输入框中输入 1，在"Reference Direction"选择相应的坐标轴方向，或在"Results="输入框中输入向量值，实例即被按位置要求复制。

应用同轴约束命令，约束新螺钉与另一螺孔同轴；再双击"Contact Constraint"(接触约束)工具命令图标，连续约束两螺钉的六角头底面与连杆盖螺钉孔台肩接触，如图 4-83所示，确认后显示约束标记符号，更新即生成图 4-83(b)所示结果。

最后约束连杆杆身大头和连杆盖端面距离为 0，更新即完成活塞连杆组的装配操作。

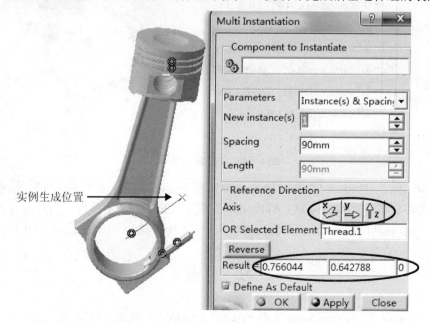

图 4-82　生成另一根螺钉

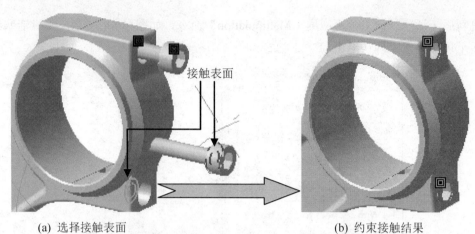

(a) 选择接触表面 (b) 约束接触结果

图 4-83 约束螺钉与螺钉孔端面接触

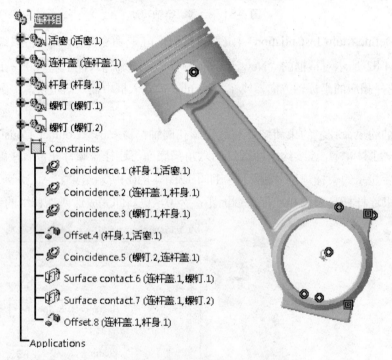

图 4-84 最后装配效果

右击顶端结点 Product.1，在"Properties"框中更改零件号为"连杆组"，结点发生相应变化；文件更名为"piston-rod.CATProduct"存于"Engine"文件夹；另外再保存一个除去活塞的"rod-unit.CATProduct"，它可以作为一个组件装配于发动机总成之中。

习 题

4-1 "Product"、"Component"和"Part"之间是什么样的从属关系？
4-2 如何在装配环境下新建一个与其相关的零部件？

4-3 举例说明约束(工具)有哪几种?

4-4 完成图 4-85 所示的轴、键及齿轮的装配(齿轮孔径为 60mm 或自定义尺寸)。

图 4-85

4-5 试绘制图 4-86 所示的轴承,外圈、支持架和内圈宽为 20mm,厚度为 5mm,内孔直径为 60mm,球径为 15mm,滚道深度均为 2mm。

图 4-86

第 5 章
曲 面 设 计

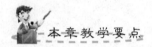 本章教学要点

知识要点	掌握程度	相关知识
参考元素	掌握参考元素的用法	参考点、重复点、极值； 参考线、支持面、下一解； 参考面
曲线生成方式	掌握生成曲线的方法； 熟练应用参考元素	支持面、圆、桥接曲线、二次曲线、 样条线、螺旋线、平面螺旋线； 参考点、线、平面
曲面生成方式	掌握曲面的生成方法； 熟练处理扫掠、放样生成曲面的变化	拉伸、旋转、偏移、扫掠、填充、 放样、过渡曲面； 轮廓、中心线、引导线、脊线、耦 合、闭合点、指向
曲线、曲面 之间的操作	掌握操作工具图标的应用方法； 熟练处理曲面间修剪、圆角的变化	合并、分解、分割、修剪、提取、 圆角、移动、旋转、对称、缩放、 轴系统、延展； 保留、切除、指向、变半径

5.1 概　　述

CATIA 软件的"Shape"(曲面设计)功能非常强大，与"Part Design"组成的混合设计能够完成各类造型设计。本章主要介绍"Generative Shape Design"(创成式曲面设计)功能。

进入"Generative Shape Design"工作台的方法与进入"Part Design"类似：

(1) 选择"Start"→Shape→"Generative Shape Design"命令进入工作台。

(2) 单击工作台图标，在定制的欢迎对话框(见图 1-13)中单击"Generative Shape Design"工作台图标  进入工作台。

(3) 若选择"File"→"New"→"Shape"命令，将新生成一个 Shape1，但工作台界面还是上一个文件或上一次操作的("Part Design"或其他工作台)界面，有时还要重复步骤(1)来进入。由此可以看出，曲面和实体设计文件的后缀既可以是.CATPart，也可以是.CATShape。

5.2 线 框 设 计

"Generative Shape Design"主要有三组工具栏："Wireframe"(线框)、"Surfaces"(曲面)和"Operations"(操作)。如图 5-1 所示，"Wireframe"工具栏的图标也分为三组，前一组为生成点、线、面的参考元素工具命令图标；中间一组为基于已有轮廓的"Projection"(投影)、"Intersection"(相交)和"Parallel Curve"(平行曲线)等工具命令图标；后一组为在空间直接生成"Circle"(圆)及"Spline"(样条曲线)等工具命令图标。

图 5-1　"Wireframe"(线框)工具栏

5.2.1　参考元素

曲面设计中需要频繁地应用生成点、线、面等功能以辅助操作，生成这些参考元素的图标功能在"Part Design"工作台已经初步介绍。本章在此介绍曲面设计中常用的其他操作。

1. "Point"(点)

在第 3 章中的图 3-26 所示的"Point Definition"对话框中，"Point type"列表中共有七种方式。3.1.11 节中已经介绍过"Coordinates"的用法，本章继续介绍其他类型的应用。

1) "On curve"(曲线上的点)

如图 5-2 所示，在已有曲线 Spline.1 条件下，单击生成点工具命令图标，在弹出的对话框中选择"On curve"类型，在"Curve"输入框中选择 Spline.1。若选择"Distance on curve"则生成一蓝色点随指针在曲线上移动并显示相应距离，距离从图中"指向"的一端算起；

"Distance along direction"选项需要定义指向(非图中指向);"Ratio of curve length"比较常用。在"Ratio"(比率)输入框中输入0.2,则生成点距离起始端占总长的20%,单击"OK"按钮则在该处生成一个点。

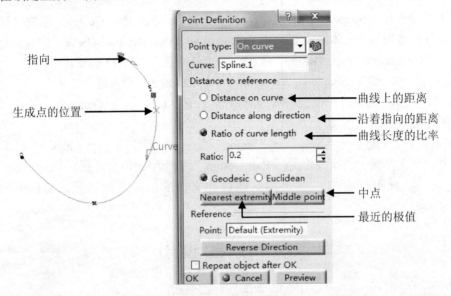

图5-2 "On curve"类型对话框

单击"Nearest extremity"(最近的极值)按钮将在鼠标点击一侧的端点生成极值点;单击"Middle point"(中点)则会生成曲线的中点。

2) "On plane"(平面上的点)

若在"Point type"选择框中选择"On plane",对话框将变为如图5-3所示形式。

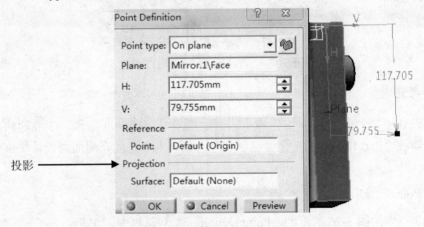

图5-3 "On Plane"类型对话框

在图5-3中,根据需求,按照提示选择"Plane",可以用鼠标在平面上直接取点,也可以在H及V数值输入框输入对应的横、纵坐标生成点,图中参考点为默认的坐标原点,若需要也可选择其他参考点。若在Projection(投影)选项下Surface指定一个曲面(如右击创建),确认即在此曲面生成一个投影点。

3) "On Surface"(曲面上的点)

若在"Point type"选择框中选择"On surface",对话框将变为如图 5-4 所示形式。

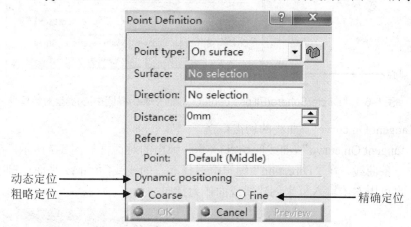

图 5-4 "On Plane"类型对话框

在图 5-4 中,根据需求,分别在"Surface"、"Directions"、"Reference Point"和"Distance"输入框选择曲面、指向、参考点和输入距离值,也可以用鼠标在曲面上直接取点,单击"OK"按钮即可生成点。"Dynamic positioning"(动态定位)下有两个选项:"Coarse"(粗略定位)是默认选项,选择此项时, 在参考点和鼠标单击位置之间的距离是一个几何直线距离, 由此所建的点可能并不是鼠标单击的位置, 如图 5-5(a)所示,指针指示的红色交叉点在曲面上移动, 图中及"Distance"输入框中的距离尺寸都在不断更新;选择 Fine(精确定位)时,参考点和鼠标单击位置之间的距离是一个测量值,这样所建的点就是是鼠标单击的精确位置, 如图 5-5(b)所示, 指针再移动时, 距离尺寸不再更新,除非再次单击曲面才能更新。

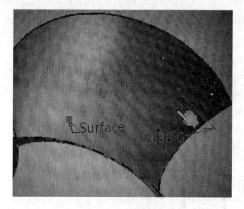
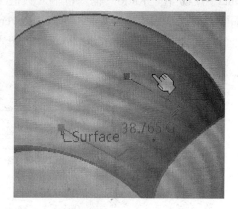

(a) "Coarse"(粗略定位)　　　　　　　(b) "Fine"(精确定位)

图 5-5 "Dynamic positioning"(动态定位)选项结果

4) "Circle/Sphere/Ellipse center"(圆心/球心/椭圆中心)

选择"Circle center"(圆心)类型会弹出如图 5-6 所示对话框。在"Circle/Sphere/Ellipse"输入框选择具有圆或椭圆特征的一部分, 即出现图 5-6 中红色标注及白色交叉点(圆心)。

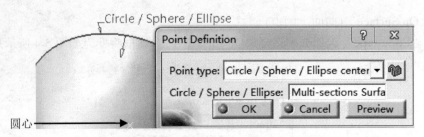

图 5-6 "Circle/Sphere/Ellipse center"(圆心/球心/椭圆中心)类型对话框

5) "Tangent On curve"(曲线的切点)

选择"Tangent On curve"(曲线的切点)类型,弹出的对话框如图 5-7 所示,在"Curve"输入框选取一条曲线,在"Direction"编辑框选择已有的线或面(如 yz 平面),则生成图 5-7中的切点。也可用右击输入框来创建线或面作为指向。

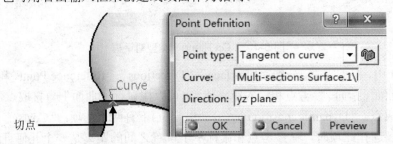

图 5-7 "Tangent On curve"(曲线的切点)类型对话框

6) "Between"(两点间的点)

选择"Between"(两点间的点)类型,弹出的对话框如图 5-8 所示,依次选取 Point1 和Point2 两点,在"Ratio"输入框输入数值(如 0.4),即在两点间生成分割点,与起点 Point1的距离为两点间距的 40%。若单击"Reverse Directions"按钮,则红色箭头由起点 Point2指向 Point1;若单击"Middle Point"按钮则直接生成两点间的中点。

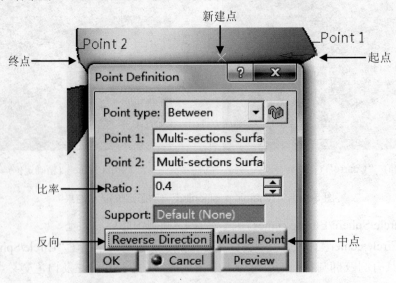

图 5-8 "Between"(两点间的点)类型对话框

以上介绍了应用"Point"功能下的其他六种不同点定义类型，若单击工具命令图标 ▪ 右下角的黑三角，将弹出子工具栏 ▪ ✎ ⼪ ⼪，后面三个图标依次为"Point and Plane Repetition"(重复生成点和平面)、"Extremum"(极值点)和"Extremum Polar"(基于极坐标的极值点)。

7) "Point and Plane Repetition"(重复生成点和平面)

单击工具命令图标 ✎，弹出对话框如图 5-9 所示，在"First Point"输入框输入坐标原点，"Curve"选择一条从原点出发的直线，在 Instance(s)输入框中输入 4，单击"Preview"按钮则在此线上生成 4 个点，将此直线平均分割为 5 段。

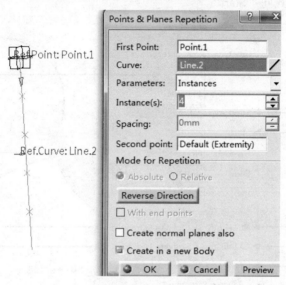

图 5-9　"Point & Plane Repetition"对话框

应用上述方法同样可以生成等距的平面。

8) "Extremum"(极值)

单击工具命令图标 ⼪，弹出"Extremum Definition"(极点定义)对话框，如图 5-10 所示，在"Element"输入框中选取图中曲线，单击图中轴线作为指示走向，方向朝下，当前选中"Max"单选按钮，则最下端为"Extremum"(极点)，单击箭头使其向上或选择"Min"，则以曲线的最上端为极点。

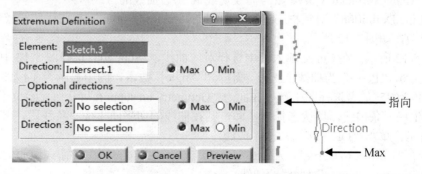

图 5-10　"Extremum Definition"(极点定义)对话框

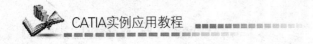

2. Line(直线)

3.1.11 节中已经介绍过"Line type"列表的"Point-Point"用法，下面介绍其他类型。

1) "Point-Direction"(点-指向)

单击工具命令图标，在弹出的对话框中选择"Point-Direction"(点-指向)类型，如图 5-11 所示。在 Point 输入框选择参考点，继续在"Direction"输入框中选择直线方向，如选择线段则按线的方向，若选择平面则沿该平面的法线方向，图中在该点生成一条标明"Start"和"End"的线段，"Support"(支持面)可以选择已有或新建的曲面(平面)，在"Start"(起点)输入框输入数值，负值会使红箭头相反一侧生成起点，正值则在"End"(终点)一侧，"End"输入框输入方式同"Start"。

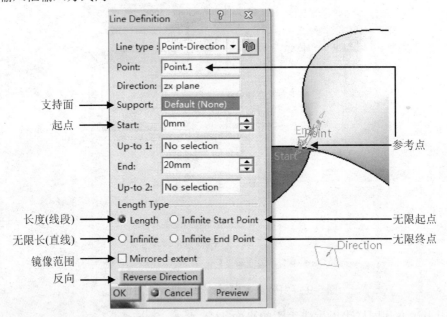

图 5-11 "Point-Direction"(点-指向)类型

"Length Type"(长度类型)下有四个选项："Length"(有限长)指线段；"Infinite"(无限长)指直线，"Infinite Start Point"(起点无限)指由"End"向"Start"为射线；而"Infinite End Point"(终点无限)是指由"Start"向"End"为射线，按需要选择"Mirrored extent"或"Reverse Directions"，单击"OK"按钮，完成直线的创建。

2) "Angle/Normal to Curve"(与曲线切线成角度/曲线的法线)

在"Line Definition"对话框中选择"Angle/Normal to Curve"(与曲线切线成角度/曲线的法线)类型，如图 5-12 所示。

如图 5-12 所示，在 Curve 输入框中选择对应曲线，"Support"选择图 5-12 中所示曲面(也可选平面)，"Point"为曲线上一点，输入"Angle"数值，图中显示为生成线与该点处的切线夹角为 45°，若选择图中鞍形曲面为"Geometry on support"(几何元素位于支持面)，则在此面生成一条白线，默认选择支持面，则在曲线的切平面生成一条线段，其余选项如图 5-12 所示，单击"OK"按钮，即生成线段。

若选择"Normal to Curve"，Angle 变为 90°，确认即可直接生成曲线向心的法线。

3) "Tangent to Curve"(曲线的切线)

在"Line Definition"对话框中选择"Tangent to Curve"(曲线的切线)类型，如图 5-13 所示。

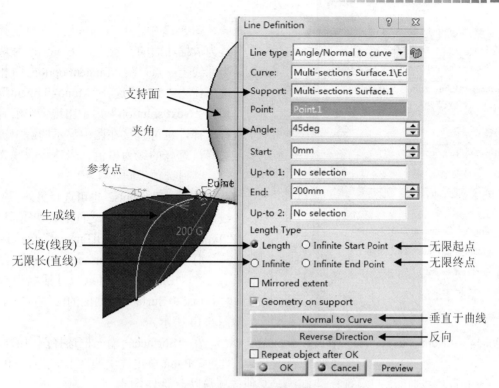

图 5-12 "Angle/Normal to curve"(与曲线切线成角度/曲线的法线)类型

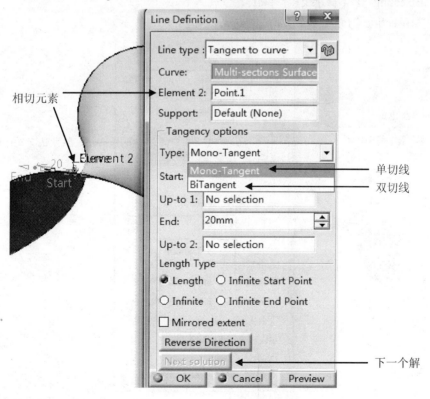

图 5-13 "Tangent to Curve"(曲线的切线)类型

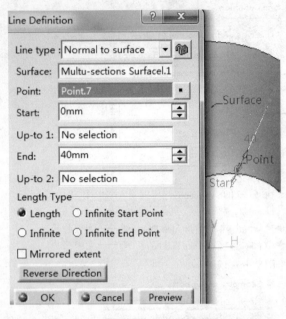

图 5-14 中，在"Curve"输入框选择曲线为放样曲面的一条边，"Element2"选择为曲线上一点，在"Tangent options"(相切选项)栏中"Type"选择"Mono-Tangent"(单切)，"Next solution"用于出现多个解时进行选择，也可直接在图中显示的解中进行选择，选择的线为橙色，未选择的线为蓝色。其他选项类同。

注意：Elements2 也可选择另外一条曲线，选择后将生成两者之间的公切线，这时"Type"自动显示为"BiTangent"(双切线)。

4)"Normal to Surface"(曲面的法线)

在"Line Definition"对话框中选择"Normal to Surface"(曲面的法线)类型，如图 5-14 所示。

在"Surface"输入框选择图中的放样曲面，Point 单击选中曲面上一点(Point.7)，

图 5-14 "Normal to Surface"(曲面的法线)类型

则通过此点生成曲面法线，上一点即为，其他选项与以上类型类同。

5)"Bisecting"(角平分线)

应用"Bisecting"(角平分线)类型的对话框如图 5-15 所示。

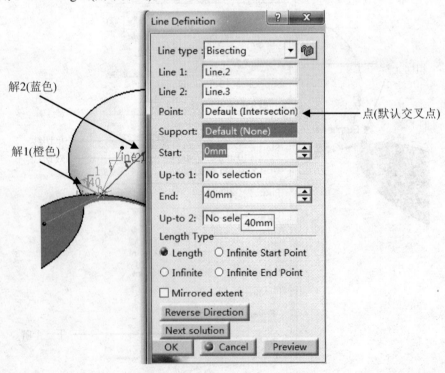

图 5-15 "Bisecting"(角平分线)类型

依次选择"Line 1"和"Line 2"，其他类同，生成多个解，用鼠标直接单击图中直线(选中后为橙色)或单击"Next solution"按钮选择需要的解，单击"OK"按钮确认。

3. Plane(平面)

3.1.11 节已经介绍过"Plane Definition"的"Offset from plane"的用法，下面介绍其他类型。

1)"Parallel through point"(平行于某平面且通过一点)

在"Plane Definition"对话框的"Plane type"选择框中选择"Parallel through point"(平行于某平面且通过一点)，弹出的对话框如图 5-16 所示。以 xy 平面为参考面且通过曲面上一点，单击"OK"按钮，即在绿色框位置生成平面。

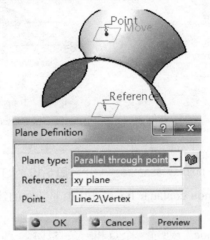

图 5-16　"Parallel through point"类型

2)"Angle/Normal to plane"(与平面成角度或垂直)

在"Plane type"选择框中选择"Angle/Normal to plane"(与平面成角度或垂直)，弹出的对话框如图 5-17 所示。选择"Reference"(参考面)为 xy 平面，再以 Y Axis 作为其"Rotation axis"(转轴)，转过 45°即可生成图 5-17 中所示绿色的平面。

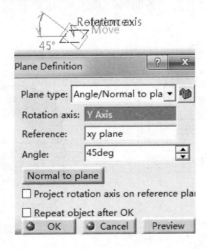

图 5-17　"Angle/Normal to plane"类型

3)"Through three points"(通过三点生成平面)

在"Plane type"选择框中选择"Through three points"(通过三点确定平面),弹出的对话框如图 5-18 所示。分别拾取图中的三点,单击"OK"按钮,生成图 5-18 所示平面。

4)"Through two lines"(通过两条直线生成平面)

在"Plane type"选择框中选择"Through two lines"(通过两条直线生成平面),弹出的对话框如图 5-19 所示。"Line1"和"Line2"分别选择图 5-13 和图 5-14 生成的两条线,单击"OK"按钮,生成图 5-19 所示平面。

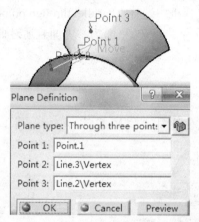

图 5-18　"Through three points"类型

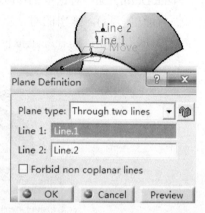

图 5-19　"Through two lines"类型

注意:若选中"Forbid non coplanar lines"(禁止非共面的线)复选框,将要求选择的两条直线共面。

5)"Through point and line"(通过一个点和一条直线)

在"Plane type"选择框中选择"Through point and line"(通过一个点和一条直线),弹出的对话框如图 5-20 所示,"Point"和"Line"分别选择曲面上的一个点和图 5-15 生成的角平分线,单击"OK"按钮,生成图 5-20 所示平面。

6)"Through planar curve"(通过平面的曲线)

在"Plane type"选择框中选择"Through planar curve"(通过平面的曲线),弹出的对话框如图 5-21 所示。选择曲面上的一条曲线,单击"OK"按钮,将通过该曲线上所有点而生成图 5-21 中所示平面。

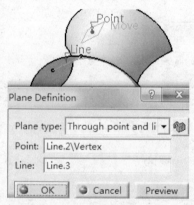

图 5-20　"Through point and line"类型

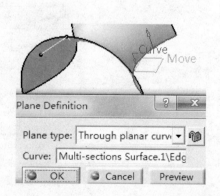

图 5-21　"Through planar curve"类型

7）"Normal to curve"（垂直于曲线）

在"Plane type"选择框中选择"Normal to curve"（垂直于曲线），弹出的对话框如图 5-22 所示。选择曲面上的一条曲线及曲线上一点，默认情况下为该曲线的中点，单击"OK"按钮，将通过此条曲线上所有点而生成如图 5-22 所示平面。

8）"Tangent to surface"（曲面的切平面）

在"Plane type"选择框中选择"Tangent to surface"（曲面的切平面），弹出的对话框如图 5-23 所示。选择图 5-23 中曲面及曲面上一个点，单击"OK"按钮，过该点生成如图 5-23 所示平面。

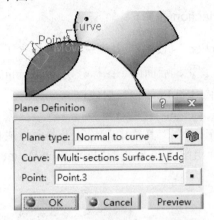

图 5-22　"Normal to curve"类型

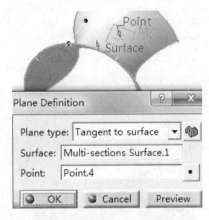

图 5-23　"Tangent to surface"类型

9）"Equation"（方程式生成面）

在"Plane type"选择框中选择"Equation"（方程式生成面）类型，弹出的对话框如图 5-24 所示。在方程式系数 A、B、C、D 输入框中输入数值，则生成对应的平面方程式 Ax+By+Cz=D，再选择一点，要求平面通过此点，单击"OK"按钮即生成如图 5-24 所示平面。

选择"Normal to compass"，将通过选择点生成与罗盘垂直的平面，系数随之调整；同理选择"Parallel to screen"，则通过该点生成与屏幕平行的平面，系数随之调整。

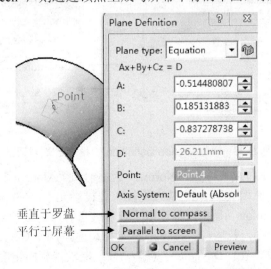

图 5-24　"Equation"（方程式生成面）类型

171

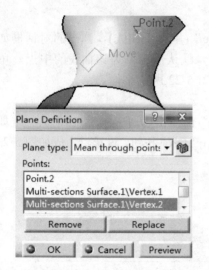

图 5-25 "Mean through points" 类型框

10) "Mean through points"(通过最小二乘法生成平面)

在"Plane type"选择框中选择"Mean through points"(通过最小二乘法生成平面),对话框如图 5-25 所示。选择一系列点,单击"OK"按钮将生成图 5-25 所示平面,此平面与各点距离的平方和最小。如图 5-25 所示选择某些点,可应用"Remove"和"Replace"按钮移除或更换这些点。

5.2.2 Projection(投影)

"Projection"(投影)工具图标 下包含子工具栏 ,后面两个图标分别为"Combine"(结合)和"Reflect Line"(反射线)。

1) "Projection"(投影)

"Wireframe"工具栏中部是基于曲面生成曲线的一组工具,单击"Projection"工具命令图标 ,弹出图 5-26 所示的"Projection Definition"(投影定义)对话框。

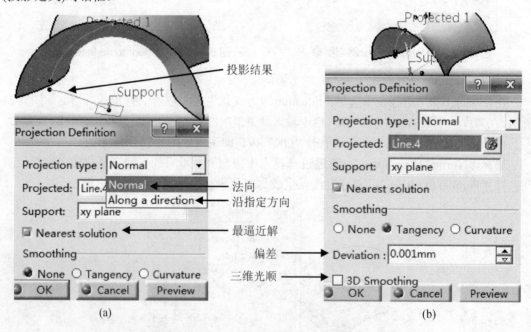

(a)   (b)

图 5-26 "Projection Definition"(投影定义)对话框

"Projection Type"下拉列表中有"Normal"(法向)和"Along a direction"(沿指定方向)两种类型,选择前者并在"Projected"输入框输入要投影元素,"Support"输入框选择投影到的平面,"Nearest solution"是指对出现多个投影线选择最近的一个解,在 Smoothing(光顺)栏中选择"None"(无),若选择"Tangency"(相切连续)或"Curvature"(曲率),则弹出如图 5-26(b)所示对话框,在"Deviation"(偏差)输入框输入相应精度值,还可以选择"3D Smoothing"(三维光顺)。投影结果如图 5-26 中红色线条所示。

2) "Combine"(结合)

单击工具命令图标，弹出图 5-27 所示的"Combine Definition"(结合定义)对话框。

"Combine Type"下拉列表中同样有"Normal"(法向)和"Along a direction"(沿指定方向)两种类型，选择"Normal"，再以图 5-27 中分别位于 yz 和 xz 平面的两条曲线为 Curve1 和 Curve2，选中"Nearest solution"(光顺)复选框。单击"OK"按钮，生成图 5-27 中所示白色线条。

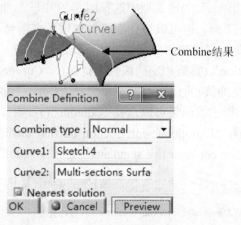

图 5-27　"Combine Definition"对话框

注意：图 5-27 中"Combine"(结合)操作相当于将两条轮廓沿所在平面的法线方向拉伸成曲面，操作结果就是两曲面相交所形成的相贯线。

3) "Reflect Line"(反射线)

反射线的物理定义为：光线由特定的方向射向一个给定曲面，反射角等于给定角度的光线。即指所有在给定曲面上的法线方向与给定方向夹角为给定角度值的点的集合。

单击工具命令图标，弹出图 5-28 所示的"Reflect Line Definition"(反射线定义)对话框。

"Type"选项选择"Cylindrical"(圆柱的)，"Support"框中选择图 5-28 中曲面，"Direction"为水平轴向，"Angle Reference"选择"Normal"。单击"OK"按钮，即生成如图 5-28 所示的白色线条。

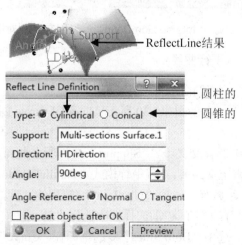

图 5-28　"Reflect Line Definition"对话框

5.2.3　"Intersection"(相交)

"Intersection"(相交)工具可用于生成曲线之间、曲面之间、曲线与曲面之间以及曲线(或曲面)与实体之间的相交结果,应用频率非常高。单击工具命令图标 ,弹出如图 5-29 所示的"Intersection Definition"(相交定义)对话框。

如在"First Element"(第一元素)输入框中选择图 5-29 中鞍形曲面,在"第二元素"(Second Element)输入框中选择 yz 平面,也可以按住 Ctrl 键以输入多个元素,单击"OK"按钮,如图 5-29 中箭头所指曲线即为创建的相交曲线。为了相交,可对第一和第二元素选择"Extend linear supports for intersection"(扩展相交的线性支持面);"Curves Intersection With Common Area"(具有公共区的相交曲线)的相交结果可以选择"Curve"或"Points";"Surface-Part Intersection"(曲面与实体相交)的结果可以选择"Contour"(轮廓)或"Surface";"Extrapolation options"(延展选择)栏下的"Extrapolate intersection on first element"指在第一元素上延展相交元素,而"Intersect non coplanar line segments"是指不共面的线段可以进行相交操作。

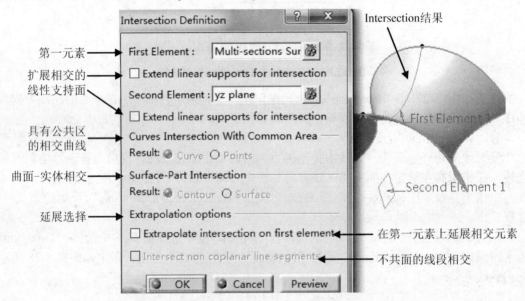

图 5-29　"Intersection Definition"(相交定义)对话框

5.2.4　"Parallel Curve"(平行曲线)

"Parallel Curve"(平行曲线)命令可以在支持面上生成一条或多条与给定曲线平行的曲线。单击工具命令图标 ,弹出如图 5-30 所示"Parallel Curve Definition"(平行曲线定义)对话框。

在"Curve"输入框中选择交叉线,"Support"选择所在曲面,距离输入 28mm,也可点击 Law 按钮应用函数来定义距离;在(平行模式"Parallel mode")栏中选择"Euclidean"(欧几理得,即直线距离),另有一选项"Geodesic"(短程线,即沿支持面的最短距离);在"Parallel corner type"(平行线拐角类型)选择框中选择"Sharp"(尖锐),"Smoothing"栏参考 5.2.2 节中的投影说明,选中"Both Sides"复选框即在"Curve"两侧各生成一条平行线,然后单击图标,如图 5-30 中箭头所指的曲线是创建的平行线。

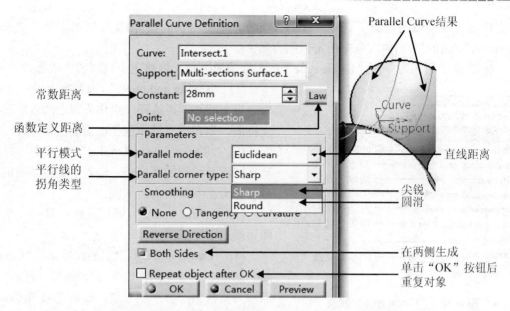

图 5-30　"Parallel Curve Definition"(平行曲线定义)对话框

　　若选中"Repeat object after OK"复选框，在单击"OK"按钮确认后可以创建重复的平行曲线。

5.2.5　Conic(二次曲线)

　　单击工具命令图标◯右下角的黑三角，弹出子工具栏 ◯ ◠ ⌒ ⌐ ，图标功能依次为绘制圆、生成圆角、桥接曲线和二次曲线。

　　1)　"Circle"(圆)

　　"Circle"(圆)命令可以在支持面生成圆或圆弧。单击工具命令图标◯，弹出如图 5-31 所示对话框，在"Circle type"选择框中选择"Center and radius"(圆心和半径)类型，以坐标原点"Point.2"为圆心，zx 平面为支持面，"Radius"输入框中输入 20，也可单击"Radius"按钮使其变换为"Diameter"以输入直径，单击对话框右侧"Circle Limitations"(圆的限制)中的"Part Arc"(圆弧)图标◠，输入起始和终止角度，生成图 5-31 中所示圆弧。

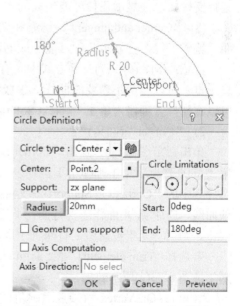

　　"Circle Limitations"有四个功能图标：除"Part Arc"外，单击"Whole Circle"(整圆)图标⊙则生成 360°的一个整圆；单击"Trimmed Circle"(修剪圆)工具命令图标◠，可以从该圆弧切点处断开而形成圆弧；单击"Complementary arc"(互补圆)工具命令图标◡，用于形成互补的另外一个圆弧。

图 5-31　"Circle Definition"对话框

　　若以曲面为支持面，选中"Geometry on support"(几何元素位于支持面)复选框，则将

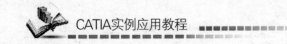

在支持面生成圆弧的投影；选中"Axis Computation"(轴的计算)复选框则需要在"Axis Direction"(轴的指向)输入框中指定轴的方向。

如图5-32所示，单击"Circle type"列表框的黑三角，将弹出下列圆的生成方式。

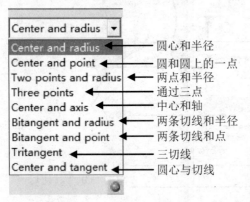

图5-32 "Circle type"列表

Center and radius ——圆心和半径
Center and point ——圆和圆上的一点
Two points and radius ——两点和半径
Three points ——通过三点
Center and axis ——中心和轴
Bitangent and radius ——两条切线和半径
Bitangent and point ——两条切线和点
Tritangent ——三切线
Center and tangent ——圆心与切线

(1) "Center and point"(圆和圆上的一点)：以一点为圆心，再选择一点作为圆上的点，选择支持面，则在该支持面内生成需要的圆(弧)。

(2) "Two points and radius"(两点和半径)：选择圆将要通过的两个点，输入半径值，确定支持面即可在支持面内生成圆。

(3) "Three points"(通过三点)：选择三个点即可确定要生成的圆。

(4) "Center and axis"(中心和轴)：与"Center and radius"原理相同，选择一个轴线，轴线垂直面即为支持面，输入半径值，即可生成圆(弧)。

(5) "Bitangent and radius"(两条切线和半径)：选择两个元素(曲线或点)作为相切元素，选择支持面，输入半径值，生成几种可能的圆，选择希望的即可。

(6) "Bitangent and point"(两条切线和点)：选择一个元素(点或曲线)作为相切元素，再选择一条曲线并以曲线一点作为切点，选择一个支持面，会显示几种可能生成的圆，同样选择希望的圆。

(7) "Tritangent"(三个切线)：与"Three points"原理相同，选择三个元素作为切线，选择支持面，会显示几种可能生成的圆，同样选择保留希望的圆。

(8) "Center and tangent"(圆心和切线)：选择一个中心元素(点或线)，选择切线和支持面，输入半径，会显示几种可能生成的圆，同样选择保留希望的圆。

注意：(5)、(6)、(7)三种方式中具有切线，选中对话框中的"Trim element"(修剪元素)复选框，可以修剪不需要的曲线；生成几种可能的圆时，可以直接单击希望保留的圆，也可以在属性管理器内单击"Next Solution"(下一解)按钮，图形会自动转到另外一种可能。

2) "Corner"(圆角)

单击圆角图标，弹出"Corner Definition"(圆角定义)对话框，在"Corner type"(圆角类型)选择框中单击则弹出下拉列表，如图5-33(a)所示，在列表中有2种创建圆角的形式，选择其中的"Corner On Support"(支持面上圆角)，Element 1和Element 2依次选择图中两条曲线，选择xy平面作为支持面，半径输入80mm，若选择"Trim element1"，单击"OK"按钮，则第一元素被修剪，有两种生成，在此保留Solution1(橙色线条)，如5-33(b)所示。

若选择"Trim element1"和"Trim element2"，两元素都被修剪，且选择"Next Solution"，则生成图5-33(c)所示效果。

"Corner On Vertex"(顶点上圆角)选项是对两条相交曲线而言的，"Element 1"选择顶点即可，"Element 2"选项变灰，单击"OK"按钮确认生成圆角。

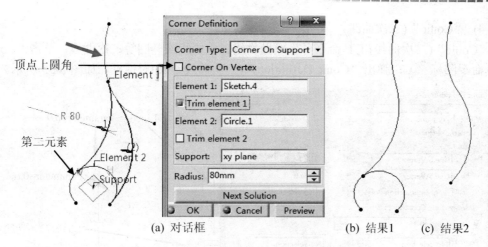

(a) 对话框   (b) 结果1   (c) 结果2

图 5-33 "Corner Definition"对话框及结果

3)"Connect Curve"(桥接曲线)

单击"Connect Curve"工具命令图标，弹出"Connect Curve Definition"(桥接曲线定义)对话框，在"Connect type"(连接形式)选择框选择"Normal"，在"First Curve"(第一曲线)栏的"Point"输入框中输入图中曲线的一个顶点，若此点只在一条曲线上，"Curve"直接捕捉该曲线，否则需要选择，"Continuity"(连续性)选择框选择"Tangency"，在"Tension"(张力)输入框中默认为1，可输入大于0的任何值，"Second Curve"(第二条曲线)选择 Circle.1的顶点，张力默认为1，如图 5-34(a)所示，若认为 Point1 处的张力方向有误，单击该点处的红箭头，或单击"Reverse Direction"按钮使其改变方向，然后单击"OK"按钮确认，生成如图 5-34(b)所示结果。

注意：①选择"Point"若不是为曲线上的端点，"Curve"就需要选择是哪一侧的曲线；②选中"Trim elements"复选框，两曲线将在连接点处被修剪，并与生成的桥接曲线合并为一条曲线。

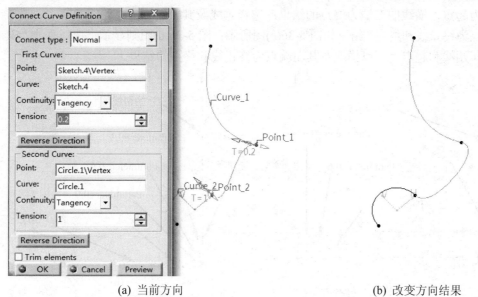

(a) 当前方向   (b) 改变方向结果

图 5-34 "Connect Curve Definition"(桥接曲线定义)对话框及结果

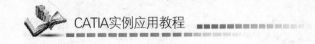

CATIA实例应用教程

4）"Conic"(二次曲线)

"Conic"(二次曲线)工具命令可生成抛物线、双曲线或椭圆等二次曲线。单击"Conic"工具命令图标 ，弹出"Conic Definition"(二次曲线定义)对话框，如图5-35所示。

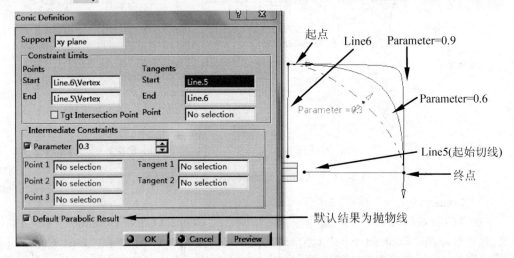

图 5-35　"Conic Definition"(二次曲线定义)对话框及结果

在图5-35所示对话框中，"Support"选择xy平面，在"Constraint Limits"(约束限制)栏中进行如下选择：在"Start"和"End"输入框中输入二次曲线的起点和终点，"Tangents"选择两条相切线，会显示红箭头以确定生成线的张力方向，单击箭头可以改变张力方向。在"Intermediate Constraints"(中间约束)栏的"Parameter"输入框中输入开区间(0，1)的数值，如图5-35中显示张力为0.9、0.6和0.3时的结果。

选择不同的起点和终点，以及不同的起始和终止切线，生成的结果也不同，如图5-36(a)显示出选择垂线的下端为起点、横线的右端为终点的结果；图5-36(b)图则显示出选择垂线的下端为起点、横线的右端为终点的结果；选择垂线及其上端点为起始线和起点、横线及其右端点为终止线和终点，结果如图5-36(c)图所示；图5-36(d)图则显示了选择垂线及其上端点为起始线和起点，而以横线及其左端点为终止线和终点的结果。

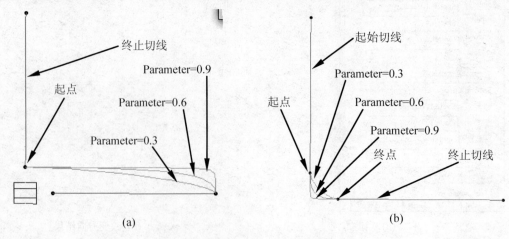

图 5-36　"Conic"输入不同参数的结果

178

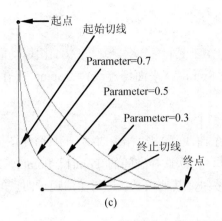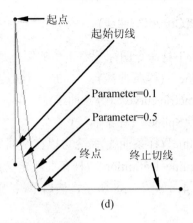

图 5-36 "Conic"输入不同参数的结果(续)

5.2.6 "Parallel Curve"(平行曲线)

"Parallel Curve"(平行曲线)命令可以在支持面生成多条与给定曲线平行(等距)的曲线。

单击工具命令图标 右下角的黑三角,弹出子工具栏 ,前者为"Parallel Curve"工具命令图标,后者为"3D Curve Offset"工具命令图标。

单击工具命令图标 ,弹出"Parallel Curve Definition"(平行曲线定义)对话框,如图 5-37 所示,"Curve"输入框选择平行参考线,选择参考面并输入平行间距,"Parameters"栏中的"Parallel model"(平行模式)和"Parallel corner type"(平行圆角形式)默认为"Euclidean"和"Sharp",单击预览即生成图 5-37 所示轮廓。图 5-37(a)为沿 yz 平面的法线(z 轴)方向向上平行 3.5mm 的情形,向下则单击红色箭头;图 5-37(b)为沿与 xy 平面平行的平面向内平行 10mm 的情形,改变方向可单击红箭头或单击"Reverse Direction"按钮,选中"Both Sides"复选框则向内外两侧各生成一条平行曲线;若需要重复多条平行曲线,则选中"Repeat object after OK"复选框。

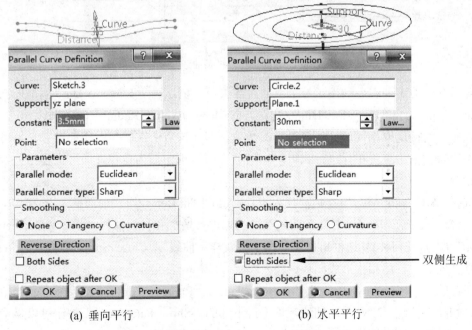

(a) 垂向平行　　　　　　　　　　(b) 水平平行

图 5-37 "Parallel Curve Definition"(平行曲线定义)对话框及结果

5.2.7 "Curve"(曲线)

单击工具命令图标 右下角的黑三角，弹出子工具栏 ，图标功能依次为"Spline"(样条曲线)、"Helix"(螺旋线)、"Spiral"(平面螺旋线)、"Spine"(脊线)和"Isoparametric curve"(等参曲线)。

1) "Spline"(样条曲线)

"Spline"(样条曲线)命令可以在空间生成样条曲线。单击"样条曲线"工具命令图标 ，弹出"Spline Definition"(样条曲线定义)对话框，依次选择空间的 Point1、Point2、Point3和 Point 4，如图 5-38 所示，然后单击"OK"按钮，其他项默认即可生成通过四点的样条曲线。

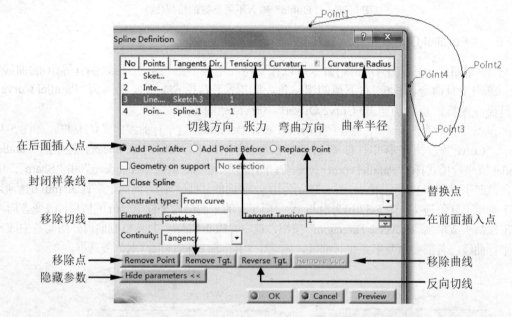

图 5-38 "Spline Definition"(样条曲线定义)对话框及结果

对话框中的点列表后列出了每个点的参数菜单，依次为"Tangents Dir."(切线方向)、"Tensions"(张力)、"Curvature Dir."(弯曲方向)和"Curvature Radius"(曲率半径)，在选择各个点时，直接选取相关的切线或设定参数值，即在该点所在行显示相关设置，也可在生成样条线后，单击点所在行进行编辑，如图中 No1，选中后为蓝色，即可进行相关参数的重新设置。

选择"Add Point After"(在后面插入点)、"Add Point Before"(在前面插入点)和"Replace Point"(替换点)等选项可以对样条曲线经过的点进行增加和替换操作。选中"Geometry on support"(支持几何体)复选框可以在曲面上生成样条曲线。"Close Spline"(封闭样条曲线)用于将样条曲线首尾相接形成闭环。

下部的按钮"Remove Point"、"Remove Tgt."、"Remove Cur."、"Reverse Tgt."用于移除点、切线、曲线，以及反向切线，单击最下部的"Show Parameters"按钮可以显示某点处的参数设置，此时按钮变为"Hide parameters"(隐藏参数)。

2) "Helix"(螺旋线)

单击工具命令图标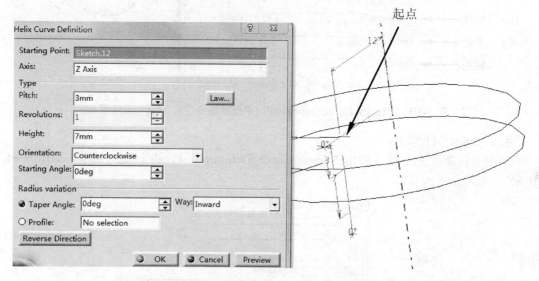，弹出"Helix Definition"(螺旋线定义)对话框，在"Starting Point"(起始点)输入框选择曲线端点，"Axis"输入框选择"Z Axis"作为螺旋线中心轴，"Pitch"(节距)输入框中输入 3mm，"Height"(高度)输入 7mm，"Orientation"(方向)选择"Counterclockwise"(逆时针方向)，另一可选项为"Clockwise"(顺时针方向)，其他默认，如图 5-39 所示，然后单击"OK"按钮，即可生成图中螺旋线。

图 5-39　"Helix Curve Definition"(螺旋线定义)对话框及结果

"Reverse Direction"按钮用于改变螺旋线旋转方向。"Radius variation"栏用于控制螺旋半径，只在等螺距时起作用，其中"Taper Angle"指输入螺旋锥角，"Way"指选择"Inward"(尖锥形)或是"Outward"(倒锥形)，"Profile"用于选择螺旋的轮廓曲线以控制螺旋半径的变化。

3) "Spiral"(平面螺旋线)

单击工具命令图标⊚，弹出"Spiral Curve Definition"(平面螺旋线定义)对话框，如图 5-40 所示。在"Support"输入框确定支持面，选择一点作为"Center Point"，"Reference direction"(参考方向)选择 Y 轴作为指向，则在指向一侧生成起点，在"Start radius"(起始半径)输入框中输入 5mm，"Orientation"(方向)选择 "Counterclockwise"(逆时针方向)，另一选项为"Clockwise"代表顺时针方向。在"Type"栏选择框选择"Angle & Radius"(角度和半径)，并确定"End angle"(结束点的角度)为 0mm 和"End radius"(结束点的半径)为 20mm，此时"Pitch"输入框为灰色不可输入，在"Revolutions"(圈数)输入框输入 3，单击"OK"按钮即可生成图中右侧平面螺旋线。若选择"Angle & Pitch"(角度和螺距)，则"End radius"输入框为灰色不可输入，需要输入另两项数值；同理，若选择"Radius & Pitch"(半径和螺距)，则需要给定结束点的半径和螺距。

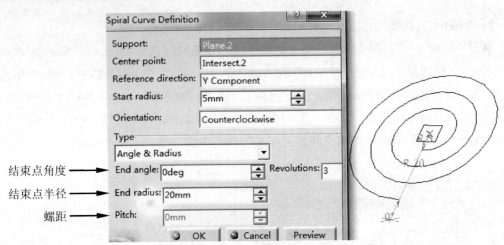

图 5-40 "Spiral Curve Definition"(平面螺旋线定义)对话框及结果

4)"Spine"(脊线)

单击工具命令图标 ，弹出"Spine Curve Definition"(脊线定义)对话框，如图 5-41 所示。

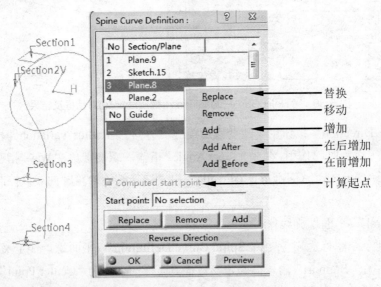

图 5-41 "Spine Curve Definition"(脊线定义)对话框及结果

依次选择图 5-41 中连续的平面或轮廓，在"Section/Plane"(选择/平面)列表下显示出所选择的轮廓或平面，图中显示出被选对象，其他默认，单击"Preview"按钮则生成图中所示脊线。可以看出：生成的脊线都垂直于所选的平面；若在下一栏选择一系列"Guide"(导线)，则生成的脊线的法平面垂直于所有的导线。

默认情况下，脊线的"Start point"(起点)通过 Section1(选择的第一元素位置)自动生成(也可选择)，并通过下面的"Replace"、"Remove"、"Add"按钮进行编辑。

右击某一选择元素，会弹出一列命令"Replace"、"Remove"、"Add"、"Add After"、"Add Before"可对此元素进行对应编辑。

5) "Isoparametric curve"(等参曲线)

单击工具命令图标，弹出"Isoparametric curve"(等参曲线)对话框，如图 5-42 所示。选择欲生成等参曲线的支持曲面，单击曲面即捕捉单击位置并生成红色线条，如图 5-42(a)所示，单击输入框则以该点作为输入点，并沿图中指示的某一方向生成曲线，如图 5-42(b)所示，若单击图中指向选择按钮，则按另一方向生成曲线。

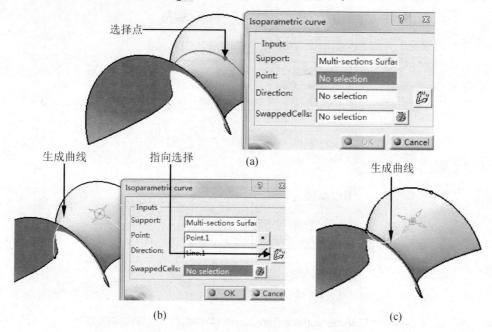

图 5-42   "Isoparametric Curve"(等参曲线)对话框及结果

注意：可以通过右击各输入框对选中元素进行创建和编辑。

5.3 曲 面 设 计

5.3.1 "Surfaces"(生成曲面)

"Surface"(生成曲面)工具栏如图 5-43 所示，命令图标依次为"Extrude-Revolution"(拉伸-旋转)、"Offset"(偏移)、"Sweep"(扫掠曲面)、"Fill"(填充)、"Multi-Sections"(放样)和"Blend"(过渡)，有的工具含有子工具，后面将分别介绍。

图 5-43   "Surfaces"(生成曲面)工具栏

1. "Extrude-Revolution"(拉伸-旋转)

单击工具命令图标右下角的黑三角，弹出"Extrude-Revolution"子菜单工具栏，图标依次为"Extrude"(拉伸)、"Revolve"(旋转)、"Sphere"(球形)和"Cylinder"(圆柱形)。

1) "Extrude"(拉伸)

单击工具命令图标，弹出"Extrude Surface Definition"(拉伸曲面定义)对话框，同实体的"Pad"操作类似,在"Profile"(轮廓)输入框中输入相应曲线(事先在 zx 平面绘制的半径为 64mm 的圆弧),退出草图后默认以 zx 平面为拉伸方向,即沿平面法向(y 轴)方向拉伸,"Extrusion Limits"(拉伸极限)栏中"Type"选择"Dimension",输入框中输入 70mm,如图 5-44(a)所示,单击"OK"按钮即可生成曲面,"Type"另一选项为"Up to element"(至下一元素)。对话框下端为"Mirrored Extent"选项及"Reverse Direction"按钮如前所述。

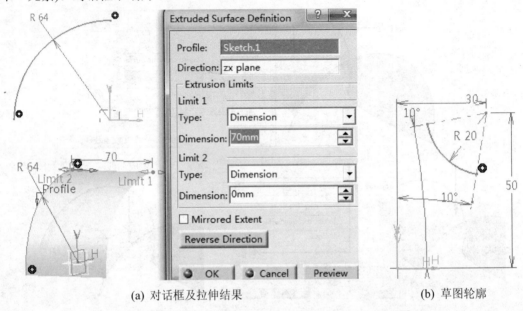

(a) 对话框及拉伸结果　　　　　　　　　　　　　　(b) 草图轮廓

图 5-44　　"Extrude Surface Definition"(拉伸曲面定义)对话框及结果

还可以按图 5-44(b)在 yz 平面绘制一个草图,退出后默认沿 z 轴方向拉伸 70mm 备用。

2)　"Revolve"(旋转)

单击工具命令图标▧,弹出"Revolution Surface Definition"(旋转曲面定义)对话框,与实体的"Shaft"操作相似,在"Profile"(轮廓)输入框中输入曲线(在 yz 平面绘制的距纵轴 60mm、高为 70mm 的直线),在"Revolution axis"(旋转轴)输入框中右击,在弹出的快捷菜单中选择"z 轴"作为旋转轴,在"Angular Limits"(角度限制)栏的"Angle 1"输入框中输入 45°,"Angle 2"输入框中输入 90°,如图 5-45 所示,可看出"Angle 1"是逆时针旋转的角度值,"Angle 2"则指顺时针旋转的角度值,可以为 0 或负值,将"Angle 1"的值修改为 0,单击"OK"按钮确认即得旋转曲面。

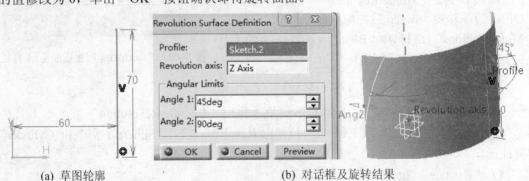

(a) 草图轮廓　　　　　　　　　　　　　　(b) 对话框及旋转结果

图 5-45　　"Revolution Surface Definition"(旋转曲面定义)对话框及结果

3)"Sphere"(球形)

单击工具命令图标 ⚫ ,弹出"Sphere Surface Definition"(球形曲面定义)对话框,在 Center 输入框中确定一点作为圆心,"Sphere axis"(轴)默认为坐标轴(也可选择输入),在 "Sphere radius"(球面半径")输入框中输入 50mm,在"Sphere Limitations"(球面限制)栏 中单击工具命令图标 ⚪ ,在"Parallel Start Angle"(纬度起始角度)输入框中输入-45°(相当 于南半球,值为-90°～0°),在"Parallel End Angle"(纬度结束角度)输入框中输入 40°(对 应于北半球的 0°～90°),在"Meridian Start Angle"(子午线起始角度)输入框中输入-35°(相 当于西经 35°),在"Meridian End Angle"(子午线结束角度)输入框中输入 150°(相当于东 经 150°),如图 5-46 所示,单击"OK"按钮即可生成图中球面。若单击"Sphere Limitations" 栏中图标 ⚫ ,则下面输入栏变灰,直接生成一个整球。

4) Cylinder(圆柱形)

单击工具命令图标 ▯ ,弹出"Cylinder Surface Definition"(圆柱形曲面定义)对话框, 在"Point"输入框中通过右击选中坐标原点,同样"Direction"选择 z 轴,在"Parameters" 栏的"Radius"输入框中输入 20mm,"Length 1"和"Length 2"分别输入 21mm 和 19mm, 如图 5-47 所示,单击"OK"按钮即可生成图中所示的圆柱面。

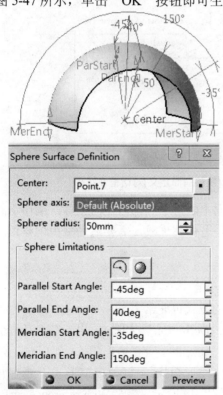

图 5-46 "Sphere Surface Definition"
(球形曲面定义)对话框及结果

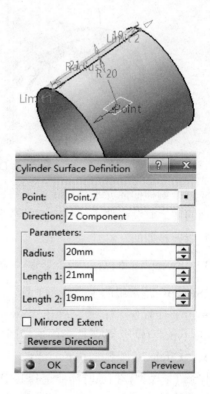

图 5-47 "Cylinder Surface Definition"
(圆柱形曲面定义)对话框及结果

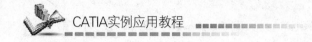

2. Offset(偏移)

单击工具命令图标 右下角的黑三角，弹出"Offset"子菜单工具栏 ，图标依次为"Offset"、"Variable Offset"和"Rough Offset"。

单击工具命令图标 ，弹出"Offset Surface Definition"(偏移曲面定义)对话框，如图 5-48 所示，在"Surface"输入框选择要偏移的曲面，在"Offset"输入框中输入偏移距离，预览偏移的曲面，若选中"Both sides"复选框则两侧都生成偏移曲面。单击"OK"按钮即可生成偏移曲面。

中部"Parameters"选项卡下的"Smoothing"选项中有"None"(无要求)、"Automatic"(自动)、和"Manual"(手动)选项，选择"Manual"时可在"Maximum Deviation"(最大偏差)输入框输入数值；可以在"Sub-Elements to remove"(移除子元素)选项卡中选择要移除的元素；其他如"Reverse Direction"按钮、"Repeat object after OK"选项功能与用法与前述相同。

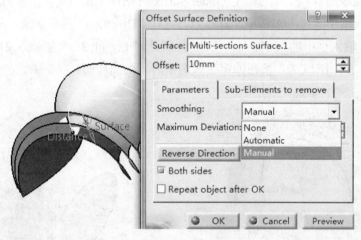

图 5-48　"Offset Surface Definition"(偏移曲面定义)对话框及结果

注意：偏移曲面并不是简单的平移，要求曲面上的每个点都沿径向偏移，偏移距离与偏移面的曲率有关，要求偏移后要符合原有特征。若偏移失败，需要适当减少偏移距离，或者修改偏移曲面。

3. "Sweep" (扫掠)

"Sweep"是常用的生成曲面工具，生成曲面的方式也非常多。

单击工具命令图标 ，弹出"Sweep Surface Definition"(扫掠曲面定义)对话框，在"Profile type"(轮廓类型)选项中选择图标有四种："Explicit"(直接形扫掠)、"Line"(线形扫掠)、"Circle"(圆弧形扫掠)、"Conic"(二次曲线形扫掠)，每种扫掠形式下还有几种"Subtype"(子类型)，扫掠时需要选择其中一种，如图 5-49 所示，选择"With reference surface"(以参考曲面)作为子形式，以图中 Circle.3 作为轮廓，"Guide curve"(引导线)选择 Spine.3，其他项默认，单击"Preview"即显示图中的扫掠曲面。

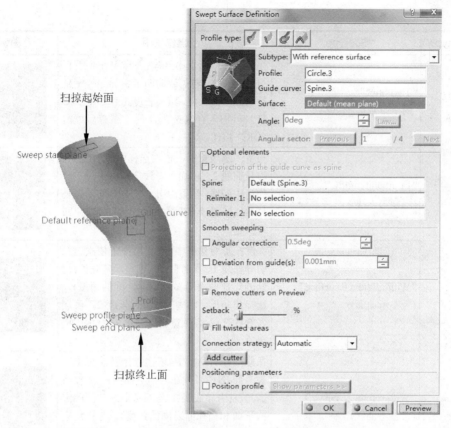

图 5-49　"Swept Surface Definition"(扫掠曲面定义)对话框

具体的"Profile type"和"Subtype"的操作说明见表 5-1。

表 5-1　"Profile type"和"Subtype"的操作说明及图例

Profile type	Subtype	操作说明	图例
Expilict (直接形扫掠)	"With reference surface" (带参考曲面)	在此扫掠对话框中，依次选择轮廓、引导曲线、曲面，若有需要，可调整角度(扫掠面与曲面之间的角度)，选择角扇形，可加入脊线选项，预览满意单击"OK"按钮确定	
	"With two guide curves" (带两条引导线)	在此扫掠对话框中，依次选择轮廓、引导曲线1、引导曲线2,定位类型有两个点(两条引导线的端点)与点和方向两种可选，可选择加入脊线，单击"OK"按钮确定	
	"With pulling direction" (带拉伸方向)	在此扫掠对话框中，依次选择轮廓、引导曲线、方向(轮廓所在平面方向或者轮廓所在平面的轴向方向)、填写角度(扫掠图形和轮廓之间角度)，选择角扇形，还可加入脊线选项，预览满意单击"OK"按钮确定	

Profile type	Subtype	操作说明	图例
Line (线形扫掠)	"Two limit" (两个限制)	在此扫掠对话框中，依次选择引导曲线1、引导曲线2，若需要向两条引导线外侧延长扫掠曲面长度，填写长度1和长度2即可，可加入脊线选项，预览满意后单击"OK"按钮确定	
	"Limit and middle" (限制与中线)	与上一选项相同，依次选择引导曲线1、引导曲线2，可加入脊线选项，曲线2可作为中间线，结果由引导线2向外侧延长与曲线1距离相同，单击"OK"按钮即可确定	
	"With reference surface" (带参考曲面)	在此扫掠对话框中，在参考面上依次选择引导曲线1、参考曲面，调整所需角度(得到的扫掠曲面和参考曲面之间的角度)，选择角扇形，填写长度1、长度2，可加入脊线选项，预览满意后单击"OK"按钮确定	
	"With reference curve" (带参考曲线)	在此扫掠对话框中，依次选择引导曲线1、参考曲线(两者须在同一平面内)，调整所需角度(引导曲线1与参考曲线共同确定的平面和扫掠面之间的角度)，选择角扇形，输入长度1、长度2，可加入脊线选项，预览满意则单击"OK"按钮确定	
	"With tangency surface" (带相切曲面)	在此扫掠对话框中，依次选择引导曲线1(在相切面外侧且不能和相切面垂直)、相切曲面，可加入脊线选项，预览满意后，单击"OK"按钮确定	
	"With draft direction" (带拔模方向)	在此扫掠对话框中，依次选择引导曲线1、拔模方向(轴向方向)、拔模计算方式，调整角度(引导线与拔模方向共同确定的平面和扫掠面之间的角度)，选择角扇形，符合要求即可单击"OK"按钮确定	
	"With two tangency surfaces" (带两个相切曲面)	在此扫掠对话框中，依次选择脊线(在两个相切面外侧，且最好与两个相切面曲面方向所成角度不要过大)、第一相切面、第二相切面，可选边界1、边界2，预览满意后，单击"OK"按钮即可确定	
Circle (圆弧形扫掠)	"Three guides" (三条引导线)	在此扫掠对话框中，依次选择引导曲线1、引导曲线2、引导曲线3，可加入脊线选项，预览效果满意后，即可单击"OK"按钮确定	

Profile type	Subtype	操作说明	图例
Circle (圆弧形扫掠)	"Two guides and radius" (两条引导线和半径)	在此扫掠对话框中,依次选择引导曲线1、引导曲线2,填写半径(直径要大于或等于两条引导曲线之间的距离),可加入脊线选项,选择解法(要哪部分),预览达到预期效果,即单击"OK"按钮确定	
	"Center and two angles" (中心和两个角度)	在此扫掠对话框中,依次选择中心曲线、参考曲线(旋转体边界),调整角度1、角度2(中心曲线与参考曲线共同确定的平面和扫掠面边界之间的角度),可加入脊线选项,预览达到要求,即可单击"OK"按钮确定	
	"Center and radius" (中心和半径)	在此扫掠对话框中,选择中心曲线,输入半径,可加入脊线选项,预览达到预期效果,即可单击"OK"按钮确定	
	"Two guides and tangency surface" (两条引导线和相切曲面)	在此扫掠对话框中,依次选择相切元素的限制曲线(在切面上)、切面、限制曲线,可加入脊线选项,选择解法,预览达到预期效果,即可单击"OK"按钮确定	
	"One guide and tangency surface" (一条引导线和相切曲面)	在此扫掠对话框中,依次选择引导线1、相切面,输入半径,可加入脊线选项,选择解法,预览达到预期效果,单点"OK"按钮确定	
Conic (二次曲线形扫掠)	"Two guide curves" (两条引导线)	在此扫掠对话框中,选择引导曲线1(在相切面上)、相切元素(与扫掠面相切的面),调整角度(扫掠面和相切面之间的角度);再选择结束引导曲线、相切元素(结束引导曲线和相切点选的是一条曲线),调整角度,可加入脊线选项,单击"OK"按钮确认	
	"Three guide curves" (三条引导线)	在此扫掠对话框中,在切面上选择引导线1、与扫掠面相切的曲面,调整角度(扫掠面与相切面之间的角度);选择引导曲线2、再选引导曲线3(结束引导曲线)、相切元素,调整角度,可加入脊线选项,预览满意后,单击"OK"按钮即可确定	
	"Four guide curves" (四条引导线)	在此扫掠对话框中,选择引导曲线1(相切面上)、相切元素(选切面),调整角度(扫掠面与相切面之间的角度);选择引导曲线2、引导曲线3、引导曲线4(结束曲线),可加入脊线选项,预览满意后,即可单击"OK"按钮确定	

续表

Profile type	Subtype	操作说明	图例
	"Five guide curves" (五条引导线)	在此扫掠对话框中，依次选择引导曲线1、引导曲线 2、…、引导曲线 5(结束曲线)，可加入脊线选项，预览达到预期效果后，即可单击"OK"按钮确定	

注：图例中符号含义为：Gi 表示"guide"(引导线)，i=1，2…5；P 表示"profile"(轮廓)；S 表示"surface" (曲面)；A 表示"angle"(角度)；M 表示"middle"(中线)；L_1、L_2 为长度 1 和长度 2；D 表示"direction" (指向)；T 表示"tangency"(相切)。

扫掠生成曲面的类型较多，应用时可以根据曲面特点选择相应类型，再向对话框的输入框输入对应元素和数值即可生成需要的扫掠面。

4. Fill(填充)

单击工具命令图标 ⬡，弹出"Fill Surface Definition"(填充曲面定义)对话框，如图 5-50 所示。

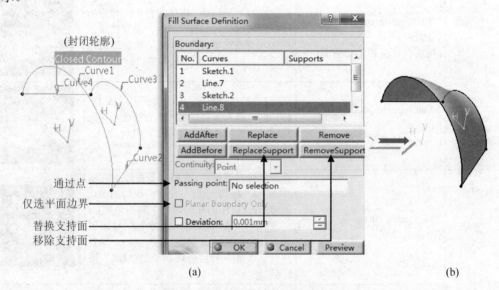

(a)   (b)

图 5-50   "Fill Surface Definition"(填充曲面定义)对话框及结果

在图 5-50 所示的"Boundary"(边界)选择框中选择曲线(或曲面的棱边)，最后要形成封闭的轮廓，而不能有开口，否则填充失败。中部的"Add After"、"Add Before"、Replace、"Replace Support"、"Remove"、"Remove Support"与前述意义及用法基本相同。单击"Preview"按钮可预览，单击"OK"按钮可得到图 5-50(b)所示填充图。

5. Multi-sections(放样)

单击工具命令图标 ⬡，弹出"Multi-sections Surface Definition"(放样曲面定义)对话框，如图 5-51 所示。在放样对话框中，依次选择轮廓截面，在"Section"列表显示出被选的平面轮廓，若有相切要求，选中该曲线后直接单击相切元素，也可后期选择编辑，在"Tangent"列表即列出相切元素，同时在"Closing Point"(闭合点)处显示红色箭头，若无特殊要求产生扭曲，指向应该一致，单击箭头，箭头方向会改变。

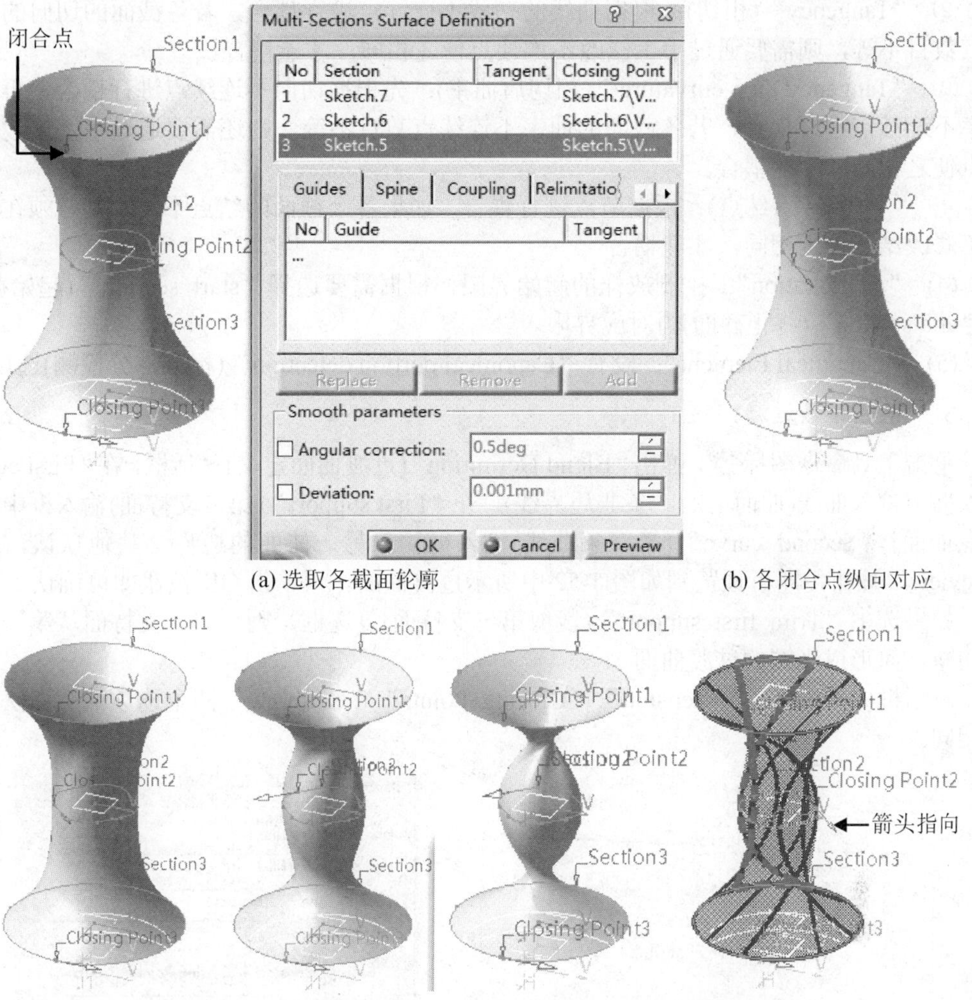

(a) 选取各截面轮廓   (b) 各闭合点纵向对应

(c) 移动闭合点2   (d) 再移动闭合点2   (e) 继续移动闭合点2   (f) 改变闭合点箭头方向

图 5-51 "Multi-Sections Surface Definition"(放样曲面定义)对话框及结果

如图 5-51(a)所示，默认各"Closing Point"的位置，形成图中放样曲面；若右击"Closing Point2"，在弹出的快捷菜单中选择"Replace"命令，再单击后面一点，则生成图 5-51(b)所示放样曲面，此时各闭合点在中轴的一个方位，生成的曲面也就最光顺；继续替换闭合点，会生成图 5-51(c)～图 5-51(e)所示曲面，说明随着闭合点的移动，曲面会变得扭曲；图 5-51(f)为改变箭头方向的情况，此时提示出现尖点将无法生成曲面。

对话框下面有"Guides"(引导线)、"Spine"(脊线)、"Coupling"(耦合)、"Relimitation"(边界限制)、"Canonical Element"(标准元素)五个选项。

(1) "Guides"：可以选择多条引导线，也可以右击引导线进行编辑。

(2) "Spine"：默认值为自动计算，也可以选择。

(3) "Coupling"：对于各截面对应点不一致，可以应用耦合方式加以控制，"Sections Coupling"(选择耦合)选择框共有四种耦合方式。

① "Ratio"(比率)：根据曲线坐标的比例进行耦合。

② "Tangency"(相切)：根据曲线的切线不连续点进行耦合，若各截面的切向的不连续点数目不等，则需要通过手工修改不连续点使之相同，才能耦合。

③ "Tangency then curvature"(相切后曲率)：先根据切向不连续点进行耦合，再根据曲率不连续点进行耦合，若各截面的曲率不连续点数目不等，则还需要通过手工修改不连续点使之相同，才能耦合。

④ "Vertices"(结点)：根据节点进行耦合，如果各个截面的结点不等，则必须在通过手工修改结点使之相同，才能耦合。

(4) "Relimitation"：控制放样的起始界限，根据需要选择"start section"(起始截面)和"end section"(终止截面)为对应界限。

(5) "Canonical Element"：没有"Canonical portion detection"(标准部分检测)选项。

6. "Blend"(过渡)

单击工具命令图标，弹出"Blend Definition"(过渡曲面定义)对话框，在"First curve"输入框中输入曲线(曲面上的一条非边界线)，在"First support"(第一支持面)输入框中输入所在曲面，"Second curve"(第二条曲线)输入框输入另一曲面的边界，其他默认，单击"Preview"按钮，即可预览到如图 5-52 中所示过渡曲面。再单击 OK 按钮即可确认。

如果选中"Trim first support"(裁剪第一支持面)复选框，则将第一支持面从第一曲线处切断，而形成光顺的过渡曲面。

对话框中"Basic"、"Tension"、"Closing Points"、"Coupling"四个选项卡的用法与前述相同。

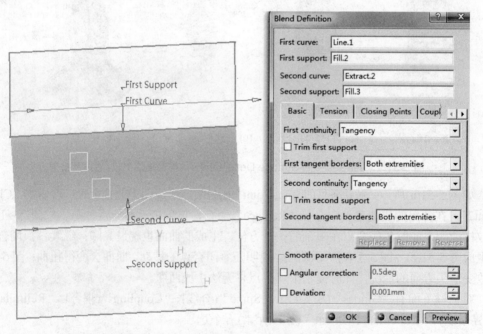

图 5-52 "Blend Definition"(过渡曲面定义)对话框

5.3.2 "Operations Toolbar"(操作工具栏)

"Operations Toolbar"(操作工具栏)如图 5-53 所示,命令图标依次为"Join"(合并)、"Split"

(分割)、"Boundary"(提取边界)、"Shape Fillet"(圆角)、"Translate"(移动)和"Extrapolate"(延展)，各工具下都含有子工具，下面将分别介绍。

图 5-53 "Operations Toolbar"(操作工具栏)

1. "Join-Healing"(合并-修复)

单击工具命令图标 右下角的黑三角，将弹出"Join-Healing"子工具栏，功能依次为"Join"、"Healing"(修复)、"Curve Smooth"(曲线平滑)、"Untrim"(恢复修剪元素)、"Disassemble"(分解)。

1) "Join"(合并)

单击工具命令图标，弹出如图 5-54 所示"Join Definition"(合并定义)对话框，在"Elements To Join"(要合并的元素)选择框中选择要合并的曲面(或曲线)，在此选择了两条线和一个面，单击"Preview"按钮，即可预览结果。

选中某个元素即可进行编辑，如图 5-51 中选择的"Split.3"(分割 3)；"Add Mode"(增加模式)可以将未被选择的元素加入到选择框中，"Remove Mode"(移除模式)则可将选择框中的元素移除；也可以右击，在弹出的快捷菜单中选择"Remove"或"Replace"命令对选择元素进行编辑。

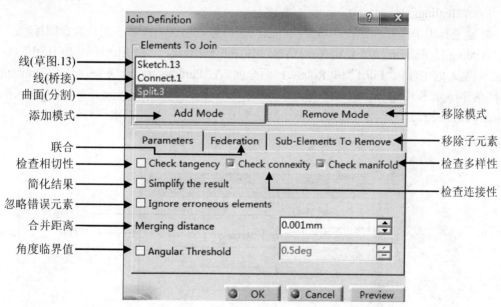

图 5-54 "Join Definition"(合并定义)对话框

选择对话框中的任一元素(如"Split.3")，右击，在弹出的快捷菜单中选择"Check Selection"(检查选项)命令，弹出如图 5-55 所示的"Checker"对话框，若检查通过，单击"OK"按钮回到"Join Definition"对话框，若检查不通过，则在视图中将显示检查出问题的位置及类型。

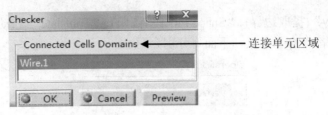

图 5-55　"Checker"(检查器)对话框

　　"Join Definition"对话框下部有"Check tangency"(检查相切性)、"Check connexity"(检查连接性)和"Check manifold"(检查多样性)三个检测复选框,选中其中选项,将分别按选择项目检查连接的相切性、连接性和多样性。如果两个元素不接触,选择"Check connexity"进行预览或确认就会提示错误, 需要取消选中检查选项才能通过。

　　选中"Simplify the result"(简化结果)复选框,可以使生成的结果尽可能减少元素数量;选中"Ignore erroneous elements"(忽略错误元素)复选框,可以忽略那些不允许连接的元素。在"Merging distance"(合并距离)输入框中可以设置两个元素连接时所能允许的最大距离。在"Angular Threshold"(角度临界值)输入框中可以设置两个元素连接时所能允许的最大角度,如果棱边的角度大于设定值,元素将不能连接,这样可以有效避免两个元素重合搭接在一起;如果要连接的棱边或者面本身角度的最大值已超过设置角度,在图形中将显示出这个错误,这时可以取消选中"Angular Threshold"复选框,也可以增加角度设置值,或者将错误元素移除。

　　2)　"Healing"(修复)

　　修复工具用于修复曲面,即填充两曲面间的缝隙。用法为:单击工具命令图标，弹出"Healing Definition"(修复定义)对话框,如图 5-56 所示,在"Elements To Heal"(修复的元素)输入框中输入"Fill.1"和"Rotate.1"两个面,在"Parameters"选项卡中,在"Continuity"(连续条件)选择框中选择"Point"(另一选项为"Tangent"),"Merging distance"输入框和"Distance objective"(距离目标)输入框中默认为 0.001mm,单击"OK"按钮确认。

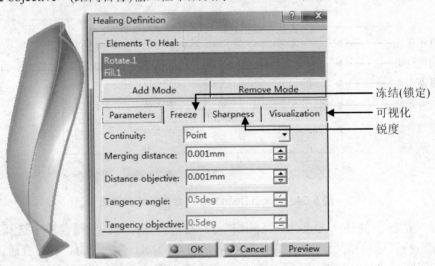

图 5-56　"Healing Definition"(修复定义)对话框

有时根据选择的几何形状和设置的参数，会弹出"Multi-Result Management"(多重结果管理)对话框，如图5-57所示，可以对结果进行编辑或接受。

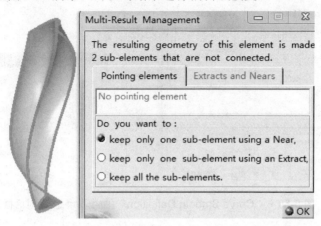

图5-57 "Multi-Result Management"(多重结果管理)对话框

"Parameters"选项卡中的"Merging distance"输入框中可以设置上限距离，比设置的间隙更大的距离将不能修复；"Distance objective"输入框中可以设置修复后元素之间能允许的最大距离；若在"Continuity"选择框中选择"Tangent"(切矢连续)，则可以设定"Tangency angle"(切矢夹角)和"Tangency objective"(切矢夹角目标值)，以确定要修复的最大切矢夹角和修复后曲面的最大允许切矢夹角。

在"Freeze"(冻结)选项卡中可以设定某些元素不受该操作影响。

选中"Tangent"仍然可以设定某些棱边不受操作影响而保持其尖锐度，单击"Sharpness"(锐度)选项卡，选择要保持尖锐的棱边，在"Sharpness angle"(尖锐角)输入框中输入适当值以界定尖角和平角。

若两元素非常接近而难以看出其是否有间隙，可单击"Visualization"(可视化)选项卡，将表面的边界单独显示出来，即可发现是否有间隙存在。

3) "Curve Smooth"(曲线平滑)

单击工具命令图标S，弹出"Curve Smooth Definition"(曲线平滑定义)对话框，如图5-58所示，在"Curve to smooth"(要平顺的曲线)输入框中输入图中曲线，各项默认即指出哪些点"curvature discontinuous"(曲率不连续)。

对话框中有四个选项卡："Parameters"、"Freeze"、"Extremities"(极值)、"Visualization"，"Freeze"和"Visualization"选项同"Healing"，"Extremities"选择起点和终点的连续形式("Curvature"、"Tangent"或"Point")。根据需求可以在"Continuity"选项栏中选择不同的连续方式："Threshold"(临界值)、"Point"(点)、"Tangent"(相切)和"Curvature"(曲率)。

若要平顺的曲线和选择的连续方式不匹配，可以重新选择连续方式，增大"Maximum deviation"(最大偏差)值。

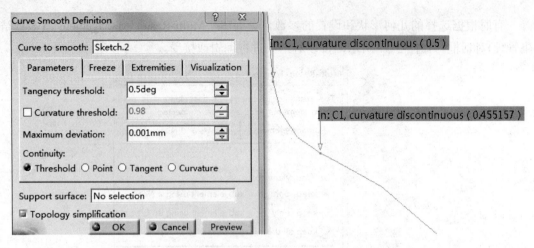

图 5-58　"Curve Smooth Definition"(曲线平滑定义)对话框

4)"Untrim"(恢复修剪元素)

恢复修剪元素命令用于恢复修剪过的曲面(或曲线)元素。用法为：单击工具命令图标 ，弹出"Untrim"(恢复修剪元素)对话框，选择要恢复的曲线，如图 5-59 所示，然后单击"OK"按钮即可进行恢复。

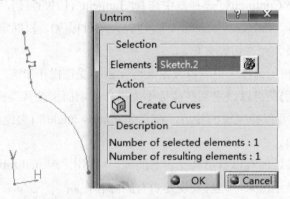

图 5-59　"Untrim"(恢复修剪元素)对话框

注意：①对于进行了多次修剪的元素，使用"Untrim"命令将使曲面恢复到最开始未被处理时的状态，若要部分恢复，可借助"Undo"工具命令图标 恢复到需要的步骤；②可以一次选择多个曲面(曲线)来进行恢复操作。

5)"Disassemble"(分解)

分解命令用于将多单元元素分解(打散)成多个单个单元元素。用法为：单击工具命令图标 ，弹出"Disassemble"(分解)对话框，如图 5-60 所示，在"Disassemble mode"(分解模式)中有两种选项："All Cells"(分解所有元素)和"Domains Only"(按区域分解元素)，一般按第一种分解模式，单击图中高亮处，再单击要分解的元素即可。若选择第二种，对于首尾相连的元素则不予分解，认为是一个单元。

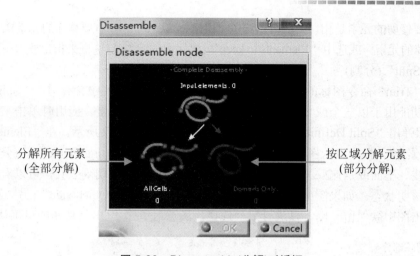

分解所有元素
(全部分解)

按区域分解元素
(部分分解)

图 5-60　Disassemble(分解)对话框

2.　"Trim"(修剪)和"Split"(分割)

1)　"Trim"(修剪)

修剪命令用于实现两个曲面或两个线框元素之间的相互剪切。

应用时单击工具命令图标，将弹出"Trim Definition"(修剪定义)对话框，在"Trimmed elements"输入框中选择图 5-44 和图 5-45 中的两个曲面(也可输入曲线)，可以看到被切除的部分呈半透明状态，如果觉得保留部分不符合要求，可以单击"Other side/next element"(后一元素的另一侧)及"Other side/previous element"(前一元素的另一侧)按钮，或者直接单击图中要保留的部分，如图 5-61 所示。单击"OK"按钮即按图中预览情形生成修剪曲面。

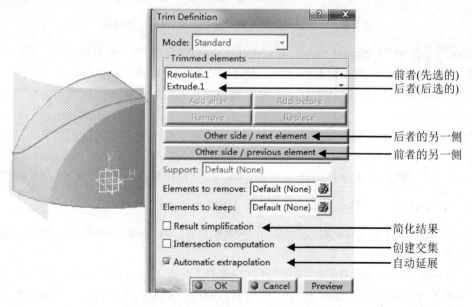

前者(先选的)
后者(后选的)

后者的另一侧
前者的另一侧

简化结果
创建交集
自动延展

图 5-61　"Trim Definition"(修剪定义)对话框

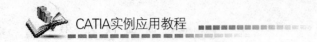

如果要修剪的元素是相切的，可以选中"Elements to remove"(要移除的元素)复选框来指定要修剪掉的元素，或选中"Elements to keep"(要保留的元素)复选框来指定要保留的元素。

2)"Split"(分割)

单击"Trim"命令图标的右下角的黑三角，弹出的子工具栏中含有另一"Split"(分割)工具，该功能用于以一个或多个几何元素去切割另一个几何元素。应用时单击工具命令图标 ，即弹出"Split Definition"(分割定义)对话框，如图5-62所示，在"Element to cut"(被分割元素)输入框中输入图5-45(b)拉伸的备用曲面，在"Cutting elements"(分割元素，可以是曲线、平面或点)输入框中输入图 5-61 修剪后曲面作为切割工具，可以看到被切除的面呈半透明状态。如果图中显示的保留面不对，可以单击"Other side"(另一侧)按钮，或直接单击图中欲保留一侧，以进行另一选择，满意后单击"OK"按钮即可确认。

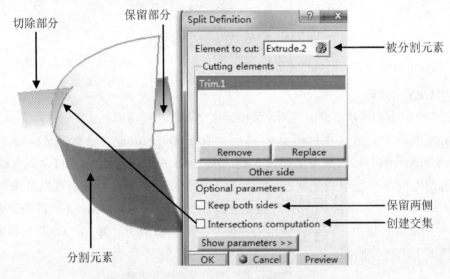

图 5-62　"Split Definition"(分割定义)对话框及结果

若在对话框中"Optional parameters"(可选参数)栏选中"Keep both sides"(保留两侧)复选框，则在分割后两侧元素都被保留；若选中"Intersections computation"(创建交集)复选框则在完成分割的同时，还创建一个独立的相交元素。若选择多个元素作为切元素，即为图中两曲面的交线。

"Cutting elements"输入框中可以选择多个元素作为切元素，这时分割结果与选择次序直接相关。单击"Remove"或者"Replace"按钮可以对选中的元素进行移除或者替换操作。

注意：修剪后剩余部分将结合为一个整体，而分割操作后剩余部分仍然相互独立。

3."Boundary"(提取边界)和"Extract"(提取几何体)

(1) 单击工具命令图标 ，弹出如图5-63(a)所示"Boundary Definition"(提取边界定义)对话框。

在"Propagation type"(拓展类型)选择框中选择"Point continuity"(点连续)，在"Surface edge"(曲面边线)输入框中选择图5-61所得的修剪曲面的边，得到高亮边界如图5-63(a)所示，单击"OK"按钮则得到理想的结果。"Limit 1"和"Limit 2"用于重新定义边界曲线的起点和终点。

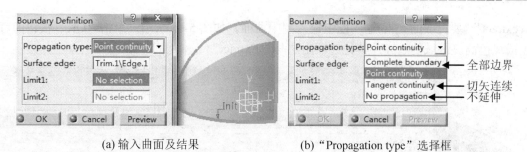

(a) 输入曲面及结果　　　　　　(b) "Propagation type" 选择框

图5-63　"Boundary Definition" (提取边界定义)对话框及结果

图5-63(b)显示"Propagation type"选择框中共有4种创建边界的延伸类型:

① "Complete boundary" (全部边界)提取曲面所有边界。

② "Point continuity" (点连续)提取曲面周围的边,直到不连续的点。

③ "Tangent continuity" (切矢连续)提取曲面周围的相切边,直到不相切为止。

④ "No propagation" (不拓展)仅提取指定的边界,不包括其他部分。

注意:如果选择提取对象为曲面,则不能选择曲面延伸类型,系统将自动提取整个曲面的边界,此时"Propagation type"选择框为空。

(2) 单击工具命令图标右下角的黑三角,弹出"Extract"子工具栏,单击工具命令图标,弹出"Extract Definition" (提取几何体定义)对话框,用法与"Boundary"相同,选择4种"Propagation type"中的"No propagation",在"Element(s) to extract" (抽取元素)输入框中选择图5-61修剪后的曲面,单击的部分(绿色高亮)即被提取出来,如图5-64所示,单击"OK"按钮即可确认。

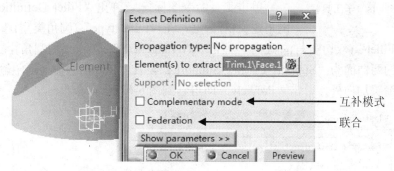

图5-64　"Extract Definition" (提取几何体定义)对话框

"Propagation type"选择框中共有4种类型:

① "Point continuity"提取选择几何体的周围边界,直到不连续点。

② "Tangent continuity"提取与选择边界相切的边,直到不相切为止。

③ "Curvature continuity" (曲率连续)抽取与选择边界曲率连续的边,直到曲率不连续。

④ "No propagation"仅提取指定的边界而不包括其他部分。

如果选中"Complementary mode" (互补模式)复选框,则提取未被选中的边或线,而选中的却不被抽取。若选中"Federation" (联合)复选框,则提取出的几何体元素会被分成几组。

(3) "Extract"子工具栏中最后一个工具为"Multiple Extract" (多重提取),用法为:单击工具命令图标,弹出"Multiple Extract Definition"(多重提取定义)对话框,在"Element(s)

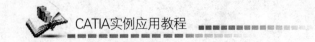

to extract"(要提取的元素)输入框中输入图中曲面，如图 5-65 所示，单击"OK"按钮即可生成绿色高亮区域的边界。其他选项用法与"Extract"基本相同。

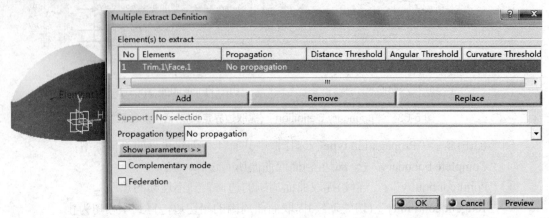

图 5-65   "Multiple Extract Definition"(提取几何体定义)对话框

4.   "Fillets"(圆角)

单击工具命令图标右下角的黑三角，弹出如图 5-66 所示子工具栏，图标依次为"Shape Fillet"(曲面间圆角)、"Edge Fillet"(棱圆角)、"Variable Fillet"(变半径圆角)、"Chordal Fillet"(等弦圆角)、"Styling Fillet"(造型圆角)、"Face-Face Fillet"(面-面圆角)和 Tritangent Fillet"(三切面圆角)。

图 5-66   "Fillets"子工具栏

1)   "Shape Fillet"(曲面间倒角)

单击工具命令图标，弹出"Fillet Definition"(曲面间倒角定义)对话框，在"Fillet type"(圆角类型)选择框中选择"BiTangent Fillet"(双切圆角)，还有一种是"TriTangent Fillet"（三切圆角)，选择图 5-61 中未修剪前的两曲面为"Support 1"和"Support 2"，在"Radius"输入框中输入 10mm，单击使图中箭头均向外，单击"Preview"即可看到图 5-67 所示效果。

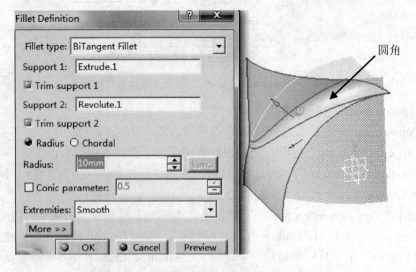

图 5-67   "Fillet Definition"(倒圆角定义)对话框

图中为选中"Trim support 1"(修剪支持面 1)和"Trim support 2"(修剪支持面 2)复选框的效果,若都不选,则不修剪曲面,即不会出现曲面部分半透明状况,若选择其中一个支持面被修剪则另一支持面将被全部保留;图中箭头所指方向与生成圆角的部位直接相关,单击改变箭头方向则圆角产生的部位也会变化。

在"Extremities"(端点)选择框中有 4 种选择形式:"Smooth"(光顺)、"Straight"(直接)、"Maximum"和"Minimum",图 5-67 中即以光顺形式创建圆角。

2) "Edge Fillet"(棱圆角)

单击工具命令图标,弹出"Edge Fillet Definition"(棱圆角定义)对话框,如图 5-68(a)所示,"Extremities"选择框类型与"Shape Fillet"中的相同,在此选择"Smooth",在"Radius"输入框中输入 5mm,在"Object(s) to fillet"(倒圆角对象)输入框中输入图 5-62 修剪后留下的上边,在"Selection mode"选择框中有三种类型供选择:"Tangency"、"Minimum"、"Intersection",此处默认为"Tangency",单击"OK"按钮,即得棱圆角结果如图 5-68(b)所示。

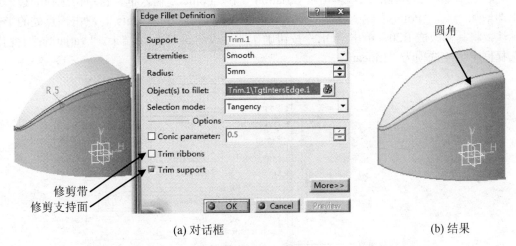

(a) 对话框   (b) 结果

图 5-68   "Edge Fillet Definition"(棱圆角定义)对话框及结果

选中"Trim ribbons"(修剪带)复选框用于处理圆角后重叠部分;选中"Trim support"(修剪支持面)复选框则将支持面多余部分修剪掉,并将圆角与剩余的支持面合并为一体。

若单击右下角的"More"按钮,展开扩展的边倒角定义对话框,列有"Edge(s) to keep"(保留边)、"Limiting element(s)"(限制元素)、"Blend corner (s)"(顺接转角)和"Setback distance"(退回距离)输入框,如图 5-69 所示。

3) "Variable Fillet"(变半径圆角)

单击工具命令图标,弹出如图 5-70 所示的"Variable Radius Fillet Definition"(变半径圆角定义)对话框,在"Extremities"选择框中选择"Smooth","Radius"输入框默认为 5mm,在"Edge(s) to fillet"(欲圆角的边)输入框中仍输入图 5-61 修剪后的上边,此时边的两端出现半径标注 R5,双击任一半径值,在弹出的"Parameter Definition"(参数定义)数值输入框中修改半径为 10mm,单击"OK"按钮即完成此处修改,另一半径改为 R15,如图 5-71 所示。

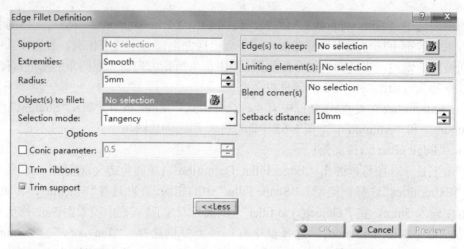

图 5-69 "Edge Fillet Definition"(边圆角定义)扩展对话框

若要增加可变半径的点，单击"Variation"下"Points"输入框，再单击选择的边，边上即增加一点，"Points"输入框中也由"2elements"变为"3elements"，双击该点处的半径标注，将其修改成 R20，单击"OK"按钮确认即生成图 5-72 所示结果。"Variation"(变化)选择框中另一选项为"Linear"。

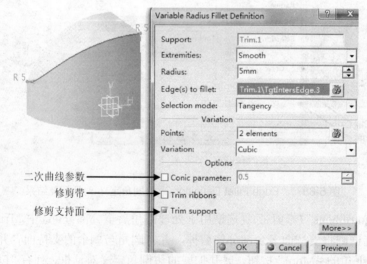

二次曲线参数

修剪带

修剪支持面

图 5-70 "Variable Radius Fillet Definition"(变半径圆角定义)对话框及选项

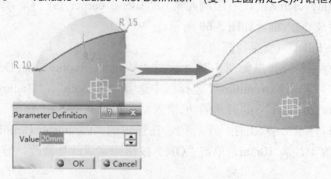

图 5-71 变半径设置   图 5-72 变半径圆角结果

4) "Chordal Fillet"(等弦长圆角)

"Chordal Fillet"(等弦长圆角)是用圆角曲面的弦长代替圆角半径来设定圆角曲面的。应用时单击工具命令图标 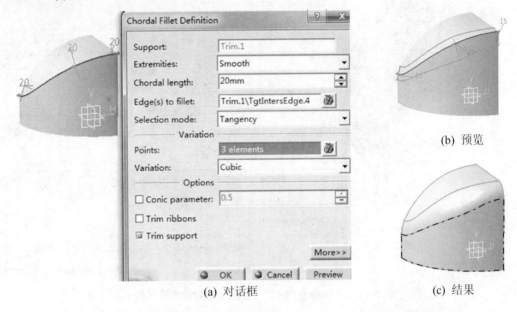，弹出如图 5-73(a)所示的对话框，操作选项与变半径圆角类似，选择图中的棱边进行倒圆角，同样可以在两端点间再插入点，并修改其半径值，操作结果如图 5-73(c)所示。

(b) 预览

(a) 对话框

(c) 结果

图 5-73   "Chordal Fillet Definition"(等弦长圆角定义)对话框及结果

5) "Styling Fillet"(造型圆角)

造型圆角命令用于在两个曲面间生成各种造型的圆角。应用时单击工具命令图标 ，即弹出如图 5-74 所示对话框，"Support 1"和"Support 2"仍然选择图 5-61 中修剪前的两个曲面，"Options"选项卡中"Continuity"有 G0、G1、G2 和 G3 四个选项，产生的圆角曲面的曲率依次逐渐增大。图 5-74 中所示绿色箭头决定在两曲面相交后所形成四个夹角部分中生成夹角的位置，单击箭头即可反向并向内形成圆角，其他"Arc Type"和"Fillet Type"可根据需要进行选择。

6) "Face-Face Fillet"(面-面圆角)

面-面圆角功能用于在两个不相交曲面之间或两个有两条以上棱线面间进行倒圆角。应用时单击工具命令图标 ，弹出与实体设计不同的"面-面圆角定义"(Face-Face Fillet Definition)对话框，如图 5-75 所示，依然在"Extremities"选择"Smooth"形式(其他为"Straight"、"Maximum"和"Minimum")，在"Radius"输入框中输入 40mm，在"Faces to fillet"(要倒圆角的面)输入框中输入欲倒角的 2 个面，预览即可见到图 5-75 中结果。

CATIA实例应用教程

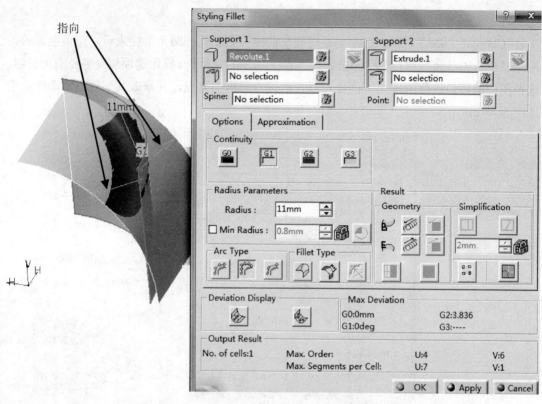

图 5-74　"Styling Fillet" (造型圆角)对话框及结果

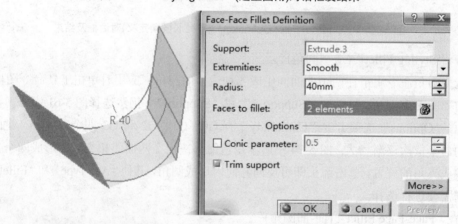

图 5-75　"Face-Face Fillet Definition" (造型圆角定义)对话框及结果

7)　"Tritangent Fillet" (三切面圆角)

同实体造型相同，三切面圆角命令用于生成与三面相切的圆角。应用时单击工具命令图标，弹出 "Tritangent Fillet Definition" (三切面圆角定义)对话框，如图 5-76 所示；在 "Face to fillet" (欲圆角表面)输入框中选择保留的两侧表面，在 "Face to remove" (移除表面)输入框中选择要形成圆角的上表面，而系统自动在 "Support" 输入框输入 "FaceFillet.1"，点击 "OK" 按钮确定即得图 5-77 所示结果。

204

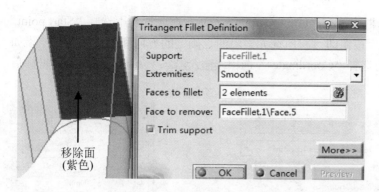

移除面
(紫色)

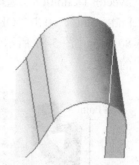

图 5-76 "Tritangent Fillet Definition"(三切面圆角定义)对话框　　图 5-77 操作结果

5. "Transformations"(转换)

单击工具命令图标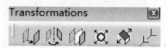右下角的黑三角，弹出如图 5-78 所示"Transformations"子工具栏，图标依次为"Translate"(移动)、"Rotate"(旋转)、"Symmetry"(对称)、"Scaling"(缩放)、"Affinity"(仿射)和"Axis to Axis"(轴系统转移)。

图 5-78 "Transformations"(转换)子工具栏

1) "Translate"(移动)

单击工具命令图标，弹出"移动定义"(Translate Definition)对话框，在"Vector Definition" (向量定义)选择框中选择"Direction,distance"(指向，距离)，在"Element"输入框选择欲平移的曲面，此处选择图 5-77 中的三切面倒圆角曲面，在"Direction"输入框中右击，在弹出的快捷菜单中选择"X Component"命令，则选择元素变为黑色，并在"Distance"输入框中输入 50mm，单击"Preview"按钮，可见黑色平移结果如图 5-79 所示，单击"OK"按钮，则绘图区显示两套元素。

若需要多个元素，可选中"Repeat object after OK"复选框，单击"OK"按钮后在弹出的"Object Repetition"对话框中输入需要添加的个数，单击"OK"按钮即可确认。若单击"Hide/Show initial element"(隐藏/显示原始元素)按钮则可以将原始元素隐藏或显示。

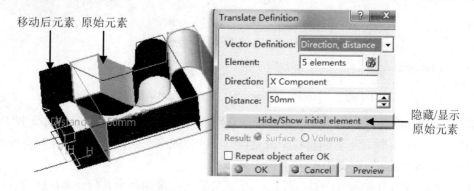

图 5-79 "Translate"(移动)对话框

"Vector Definition"选择框中还有"Point to point"选项：在此选项下选择"Start point"和"End point"，单击"OK"按钮即可将所选元素沿两点确定的方向和距离移动，结果如图5-80所示；图5-81所示为选择"Coordinates"选项，输入沿三个方向移动的相对坐标后所得的结果。

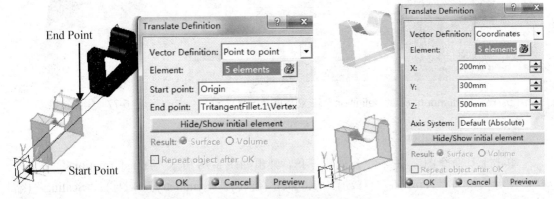

图5-80 "Point to point"选项结果图   图5-81 "Coordinates"选项结果

2) "Rotate"(旋转)

单击工具命令图标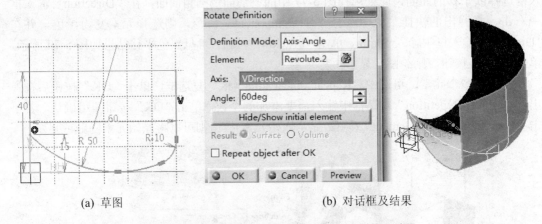，弹出"Rotate Definition"(旋转定义)对话框，在"Element"输入框中输入欲旋转的曲面，此曲面是以图5-82(a)所示草图以z轴为中心向左右各转30°形成的(应用图标)，在图5-82(b)所示对话框的"Definition Mode"(定义模式)选择框选择"Axis-Angle"(轴-角度)选项；在"Axis"输入框中选择纵轴和"Angle"输入框中输入60°，单击"Preview"按钮即可见到旋转结果(黑色部分)。此处注意"Revolve"命令是以轮廓绕轴旋转生成曲面，"Rotate"却是将几何元素(点、线、曲面或实体)绕轴复制到另一位置。

(a) 草图   (b) 对话框及结果

图5-82 "Rotate Definition"(旋转定义)对话框及结果

若选中"Repeat object after OK"(完成后重复物体)复选框，单击"OK"按钮则弹出"Object Repetition"对话框，输入重复的目标个数就可以一次生成多个旋转，而且相互间角度相同。

"Definition Mode"(定义模式)另有两个选项：

(1) "Axis-Two Elements"(轴-两元素)模式的旋转角度由两个几何元素(点、直线或平面)来确定，如图5-83所示，"Axis"为z轴，两元素与轴所成平面的夹角确定了旋转角度。

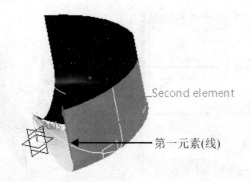

图 5-83　"Axis-Two Elements"模式

(2)"Three Points"模式则由三个点来定义，如图 5-84 所示，此时旋转轴为由三个点所形成平面且过第二点的法线，旋转角度则为第一点和第二点连线与第三点和第二点连线的夹角(即图中∠ABC)。

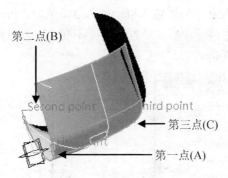

图 5-84　"Three Points"模式

3)"Symmetry"(对称)

单击工具命令图标 ，弹出"Symmetry Definition"(对称定义)对话框，如图 5-85 所示，在"Element"输入框中输入以图 5-82(a)草图旋转生成的曲面，"Reference"输入框中选择 zx 平面，单击"Preview"按钮即可以预览对称结果。

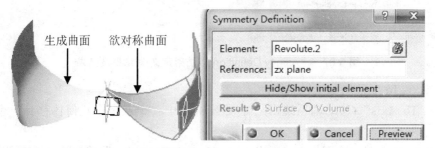

图 5-85　"Symmetry Definition"(对称定义)对话框及结果

4)"Scaling"(等比例缩放)

单击工具命令图标 ，弹出"Scaling Definition"(缩放定义)对话框，如图 5-86 所示，在"Element"输入框中输入图中曲面，在"Reference"输入框中选择曲面的一个顶点作为参考，在"Ratio"输入框中输入 0.7，单击"Preview"按钮即可预览缩放效果。

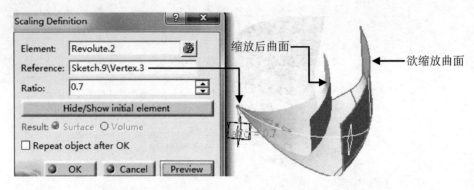

图 5-86　"Scaling Definition"(对称定义)对话框及结果

5) "Affinity"(仿射)

"Affinity"(仿射)即不等比例缩放。单击工具命令图标，弹出"Affinity Definition"(仿射定义)对话框，在"Element"输入框中输入图中曲面，在"Ratio 3"栏中的 X 输入框中输入 1，在 Y 输入框中输入 2，在 Z 输入框中输入 3。单击"Preview"按钮即可得图 5-87 所示的预览结果，经不等比例缩放后，X 方向尺寸不变，Y 方向尺寸为原始尺寸的 2 倍，Z 方向尺寸则为原始尺寸的 3 倍。

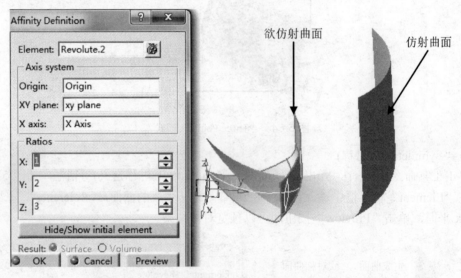

图 5-87　"Affinity Definition"(仿射定义)对话框及结果

6) "Axis To Axis"(移动轴系统)

"Axis To Axis"(移动轴系统)用于将原坐标系中一个或多个几何体移到一个新的坐标系。

应用时单击工具命令图标，弹出"Axis To Axis Definition"(移动轴系统定义)对话框，如图 5-88 所示，在"Element"输入框中选择图中曲面，在"Referer"输入框中通过右击建立"Axis system.1"作为原始坐标，在"Target"输入框中仍通过右击创建"Axis system.2"作为目标坐标，单击"Preview"按钮即可预览生成结果。

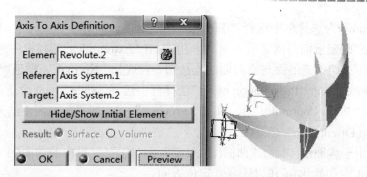

图 5-88 "Axis To Axis Definition"(移动轴系统定义)对话框及结果

依照上述方法可以同时对多个目标进行坐标系变化操作。

6. "Extrapolate"(延展)

单击工具命令图标 右下角的黑三角,弹出"Extrapolate"子工具栏,依次为"Extrapolate"(延展)、"Invert Orientation"(反向)和"Near"(最近元素)。

1)"Extrapolate"(延展)

延展功能用于延长曲线或曲面,以图 5-62 所示的分割面为例说明。

单击工具命令图标 ,弹出"Extrapolate Definition"(延展定义)对话框,如图 5-89 所示。

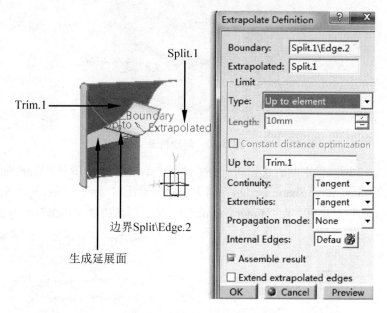

图 5-89 "Extrapolate Definition"(延展定义)对话框及结果

在"Boundary"(边界)输入框中输入欲延展面的下边,在"Extrapolated"(欲延展元素)输入框中输入要延展的元素,在"Type"选择框中可以选择 Length 并在下面 Length 输入框中输入尺寸值,则会在边界沿箭头指向延展相应长度;此处"Type"选择"Up to element"模式,并在"Up to"(直到)输入框中选择修剪后曲面,则边界沿箭头指向延展至修剪曲面即结束。

在"Continuity"选择框中选择"Tangent"，则延展曲面与欲延展元素相切，若选另一选项"Curvature"则延展面与欲延展元素曲率相同；在"Extremities"选择框中选择"Tangent"，延展曲面的边会相切于延展面与原曲面的连接边，若选择"Normal"，则延展曲面的边与原曲面的连接边将垂直。在"Propagation mode"选择框中选择"None"(另两个选项为"Tangency Continuity"和"Point Continuity")，单击"Preview"按钮即可预览图中结果。

2) "Invert Orientation"(反向)

反向功能用于将曲线(切线)或曲面(法线)反向，对于已经反向的曲面(线)，可以通过单击"Reset initial"(初始化)按钮以恢复其定位方向。

3) "Near"(最近元素)

最近元素功能用于从组合元素中提取与参考对象最近的元素。

5.4 设 计 实 例

下面以图5-90所示的某起动机罩为例说明曲面的绘制方法。

图5-90 起动机罩

(1) 在图1-12所示已定制所选起动命令条件下，单击图5-91所示"Workbenches"(工作台)工具栏中的"Generative Shape Design"(创成式曲面设计)工具命令图标，弹出如图5-92所示的"New Part"对话框，在"Enter part name"输入框后键入"shell"作为文件名。

图5-91 "Workbenches"工具栏

图5-92 键入文件名"shell"

单击"OK"按钮进入曲面设计工作台，结构树显示如图5-93。

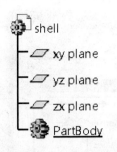

图 5-93   "shell" 结构树

(2) 先绘制侧壁曲面。选择 xy 平面，单击工具命令图标 进入草图绘制模块。双击轮廓工具栏中的工具命令图标 ，先以原点为圆心绘制一个大圆和绘制圆心在纵轴上的两个小圆，约束大圆直径为 240mm，小圆直径为 80mm，小圆圆心距原点 96mm；双击工具命令图标 将轮廓多余的线擦除，得到图 5-94(b)所示图形；再单击工具命令图标 ，将拐点处圆角，设置半径为 70mm，得到壳体底座轮廓原型。单击工具命令图标 ，退出草图绘制模块。

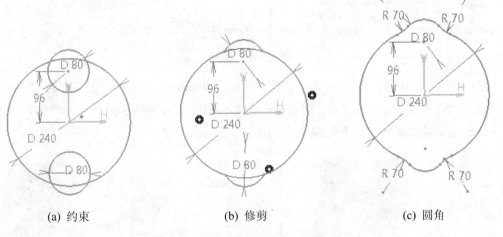

| (a) 约束 | (b) 修剪 | (c) 圆角 |

图 5-94   绘制底座轮廓雏型

再次进入 xy 平面，以上面绘制的轮廓原型为参考重新创建壳体底座根部轮廓，如图 5-95 所示；与 Sketch.1 不同的是，与 D240 相切连接的圆弧半径为 50mm 或 60mm。退出草图绘制模块，得到 Sketch.2。

单击工具命令图标 ，在弹出的 "Swept Surface Definition" 对话框中选择 "Profile type" 工具命令图标 ，"Subtype" 选择 "With draft direction" (带拔模方向)，选择 Sketch.2 为 "Guide curve 1" (引导曲线)，Z 方向为 "Draft direction" (拔模方向)，拔模方向可通过选择坐标轴确认，在 "Angle" 中键入 10° 作为拔模角，按照图例在 "Length 1" 中键入 110mm，预览效果如图 5-96 所示，右下角橙色箭头为拔模角度的选择，可单击箭头或对话框中的 "Next" 按钮选择四个解中的一个，确定即点击 "OK" 按钮确认。

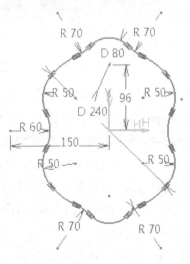

图 5-95   绘制底座根部轮廓

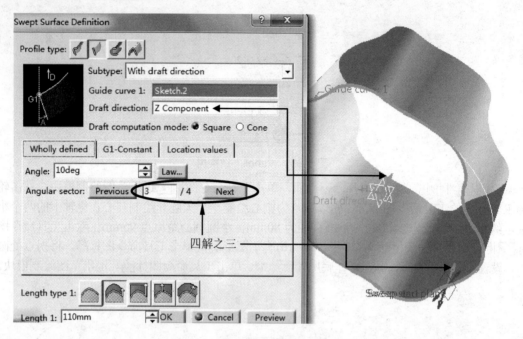

图 5-96　拔模

(3) 创建顶部曲面。进入 zx 平面，绘制如图 5-97(a)所示草图，一条高度为 100mm 的水平线两端超出 Sweep.1 的轮廓；退出后再进入 yz 平面，绘制图 5-97(b)所示草图，一条超出 Sweep.1 的轮廓水平线，不限制尺寸；退出草图。

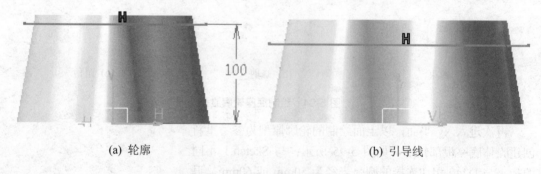

(a) 轮廓 　　　　　　　　　　　　　　　(b) 引导线

图 5-97　绘制顶部曲面轮廓与路径

单击工具命令图标，选择对话框中的"Explicit"(直接的)轮廓类型，子类型为"With reference surface"，以图 5-97(a)Sketch.3 为轮廓，图 5-97(b)Sketch.4 为引导线，生成曲面如图 5-98 所示，确认后单击"OK"按钮退出。

单击"Shape Fillet"(曲面倒角)工具命令图标，弹出"Fillet Definition"对话框，在"Fillet type"编辑框中选择"BiTangent Fillet"，两支持面分别选择"Sweep.1"和"Sweep.2"，选中"Trim support 1"和"Trim Support 2"复选框，即修剪两扫掠面，在"Radius"输入框中键入 10mm，单击"Preview"按钮，通过调节两个红色箭头使其方向向内，如图 5-99 所示，单击"OK"按钮确认。

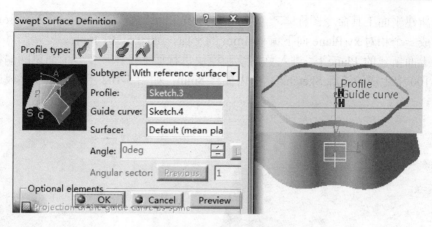

图 5-98　创建顶部曲面

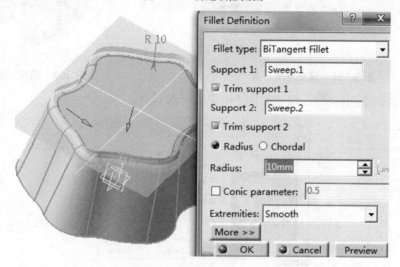

图 5-99　Fillet Definition 对话框

（4）创建壳体底边。进入 xy Plane 进行草图绘制：选择 Sketch.1 轮廓，再单击"Offset"工具命令图标，生成向外偏移 15mm 的黄色轮廓，如图 5-100 所示，单击"OK"按钮确认后退出草图。

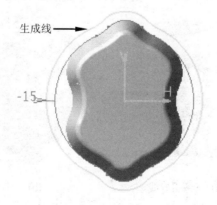

图 5-100　偏移轮廓

单击新建平面工具命令图标 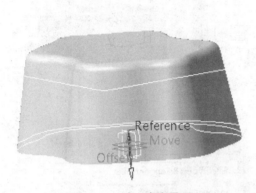，在"Plane Definition"对话框中选择"Offset from Plane"类型，生成一个相对 xy Plane 向下偏移 4mm 的平面，如图 5-101 所示。

选择上面新建的 Plane.1，进入草图绘制模块进行如下操作：重复前面轮廓偏移操作，选择图 5-100 中生成的轮廓 Sketch.5，向内偏移 8mm，如图 5-102 所示，绘制完成退出草图绘制模块。

图 5-101　建立参考平面

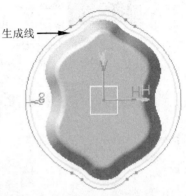

图 5-102　偏移轮廓

单击工具命令图标，弹出如图 5-103 所示对话框。

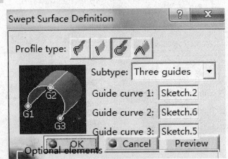

图 5-103　Swept Surface Definition(扫掠表面定义)对话框

在扫掠表面定义对话框中，"Profile type"选择"Circle"(圆弧形)扫掠工具命令图标，在"Subtype"输入框中选择"Three guides"，分别点选图 5-104(a)所示的轮廓 Sketch.2，Sketch.6 和 Sketch.5，其他默认，单击"OK"按钮确认即生成图 5-104(b)所示的底座曲面。

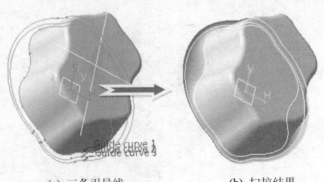

(a) 三条引导线　　　　　　(b) 扫掠结果

图 5-104　扫掠生成底座

(5) 进行根部倒角。单击"Join"(接合)工具命令图标 ，弹出对话框如图 5-105 所示，选择将扫掠面 Sweep.3 和倒角面 Fillet.1 接合成一个整体曲面 Join.1。

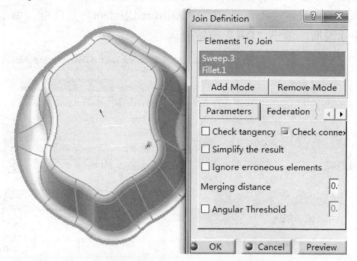

图 5-105　接合扫掠曲面和倒角曲面

单击"Edge Fillet"(棱边倒角)工具命令图标 ，选择图 5-106 所示的底座与侧壁相交的一圈边界为倒角对象，半径为 2mm，选中"Trim support"复选框，单击"OK"按钮确认退出。

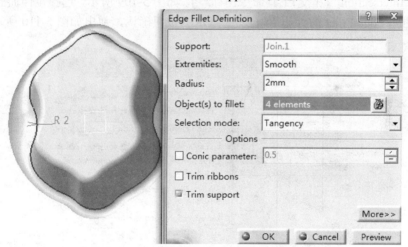

图 5-106　根部倒角

(6) 创建壳体两侧凸台。选择 yz 平面并进入草图绘制模块，绘制图 5-107 所示轮廓，约束其位置和尺寸，两边线长度不约束，完成后退出草图工作台。

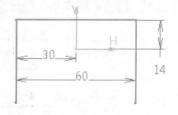

图 5-107　凸台轮廓

单击"Extruded"(拉伸)工具命令图标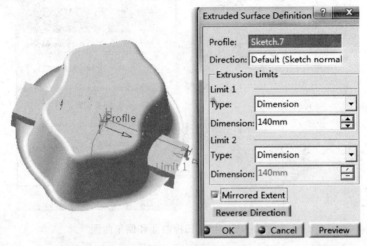，在弹出的"Extruded Surface Definition"(拉伸表面定义)对话框中(图 5-108)，"Profile"选择凸台轮廓 Sketch.7，"Direction"默认为草图法向，键入单侧拉伸长度 140mm，选中"Mirrored Extent"复选框，单击"Preview"按钮显示双侧拉伸效果后，单击"OK"按钮确认退出。

图 5-108　凸台双向拉伸

单击"Intersection"(相交)工具命令图标，如图 5-109 所示，选择拉伸曲面 Extrude.1 和倒角后曲面 Edge Fillet 的外边界，单击"OK"按钮确认，弹出如图 5-110 所示多结果管理警示框。

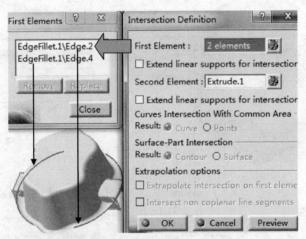

图 5-109　相交元素设置对话框

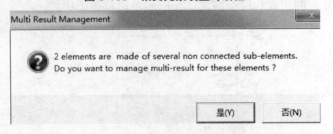

图 5-110　多结果管理警示框

　　警示框提示是否需要对不连续的结果进行管理，单击"是(Y)"按钮即弹出"Multi-Result Management"对话框，如图5-111所示，选中"keep all the sub-elements"(保留所有子元素)复选框，两侧均确认后即生成交叉的四个点。

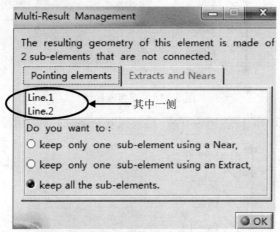

图 5-111　多结果管理警示框

　　单击"Project"(投影)工具命令图标，在投影定义对话框中进行设置：将底座外轮廓Sketch.5投影到拉伸面Extrude.1上，取消选中"Nearest solution"(最近解)复选框，如图5-112所示。

　　单击"OK"按钮，弹出与图5-111类似的多结果管理对话框，依然选择保留所有子元素，确认即生成图5-113所示结果。

图 5-112　投影定义对话框

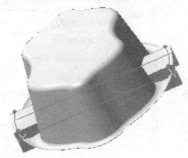

图 5-113　多输出结果

　　双击工具命令图标，分别连接投影所得两端圆弧的端点与相交所得的四交点，连续得到四条线段，如图5-114所示。

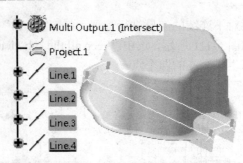

图 5-114　连接四段线

双击"Extract"(提取)工具命令图标![icon]，连续提取 Project.1 中的两段圆弧，如图 5-115 所示。

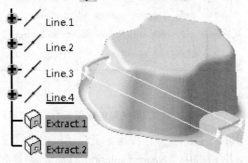

图 5-115　提取线条

单击工具命令图标![icon]，如图 5-116 所示，将提取的 Extract.1、Extract.1 和四段线接合为 Join.2。但要注意不能选中"Check connexity"(检验连接性)复选框。

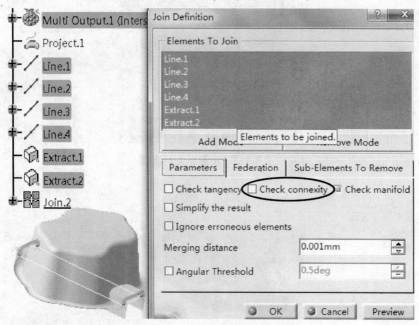

图 5-116　连接线条

单击"Split"(分割)工具命令图标![icon]，在图 5-117 所示对话框中设置以 Join.2 将 Extrude.1 分割，保留中间部分，满意后单击"OK"按钮确认生成 Split.1。

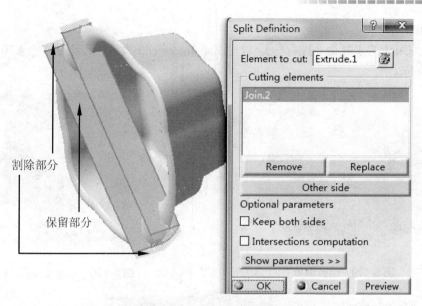

图 5-117　分割拉伸曲面

单击"Trim"(修剪)工具命令图标，选择 Edge Fillet.1 和 Split.1 进行修剪，如图 5-118 所示，通过点取两元素欲留存的部分，也可单击对话框中的 "Other side/next element" 和 "Other side/Previous element" 按钮来调整保留部分，满意后单击 "OK" 按钮确认。

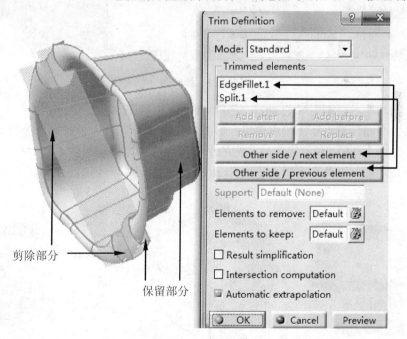

图 5-118　修剪底座

单击边倒角工具命令图标，选择将两侧凸台的六个面(即 14 条棱)倒出半径为 4mm 的圆角，预览结果如图 5-119 所示，单击 "OK" 按钮确认。

(7) 加工孔洞。单击相交工具命令图标，选择曲面的上表面和 z 轴，求得交叉点，

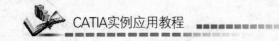

如图 5-120 所示。

单击"Circle"工具命令图标 ◯，以交叉点 Intersect.3 为圆心，绘制一个 φ70 的圆，如图 5-121 所示。

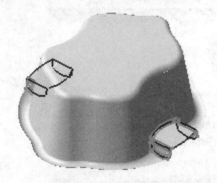

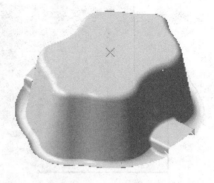

图 5-119　凸台倒角　　　　　　　　　　　图 5-120　求取交叉点

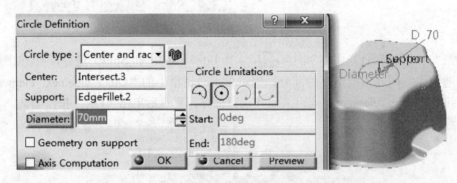

图 5-121　绘制圆

应用分割功能，以刚生成的 circle.1 分割曲面，得到图 5-122 所示结果。

单击凸台平面，进入草图绘制模块。如图 5-121 所示，在一侧绘制一个直径为 15mm 的圆，圆心坐标为(110，0)，镜像另一侧的小圆，完成后退出，如图 5-123 所示。

再用分割功能，以两个小圆孔轮廓 Sketch.8 分割曲面，得到图 5-124 所示效果。

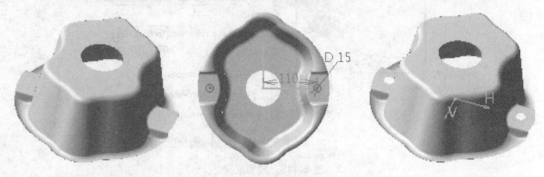

图 5-122　分割上表面　　　　　图 5-123　绘制小圆孔　　　　　图 5-124　分割凸台

(8) 生成实体。选择"Start"→"Part Design"命令进入零件设计模块，单击"Thick Surface"工具命令图标 ▧，选择曲面 Split.3，箭头方向调整向里，"First Offset"输入框中键入 1mm，确认后即生成以曲面为外表面、厚度为 1mm 的实体零件，如图 5-125 所示，隐藏曲面 Split.3，显示结果如图 5-126 所示，退出并保存文件。

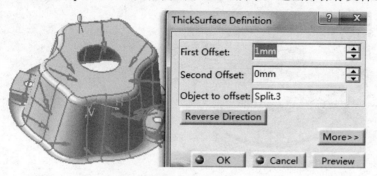

图 5-125　曲面加厚对话框

图 5-126　最终实体

习　题

5-1　绘制图 5-127 所示电阻丝，主要参数为：螺旋线高为 72mm，螺距为 6mm，直径为 24mm；下部直线长为 70 mm，丝线直径为 2.4 mm。

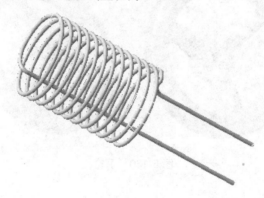

图 5-127　电阻丝

5-2　绘制图 5-128 所示两个接壤的六边和五边球面，球径为 300mm。

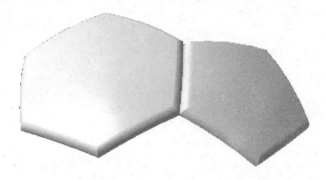

图 5-128　接壤的六边和五边球面

5-3 试用曲面加厚方法绘制图 5-129 所示弹簧座，外圈直径为 60mm，弹簧外径为 45mm，簧丝直径(开槽)为 6mm，中心圆孔为 15mm，三面开槽宽为 5mm，厚度为 1.5mm。

图 5-129 弹簧座

5-4 试用曲面闭合方法绘制图 5-130 所示手轮结构，外圆直径为 200mm，轮缘厚度为 20mm，轮辐截面是长轴为 25mm、短轴为 15mm 的椭圆，斜度为 15°，手柄销孔径为 ϕ 10mm，中心轮毂外径为 50mm，孔径为 18mm，厚度为 30mm。

图 5-130 手轮

第 **6** 章
工程图设计

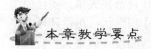
本章教学要点

知识要点	掌握程度	相关知识
图幅设置	掌握图幅的设置方法	国标、图纸页
创建视图 修改视图	掌握创建视图的方法; 熟悉应用各种图标命令; 掌握修改视图的方法	投影、剖视、局部视图; 正投影、剖面、区域放大; 激活、属性、修改、更新
标注视图	掌握标注按钮的用法	尺寸标注、公差标注、文本标注、 符号标注
创建图框 编辑标题栏	掌握插入(绘制)图框和标题栏的用法	工作视图、图纸背景

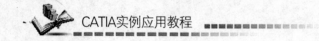

6.1 概　述

绘制产品工程图是从三维模型设计到机械加工的重要环节，一般完成产品的零部件实体设计或装配设计后需要绘制工程图。

CATIA V5绘制工程图通过"Drafting"模块来实现，可以应用"Generative Drafting(创成式绘图)"和"Interactive Drafting"(交互式绘图)两种方法。

创成式制图是CATIA常用的绘图方法，在绘制过程中要保证三维零件或装配体与二维工程图相关联。只要创建了三维实体模型，应用"Drafting"模块投影命令按选定方向就可以自动生成所需视图，还可以进一步创建所需的剖视图、断面图以及局部放大图等。模块具有自动标注尺寸功能，可以方便快捷地添加尺寸和形位公差、表面粗糙度等工程符号以及文本注释、零件编号、标题栏和明细表等。

由于创成式绘图的关联性，使得生成的工程图与三维实体模型具有链接关系：实体模型的尺寸和形状一旦发生变化，通过链接就会影响工程图中对应的尺寸和形状；在设计环节中增加或删除零件造型的特征，对应的工程图就会自动反映出来，使产品设计效率大大提高。

交互式制图则类似于AutoCAD设计绘图，是通过人机交互操作来激活相应的绘图、编辑命令来绘制二维工程图的，就如同草图设计模块绘图要逐条绘制几何图线一样，逐项进行手动标注，并未借助软件的智能作用，容易出错。

本章主要介绍创成式绘图方法，以及介绍在工程图模块中如何创建一个完整的工程图。

6.2 绘图环境

6.2.1 进入工作台

创成式绘图是基于三维零件或装配设计来进行的，依据实体模型投影转成的二维工程图与实体模型之间保持数据全相关。所以，此方式在进入工程图工作台时要先打开产品或零件的实体模型。

打开实体模型后，可以应用如下3种方法进入工程图工作台：

(1) 如图6-1所示，通过选择"Start"→"Mechanical Design"→"Drafting"命令。

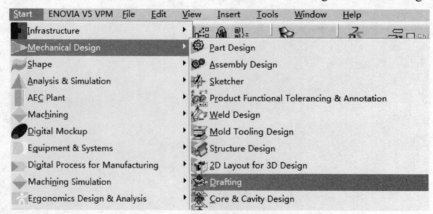

图6-1　通过"Start"菜单进入工程图工作台

(2) 单击 Workbench(工作台)工具命令图标，在事先定制的"Welcome to CATIA V5"开始对话框中选择"Drafting"工作台图标，如图 1-13 所示。

应用以上两种方法进入工程图工作台之前，都会先弹出一个"New Drawing Creation"(新建工程图)对话框，在"Select an automatic layout"(选择一种自动布局)下列有四种布局形式，单击选择其中之一，如图 6-2 所示，再单击"OK"按钮，即可进入工程图工作台。

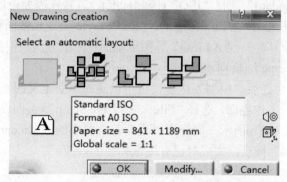

图 6-2 "New Drawing creation"(新建工程图)对话框

在图 6-2 所示的四个快捷布局形式按钮中：
① 单击工具命令图标▯▯打开一页空白图纸。
② 单击工具命令图标▯▯打开零件或产品的全部六个基本视图和一个轴测图。
③ 单击工具命令图标▯▯打开零件或产品的主视图(黄色)、仰视图和右视图。
④ 单击工具命令图标▯▯打开零件或产品主视图(黄色)、俯视图和左视图。

布局形式图标下方列表框中显示有选择的图幅形式，进入工程图界面将按显示的尺寸生成图纸外框。

(3) 若选择"File"→"New"命令，如图 6-3(a)所示，在弹出的对话框中选择"Drawing"(工程图)，单击"OK"按钮后接着会弹出 6-3(b)所示"New Drawing"(新建工程图)对话框，从中选择要求的"Standard"(制图标准)、"Sheet Style"(图纸幅面)和图纸方向，再单击"OK"按钮，即可进入工程图绘制工作台。

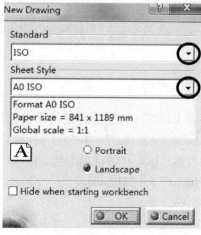

(a) 选择"Drawing"   (b) "New Drawing"对话框

图 6-3 通过新建方式进入工程图工作台

225

6.2.2 图幅设置

根据实际图幅需要，可以在进入工程图模块期间定义图纸幅面。如图 6-2 所示，单击对话框中的按钮 Modify... ，将弹出与图 6-3(b)相同的"New Drawing"(新建工程图)对话框，可在"Standard"及"Sheet Style"(页面样式)编辑定义所需的图纸幅面。

一般情况下"Standard"选择"ISO"(国际标准)，若特殊需要可以选择"ANSI"(美国标准)或"JIS"(日本标准)；在 ISO 标准下，"Sheet Style"(图纸幅面)的下拉列表可选对应的"A0 ISO"、"A1 ISO"、…、"A4 ISO"等图纸幅面；图纸方向则根据需求选择"Portrait"(纵向图纸)或"Landscape"(横向图纸)。

进入工程图工作台之后，根据表达需要也可以随时重新定义图纸幅面，具体操作方法如下：在图 6-4(a)所示工作界面，选择"File"→"Page Setup"(页面设置命令)，弹出"Page Setup"对话框，如图 6-4(b)所示，同样可以设置符合要求的"Standard"和"Sheet Style"。

最后，单击"OK"按钮，完成对已有图纸幅面的修改。

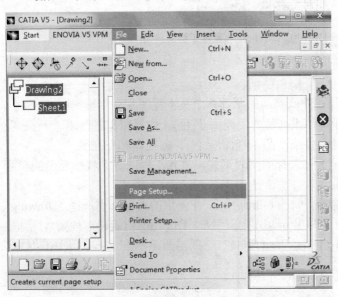 

(a) 菜单选择"Page Setup"(页面设置)　　　　(b) 页面设置对话框

图 6-4　定义图纸幅面

6.2.3 用户界面

进入工程图工作台后，系统将自动建立一个工程图文件，默认文件名为"DrawingX. CATDrawing"(X=1，2，3，…)，同时自动建立一个图纸页 Sheet1，在该图纸页上可以建立各种视图，以表达零件的形状、结构以及尺寸大小等，如图 6-5 所示。如需增加图纸页，选择"Insert"→"Drawing"→"Sheets"→"New Sheet"命令，即可继续生成 Sheet.2、Sheet.3、…。

图 6-5 中左边窗口内有一个树状图，用于记录工程图中的图纸页及创建的各种视图；右边窗口为工作区，用于创建各种视图(正视、剖视、断面、轴测图等)，还可以进行对图纸的各项标注等；同实体设计一样，窗口周边则是工程图模块的各项工具栏。

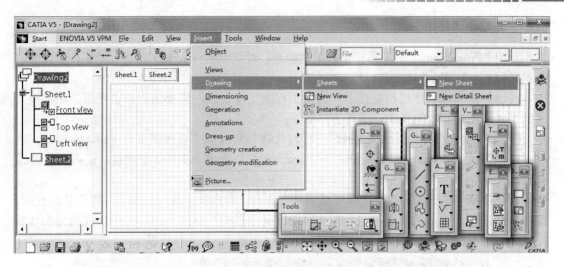

图 6-5　用户界面

6.3　创 建 视 图

"Drafting"模块的主要功能是绘制和编辑二维图形，所以该模块有些工具栏、命令名称、功能和操作方式与"Sketcher"模块基本一致。例如，应用图 6-6 和图 6-7 所示的"Geometry Creation"(绘制几何图形)和"Geometry Modify"(修改几何图形)工具栏即可如 AutoCAD 一样绘制各种图形。

图 6-6　"Geometry Creation"工具栏　　　图 6-7　"Geometry Modify"工具栏

CATIA V5 的创成式绘图设计的特点在于以创建零件或装配体为基础，通过"Views"(视图)工具栏上的工具命令直接创建各种视图、剖视图、断面图等，再利用其他修饰及标注命令完成工程图的创建，图 6-8 所示即为"Views"工具栏中的各种命令。

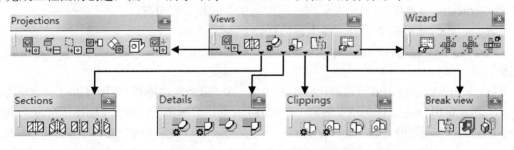

图 6-8　"Views"(视图)工具栏

图 6-8 中的"Views"工具栏为主工具栏，单击图标右下角的黑三角可分别弹出"Projections"(投影)、"Sections"(剖视)、"Details"(局部放大)、"Clippings"(局部视图)、"Break view"(断开视图)以及"Wizard"(视图创建模板)等子工具栏。

227

6.3.1 自动创建视图

利用"Projections"子工具栏上的工具命令，对三维实体向某平面进行投影，可以创建基本视图、向视图、斜视图以及轴测图等。

在已创建三维实体模型前提下，进入工程图工作台后，需要先创建主视图，在主视图基础上才能创建其他的视图。操作方法如下：

(1) 打开如图 3-140 所示零件模型文件(见随书光盘第 3 章模型文件 ganshen.Part)。选择"Start"→"Mechanical Design"→"Drafting"，选择 A2 ISO 型图纸，进入工程图工作台。

若单击图 6-2 所示第四种图标形式进入工作台，则直接生成主视图、俯视图和侧视图，如图 6-9 所示，生成的视图取决于在实体中建立草图的坐标面，图 6-9 中主视图为实体轮廓向 xy 平面投影，俯视图和侧视图分别为向 zx 平面和 yz 平面投影。

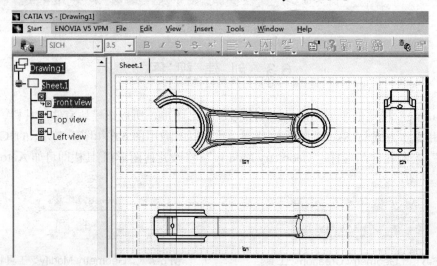

图 6-9 自动投影成三视图

图 6-9 中投影产生的视图方向、位置很不理想，所以一般选择向空白图纸上自行选择投影面来投影，即单击图 6-2 所示第四种图标形式进入工作台。选择"Window"(窗口)→"Title Vertically"(垂直平铺)，即可同时观察实体窗口和工程图窗口。

注意：此时单击哪个窗口，哪个窗口就处于激活状态。

由于此时不需要在图纸上绘制元素，为了观察和印刷方便，可应用如下两种方法取消网格：

① 单击"Visualization"(可视化)工具栏中第一个"Sketcher Grid"(草图网格)工具命令图标，如图 6-10 所示，图标由红转蓝，则取消工程图中的网格。后面四个图标依次为"Show Constraints"(显示约束)、"Display View Frame as Specified for Each View"(按每个视图显示框架)、"Filter Generated Elements"(过滤器生成的元素)和"Analysis Display Mode"(显示方式分析)。

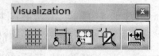

图 6-10 Visualization(可视化)工具栏

② 单击"Tools"→"Options"命令,在"General"选项卡中取消选中"Display"(显示)复选框,如图6-11所示。

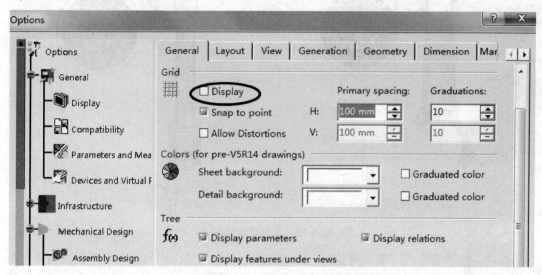

图6-11 取消选中"Display"(显示)复选框

(2) 单击图6-8中"Views"工具栏下"Projections"子工具栏的"Front View"(主视图)工具命令图标 。单击零件实体上的某一个平面,在工程图窗口显示主视图预览(绿色虚线框包围),同时在图纸页窗口右上角显示一个视图操纵盘,如图6-12所示。

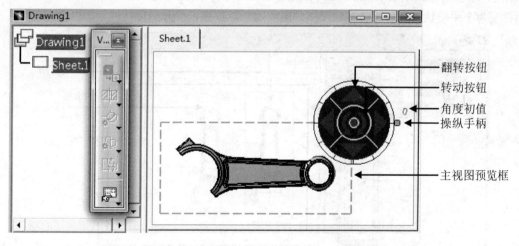

图6-12 在零件工作台指定主视图的投影

拨动圆盘外圈手柄或单击内圈弧形箭头,即可沿逆(顺)时针方向转动视图,若单击四个方位的三角形调整按钮,即按每步90°向各自方向翻转,如图6-13(a)所示即为图形旋转90°得到的预览效果,而图6-13(b)则是在其基础上再向右翻转90°得到的预览图。

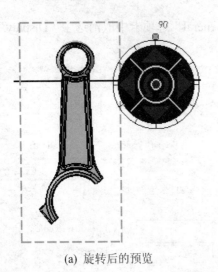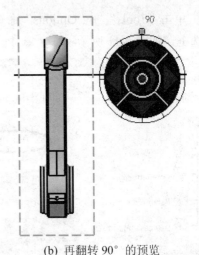

(a) 旋转后的预览　　　　　　　　　　(b) 再翻转 90°的预览

图 6-13　图形旋转预览

　　将视图调整满意后，单击圆盘中心按钮或图纸页空白处，即自动创建得到该实体模型对应的主视图。当前视图操纵盘的初始角度为 0°且每步转动 30°，可以右击角度值进行修改，在弹出的快捷菜单中选择"Set increment"(设置增量)命令来设置步长，以及选择"Set current angle to"(设置当前角度)命令来设置初值。

　　如图 6-14 所示，创建得到主视图后，工程图工作台左侧树状图 Sheet.1 下将新增一个"Front View"(主视图)。当主视图在图纸上的位置不够理想时，可将指针移至主视图的虚线边框附近，指针变为小手形状，即可拖动主视图移到图纸的任意位置，松开鼠标其位置即可确定。

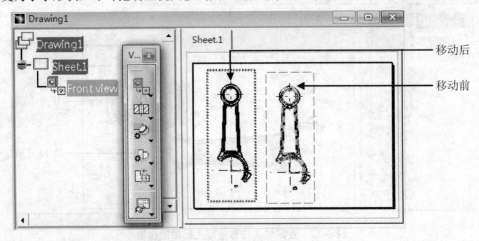

图 6-14　创建主视图及移动主视图

　　如果生成的视图没有显示中心线及轮廓线，就需要修改该视图的属性来进行显示。只需把指针移至主视图的虚线边框附近，当指针变为小手时右击，在弹出的快捷菜单中选择"Properties"命令，弹出如图 6-15 所示对话框，可在"View"选项卡中修改主视图的相关特性，察看是否显示视图中的诸如"Hidden lines"(虚线)、"Axis"、"Center Line"(中心线)、"Thread"等修饰特征。

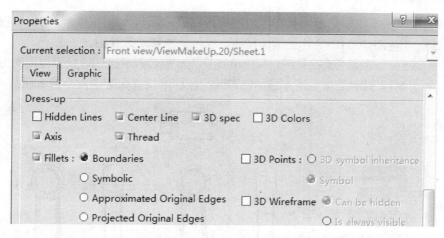

图 6-15 "Properties"对话框

也可以选择如图 6-16 所示"**Dress-up**"(修饰)工具栏中的相关命令来绘制螺纹线，单击"**Center Line**"(生成中心线)图标⊕ 右下角的黑三角，弹出子工具栏，如图 6-17 所示。

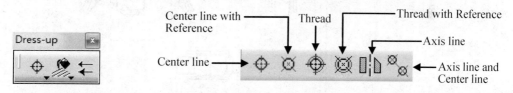

图 6-16 "Dress-up"(修饰)工具栏   图 6-17 "Center Line"(生成中心线)子工具栏

单击子工具栏中的"**Center line**"工具命令图标，再单击一中心点(或对称的轮廓，如圆弧)即生成中心线，拉动中心线可延长至合适位置；而"**Center line with Reference**"(带参考的中心线)在此基础上还可以选择对称方向。单击"**Thread**"或"**Thread with Reference**"(具有参考的螺纹)工具命令图标再选择内(外)螺纹形式，单击圆弧线即可生成需要的螺纹线。

上述命令还可以通过选择"**Insert**"→"**Dress-up**"(修饰)→"**Axis and Thread**"进行选择。

6.3.2 创建其他基本视图

基本视图是物体向基本投影面投射所得的视图，共有 6 个：主视图、俯视图、左视图、右视图、仰视图和后视图等，主视图是其中最重要的一个视图。

在 CATIA V5 中，自动创建得到主视图后，才可以在此基础上创建其他基本视图，操作方法为：

(1) 单击图 6-8 中"**Projections**"子工具栏的"**Projection View**"(投影视图)工具命令图标，移动指针至主视图上、下、左、右的某一位置时，指针处将显示一个同图 6-12 类似的视图预览，指针移至主视图下方，即生成俯视图，移至右侧，即生成侧视图，依此类推。

(2) 对投影的视图预览满意后单击，系统即自动创建得到所需的某一基本视图。

(3) 以主视图为参照，按上述方法创建所需的基本视图，如俯视图和右视图(左视图、仰视图)等。

此时主视图处于激活状态，其视图边框线为红色，以其为参照所创建的投影视图边框线则为蓝色。移动主视图则全体视图都移动，也可单独移动某视图。

(4) 双击边框线激活侧(左)视图，其边框线变为红色，再通过创建投影视图的方法生成后视图。如图 6-18 所示是按上述方法创建得到的按标准位置配置的六个基本视图。

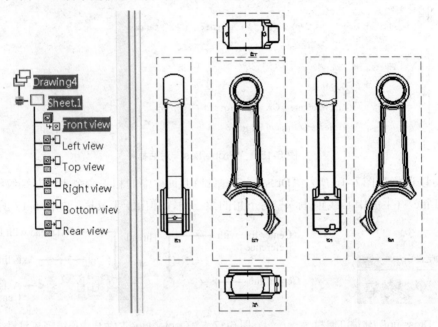

图 6-18　投影生成的六个视图

从以上操作可以看出：任何投影都可以作为基础向其各个方向生成基本视图。

6.3.3　创建向视图

向视图是按投影关系生成的视图，适于观察一些倾斜、不规则的实体结构等。

生成向视图的操作方法为：将指针放在到要移位的某一基本视图的边框线上，指针变成小手形状后右击，如图 6-19 所示，在弹出的快捷菜单中选择"View Positioning"(视图定位)选项，下一级有四种不同的移位方式命令——"Set Relative Position"(设置相对位置)、"Position Independently of Reference View"(自由移位)、Superpose(重合移位)和"Align Views Using Elements"(使用元素对齐移位)。

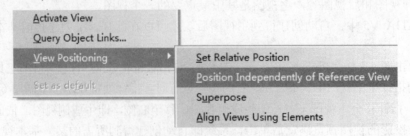

图 6-19　基本视图的右键快捷菜单

自由移位后，可以在向视图的右键快捷菜单中通过选择"View Positioning"→"Position

According to Reference View"(恢复移位)命令来实现复位，使向视图恢复到其对应基本视图的标准配置位置。

6.3.4　创建局部视图

局部视图是将机件某一部分向基本投影面投射所得的视图。可以应用如图 6-8 所示"Clippings"(裁剪)子工具栏上的命令 来裁剪某一基本视图以得到局部视图，图标含义依次为"Clipping View"(裁剪视图)、"Clipping View Profile"(裁剪视图轮廓)、"Clipping View"(快速裁剪视图)、"Clipping View Profile"(裁剪视图)。

创建局部视图的操作方法为：激活图 6-18 所示视图的右视图，单击工具命令图标，单击视图上一点，将以此点为圆心绘制一个圆，如图 6-20(a)所示,确定圆的范围并在视图上单击，将自动剪裁掉多圆轮廓之外的部分，生成局部视图，如图 6-20(b)所示。

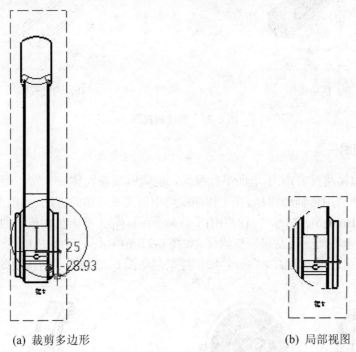

(a) 裁剪多边形　　　　　　　　　　(b) 局部视图

图 6-20　将右视图裁剪成局部视图

应用"Clipping View Profile"工具命令图标则以绘制的多边形轮廓来裁剪视图生成局部视图。

6.3.5　创建斜视图

斜视图是将机件向不平行于基本投影面的平面(投影面垂直面)投射所得的视图。

创建斜视图的操作方法为：激活图 6-18 所示视图的主视图，单击"Projections"子工具栏中的"Auxiliary View"(斜视图)工具命令图标；拾取连杆大头剖分面上的两点来定义斜视图的投影面，沿投影方向移动指针，出现斜视图投影及虚线框，如图 6-21(a)所示；将视图移至合适位置并单击，即生成斜视图，如图 6-21(b)所示。

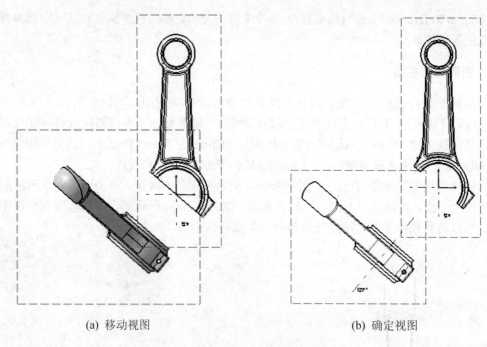

(a) 移动视图　　　　　　　　　(b) 确定视图

图 6-21　创建斜视图

6.3.6　创建轴测图

轴测图(也称轴测投影)属于单面平行投影，能同时反映物体长、宽、高三个方向的形状，在产品设计中常用作辅助图样。在工程图模块中创建轴测图的方法为：单击"Projections"子工具栏中的"Isometric View"(轴测图)工具命令图标回；单击机件模型的任意部位，工程图工作台即显示轴测图预览和调整圆盘，如图 6-22(a)所示；拖动绿色虚线框至满意位置，单击圆盘中心按钮或图纸页的空白处，即创建得到如图 6-22(b)所示的轴测图。

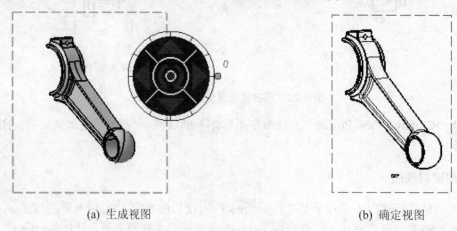

(a) 生成视图　　　　　　　　　(b) 确定视图

图 6-22　创建轴测图

6.3.7　创建剖视图和断面图

剖视图主要用于表达机件内部的结构形状，应用图 6-8 所示的"Sections"(剖视)子工具栏上的工具命令可以创建全剖、半剖、阶梯剖、斜剖、旋转剖等剖视图以及移出断面、重合断面等断面图，而使用"Break View"(断开视图)子工具栏上的工具命令 还可以创建局部剖视图。

1. 全剖视图

全剖视图主要用于表达不对称机件或者外形简单的对称机件的内部结构形状。操作方法为：激活图 6-18 中的主视图，单击"Sections"子工具栏中的"Offset Section View"(剖视图)工具命令图标 ；拾取视图之外的两个点(图中为从上到下)引出一条线来定义一个剖切平面，如图 6-23(a)所示，同时实体模块中显示一个与图 6-23(a)对应的平面正在剖分实体模型；在工程图中右移指针，将出现沿移动方向投射的绿色虚线框围住的投影，如图 6-23(d)所示；移至合适位置单击确认，即生成全剖视图，如图 6-23(d)所示。

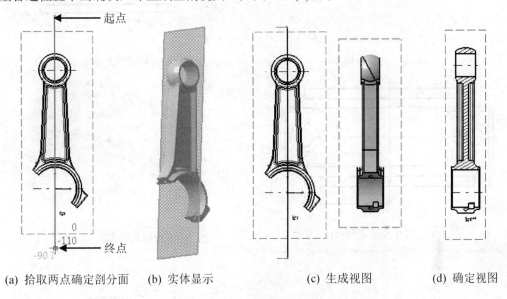

(a) 拾取两点确定剖分面　　(b) 实体显示　　　　(c) 生成视图　　　(d) 确定视图

图 6-23　创建全剖视图

指针移至剖面线上，右击，在弹出的快捷菜单中选择相应命令，弹出"Properties"对话框，在其上的"Pattern"选项卡中修改"Angle"(剖面线倾斜角)和"Pitch"(间距)值，单击"OK"按钮即可更改剖面线的属性。

2. 半剖视图

对于具有对称平面的机件，其内外形状都需要表达时可以采用半剖。以对称中心线为界，一半画成剖视图，另一半画成视图的图形就是半剖视图。

以连杆盖为例进行操作说明：

(1) 打开如图 3-131 所示 gangai.CATPart 文件(见随书光盘第 3 章模型文件)。

(2) 进入工程图工作台，单击主视图工具命令图标 ，若选择坐标平面(如 xy 平面)，将生成斜置的视图，如图 6-24(a)所示，在当前视图右击角度数值设置当前角度值为 230°，则生成端正视图；单击工具命令图标 ，按图 6-24(b)所示投影方向创建主视图和俯视图。

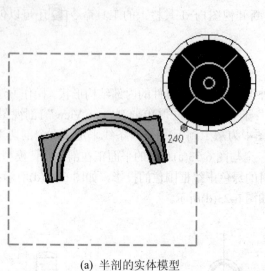

(a) 半剖的实体模型

(b) 在俯视图上定义剖切平面

(c) 直接生成的半剖视图

(d) 在俯视图上定义剖切平面

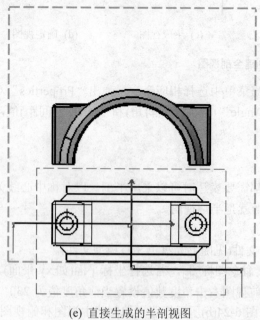

(e) 直接生成的半剖视图

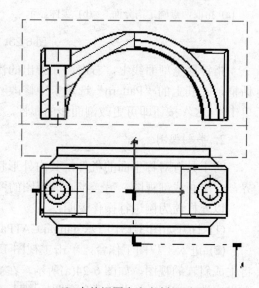

(f) 在俯视图上定义剖切平面

图 6-24　创建半剖视图

(3) 激活俯视图,单击工具命令图标 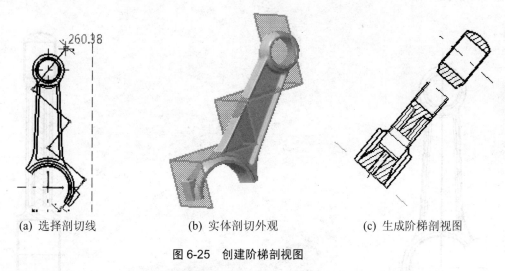,在俯视图上绘制折线来定义剖切平面的位置,折线可以增加拐点而增加折线段数,如图 6-24(c)所示,在拾取最后一点后双击以结束折线绘制,而图 6-24(d)所示为实体模块所显示的切面剖分形状,图中显示视图内横线可实现剖视,视图外横线可外视或断视,竖线则为它们的断面线。

(4) 如图 6-24(e)所示,向上移动指针,单击以确认位置,生成主视图的半剖视图,如图 6-24(f)所示。

隐藏或删除半剖视图上多余的文字(如视图名称)和图线(如过渡线),以及修改剖面线的属性——倾斜角度及间距,最终得到规范的半剖视图。

3. 阶梯剖视图

阶梯剖视图是用两个或两个以上相互平行的剖切平面剖开机件所得的剖视图,对于内部结构(如孔、槽等)中心线排列在两个或多个互相平行平面内的(壳体类等)机件常采用阶梯剖。创建阶梯剖的操作方法与创建全剖方法基本一样。

操作方法为:对于图 6-14 创建的主视图,单击剖视工具命令图标 ,如图 6-25(a)所示,依次拾取起点、转折点和终点,拐角成直角,实体显示的被剖切形状如图 6-25(b)所示,在终点双击结束拾取;向左上方向移动指针,确认后即生成斜剖视图,如图 6-25(c)所示。

(a) 选择剖切线   (b) 实体剖切外观   (c) 生成阶梯剖视图

图 6-25 创建阶梯剖视图

4. 斜剖视图

对于机件倾斜部分的内部结构和形状可采用斜剖方式进行表达。

创建斜剖视图具体的操作方法为:对于图 6-14 创建的连杆杆身主视图,单击剖视工具命令图标 ,如图 6-26(a)所示,过机件倾斜部分拾取起点和终点绘制一条直线,实体显示的被剖切形状如图 6-26(b)所示,向上方向移动指针,确认后即生成斜剖视图,如图 6-26(c)所示。

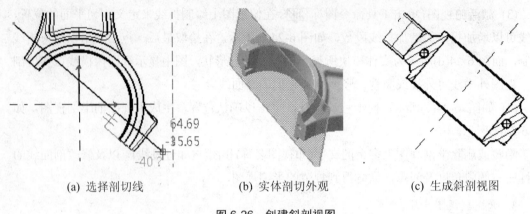

(a) 选择剖切线　　　　　　(b) 实体剖切外观　　　　　(c) 生成斜剖视图

图 6-26　创建斜剖视图

5. 旋转剖视图

旋转剖是指应用两个相交的剖切平面来剖切机件的方法，适合于机件中存在多条对称线相交的情况。其操作方法为：对于图 6-14 创建的主视图，单击剖视子工具栏中的"Aligned Section View" (旋转剖)工具命令图标 ；如图 6-27(a)所示，依次拾取主视图上起点、转折点(可以多个)及终点来定义两个相交的剖切平面，此时实体外观被剖切状况如图 6-27(b)所示，在终点双击以结束拾取；向右移动指针至适当位置，单击确认，即生成旋转剖视图，如图 6-27(c)所示。

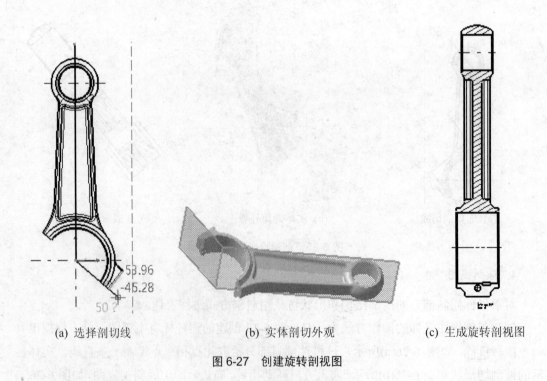

(a) 选择剖切线　　　　　　(b) 实体剖切外观　　　　　(c) 生成旋转剖视图

图 6-27　创建旋转剖视图

6. 局部剖视图

局部剖视图是用剖切面局部剖开机件所得到的视图，一般用于表达该部位内部结构形状，或用于不宜采用全、半剖视图表达的地方。

创建局部剖视图的操作方法如下：

(1) 打开图 6-14 创建的主视图，单击 "Break View" 子工具栏中的 "Breakout View" (局部剖视图)工具命令图标![icon]，在主视图上连续拾取几个点形成封闭多边形，来确定局部剖切的范围，如图 6-28(a)所示。

(2) 弹出 "3D Viewer" (三维观察)窗口，可以通过拖动剖切面来确定剖切位置，并可翻转以方便观察，如图 6-28(b)所示；如果选中窗口左下侧的 "Animate" (动画)复选框，则当指针移至某个视图处时，三维预览视图将自动翻转到视图的投影方位。

(3) 单击三维观察窗口下的 "OK" 按钮，即生成局部剖视图，如图 6-28(c)所示。

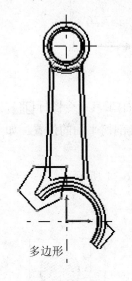 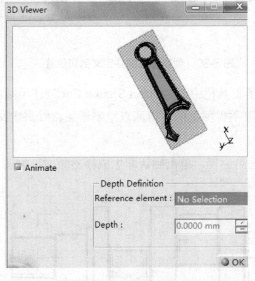 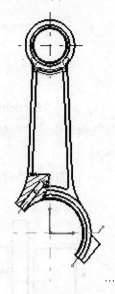

(a) 确定剖切范围　　　　　　　(b) 可视化调整剖切面的位置　　　　　(c) 生成的局部剖视图

图 6-28　创建局部剖视图

6.3.8　创建断面图

1. 移出断面图

移出断面图用来表达机件某部分截断面的结构形状，通常需要移出在视图外绘制。

创建移出断面的操作方法为：

(1) 打开如图 6-29 所示的曲轴零件模型文件(见随书光盘第 3 章文件 crankshaft.CATPart)。

图 6-29　移出断面实体模型

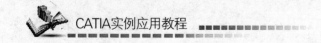

(2) 进入工程图工作台,创建主视图,如图 6-30 所示,若需要可应用右键快捷菜单以修改主视图属性,添加 "Center Line"、"Axis" 及 "Thread" 等修饰线条。

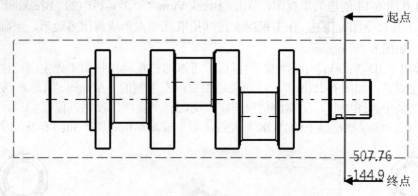

图 6-30　创建主视图并定义剖切位置

(3) 单击 "Sections" 子工具栏中的 "Offset Section Cut" (移出断面)工具命令图标 ，依次在曲轴轴端键槽处拾取主视图上的上下两点绘制一条直线来定义剖切平面的位置,如图 6-38 所示。

(4) 向右移动指针至适当位置,单击确认即生成移出断面,如图 6-31 所示。

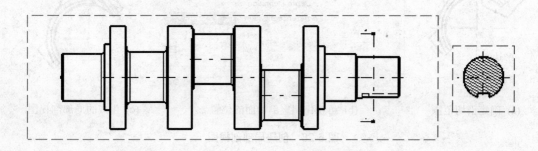

图 6-31　生成移出断面

再对图 6-31 属性进行修改,去除不合要求的倒角等线条,最终得到移出断面图。

2. 重合断面图

重合断面图用于表达机件某部分截断面的结构形状,通常在视图内绘制。

创建重合断面的具体操作方法为:打开如图 6-18 所示创建的主视图,单击 "Sections" 子工具栏中的 "Offset Section Cut" (移出断面)工具命令图标 ；过连杆杆身处拾取左右两点定义剖切平面,向右移动指针,生成移出断面;修改移出断面轮廓线的图形属性,将粗实线改为细实线,并按创建向视图的方法移动该断面图至视图内的剖切位置处,得到重合断面,如图 6-32 所示。

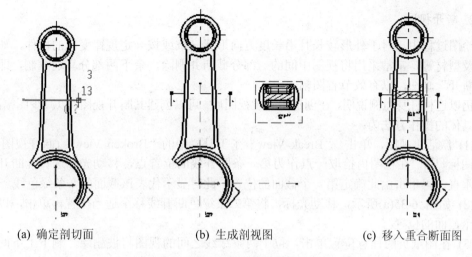

(a) 确定剖切面　　　　　(b) 生成剖视图　　　　　(c) 移入重合断面图

图 6-32　创建重合断面图

6.3.9　创建其他规定画法的视图

图 6-8 还显示有局部放大图和断开视图两组子工具栏。

1. 局部放大图

局部放大图适用于把某些因图幅相对较小使得机件视图表达不清楚或不便于标注尺寸的细节视图用放大比例的方法绘制的场合。

一般需要放大绘制的局部用圆圈出。如以图 6-28 所示的连杆杆身为例，在创建得到主视图及重合断面图后，需要进一步介绍其两侧开槽结构，继续进行如下操作：激活主视图，单击"Details"(局部放大)子工具栏中的"Detail View"(局部放大图)工具命令图标 ；在欲放大的轴肩部位拾取一点作为圈出圆的圆心，拖动鼠标至合适位置单击确认，即得到一个大小合适的引出圆 B；再移动指针，显示被(蓝色虚线圆)圈住部分的局部放大图预览，移至适当位置时单击，即得到局部最大图，如图 6-33 所示。

图 6-33 中显示默认的放大比例是"2:1"，若需要改变放大比例，右击左侧结构树中的"Detail B"结点，在弹出的快捷菜单中选择"Properties"命令，如图 6-34 所示，在 View 选项卡中重新设置比例值即可。

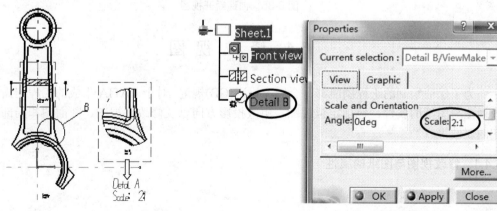

图 6-33　生成局部放大图　　　　　图 6-34　"Properties"对话框

2. 断开视图

绘图过程中，对于外形较长且沿长度方向形状一致或按一定规律变化的机件，如轴、连杆及型材等，常常采用将视图中间的一部分截断并删除，余下两部分靠近绘制，即所谓的"断开"画法，以有效节省图幅。

仍以连杆杆身为例说明，在创建得到主视图后，可以创建其断开视图，以减少图幅高度。具体的操作方法为：

(1) 激活主视图，单击 "Break View" 子工具栏中的 "Broken View" (断开视图)工具命令图标 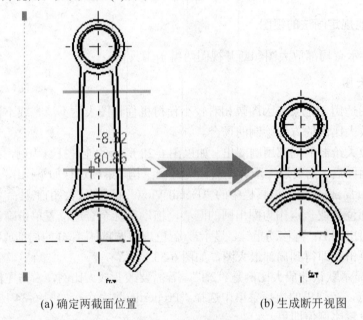，在视图内拾取一点作为第一条断开线的位置点，移动光标选择互断开线水平或垂直，再单击由此确定第一个截面的位置，此时显示代表该截面的一条绿色线。

(2) 如图 6-35(a)所示，移动光标，将第二条绿色断开线移至适当位置再单击，以确定第二个截面的位置。

(3) 在图纸页的任意位置单击，位于两条绿线之间的视图将被删除，剩下上下两部分靠近，生成断开视图，如图 6-35(b)所示。

(a) 确定两截面位置　　　(b) 生成断开视图

图 6-35　创建断开视图

6.4　修　改　视　图

为了保证绘制的工程图能够符合国家标准(GB)规定，对于 CATIA 生成的工程图需要修改视图与图纸的属性，包括定位视图、更改投影方向以及修改剖视图、断面图和局部放大图的属性等。

6.4.1　修改视图与图纸的属性

1. 修改视图的属性

在创建得到视图后，若需要对视图显示、比例及修饰等属性进行修改，可以按如下方法进行操作：

(1) 在视图的结构树对应视图结点名称或者边框线上右击，在弹出的快捷菜单中选择"Properties"命令，弹出视图属性对话框，如图 6-36 所示。

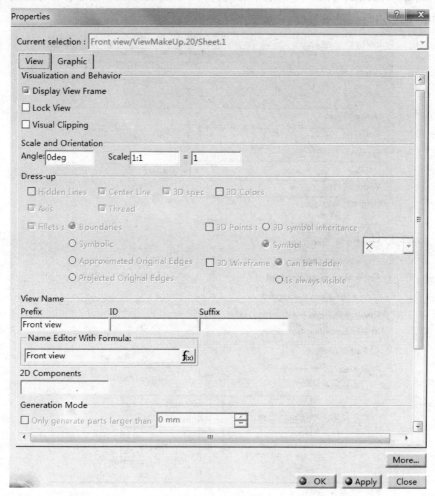

图 6-36 视图属性对话框

(2) 在"View"(视图)选项卡中可以修改的属性有："Display View Frame"(显示视图的边框)、"Lock View"(锁定视图)、"Visual Clipping"(视图可见性修剪，选中此项后，在相应视图中将出现一个调整大小的矩形窗口，只显示位于窗口内的图线)，以及图 6-34 已显示的"Scale and Orientation"(视图的比例和倾斜角度)、图 6-16 中已经介绍的"Dress-Up"(视图的修饰)、"View Name"(定义视图名称)和"Generation Mode"(视图的生成模式)。

2. 修改图纸的属性

右击如图 6-18 所示左侧结构树的图纸名称"Sheet.1"等，在弹出的快捷菜单中选择"Properties"命令，在弹出的图 6-37 所示的图纸属性对话框中可以对图纸的属性进行修改："Name"(图纸名称)、"Scale"(绘图比例)、"Format"(图纸幅面)、图幅方向("Portrait"或"Landscape")，"Projection Method"(投影法)栏下有两个选项分别为"First angle standard"

(第一角投影法，选择后符号为 ⫐⬯)和 "Third angle standard"(第三角投影法，选择后符号为 ⬯⫐)，"Generative views positioning mode"(视图生成位置模式)栏下有两个选项分别为 "Part bounding box center"(按零件边框中心对齐)和"Part 3D axis"(按零件三维坐标系对齐)，以及"Print Area"(打印区域)设置。

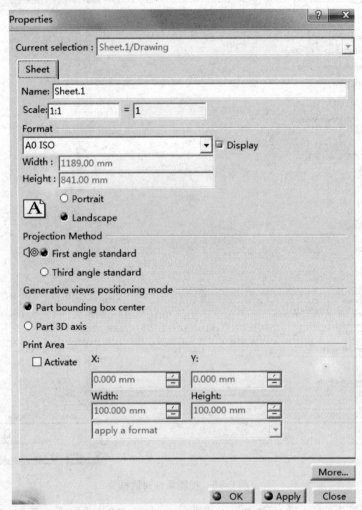

图 6-37　图纸属性对话框

3. 修改视图标记的属性

右击图 6-33 中断面图中的投影箭头或表示放大图的圆圈等，在弹出的快捷菜单中选择 "Properties" 命令，将弹出标记属性对话框，如图 6-38 所示，即为 "Callout" 选项卡下的窗口显示。

图 6-38 所示对话框中的 "Callout" 选项卡中包含的选项内容及功能如下：

(1)　"Auxiliary/Section views"(斜视图/剖视图及断面图)栏设置。

① 栏中有四种不同的剖切符号样式，最下部视图标记预览窗口即为该符号的预览。

② "Line thickness"(连接线的线宽)，数值输入框可修改线宽。

③ "Line type"(连接线的线型)可用于修改线型。

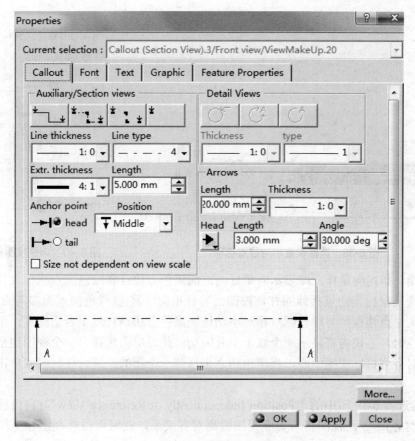

图 6-38 标记属性对话框

④ "Extr.thickness"(剖切符号的短粗线段的线宽)。

⑤ "Length"(剖切符号的短粗线段的长度)。

⑥ "Anchor point"(投影箭头定位锚点),上下选项分别为指向剖切面和离开剖切面。

⑦ "Size not dependent on view scale"(剖切符号的大小不随视图比例的变化而变化)。

(2) "Detail Views"(局部放大图)栏设置。

① 栏目中三个符号表示从局部引出的三种形式。

② Thickness(圆圈的线宽)。

③ Type(圆圈的线型)。

(3) "Arrows"(箭头)栏可以对 "Arrow Length"(箭头线的长度)、"Head"(箭头形式)、"Length"(箭头长度)和 "Angle"(箭头角度)进行设置。

6.4.2 修改视图的布局

后期创建的视图是在基本视图基础上按一定对齐关系生成的。为了合理布置,需要将创建的向视图、局部视图、斜视图、斜剖视图等移位到合理的位置。可按如下方法进行视图移位:

(1) 以图 6-33 生成的局部放大视图为例,右击视图边框(不需激活),如图 6-39 所示,在弹出的快捷菜单中选择 "View Positioning"→"Set Relative Position"(设置相对位置)命令,将显示可提供调整视图相对位置的向量杆,如图 6-40 所示。

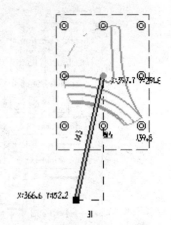

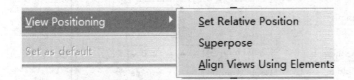

图 6-39　选择设置相对位置选项　　　　　　图 6-40　调整视图相对位置

当把指针指向向量杆，即显示向量杆两端的黑色方块点和绿色圆点坐标及杆长等参数值，可以拖动鼠标使向量杆伸缩并使视图沿着杆指向平移(以绿色圆点为参考点)；还可以拖动绿色矢量点使视图与绿色圆点相对不动地绕黑色方块点转动至合适位置；单击向量杆的黑色端点时，方块内将显示一个红十字并闪动，此时单击选择另一个视图边框，黑色端点将自动对齐到目标视图中心，视图也随之平移到一个新的位置。任何时候单击，向量杆将消失。

(2) 若选择 6-19 图中的 "Position Independently of Reference View"(自由移位，不与参照视图对齐)命令，视图将与参照视图脱离对齐关系，此时可以将视图移至图纸内的任意位置。

(3) 若选择 6-39 中的 "Superpose"(叠加)选项，再选择要叠放到的目标视图，则前一视图自动叠加到目标视图之上。

(4) 当选择 "Align Views Using Elements"(按元素对齐视图)命令，依次选择要移位视图和参考视图中的一条图线，视图即通过对齐两条线的规则来实现对齐移位。

6.4.3　修改视图及剖视图的定义

若需要改变视图投影方向或更改剖切位置，可以对视图或剖视图进行重新定义。

(1) 若要修改主视图投影方向，操作方法为：在主视图边框上右击，在弹出的快捷菜单中选择 "Front view object"(主视图对象)→ "Modify Projection Plane"(修改投影面)命令，如图 6-41 所示；到相应的零件或装配设计工作台重新选择投影面，系统自动返回到工程图模块，生成新的主视图预览，调整圆盘并确认完成修改，原视图消失；继续单击更新工具命令图标 菜单项，由原视图生成的其他投影视图随之被更新。

(2) 若要修改斜视图的定义，采用方法为：右击斜视图标记符号，如图 6-42 所示。

在弹出的快捷菜单中选择 " Callout(Auxiliary View).1 object "(斜视图标记对象)→ "Definition" 命令，系统将转入轮廓编辑工作台，其界面如图 6-43(a)所示，单击 "Edit/Replace"(编辑/替换)工具栏中的 "Replace Profile"(替换轮廓)工具命令图标 ，图标变成橙色，绘制新的截面线，如图 6-43(b)所示，若需要也可单击 "Invert Profile Direction"

(反转投影方向)工具命令图标 ![fig], 调整方向；单击工具命令图标 ![fig]即退出编辑并返回到工程图工作台，自动更新完成修改。

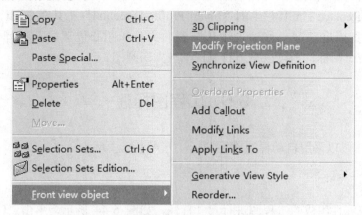

图 6-41　通过右键快捷菜单选择修改投影面

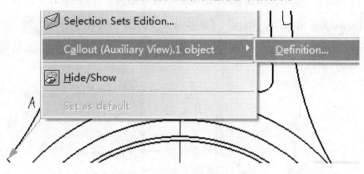

图 6-42　快捷菜单选择指示

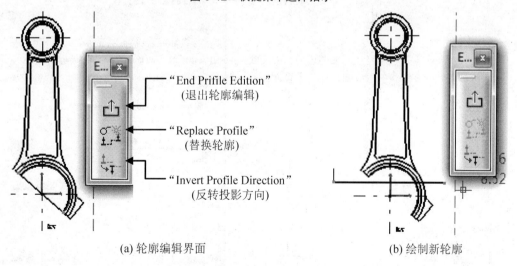

(a) 轮廓编辑界面　　　　　　　　　　　(b) 绘制新轮廓

图 6-43　替换轮廓方法

(3) 若要修改剖视图的定义，采用的方法为：操作开始同修改斜视图，在选择"Definition"命令进入轮廓编辑工作台后，通过单击"Edit/Replace"工具栏上的"Replace Profile"工具命令图标，实现对剖视图或其位置的替换；若单击"Invert Profile Direction"工

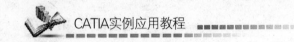

具命令图标可以改变投影方向。

(4) 若修改局部放大图的定义，采用的操作步骤同上，不同之处在于进入轮廓编辑工作台后，"Edit/Replace"工具栏上的"Invert Profile Direction"工具命令图标变成灰色，此时可以用鼠标直接拖动圆心移动来调整圆圈的大小和圆心位置，若选择单击"Replace Profile"工具命令图标，则可以重新绘制局部放大图圆圈。

6.5　工程图标注

创成式制图可以采用自动标注或手动标注方式来标注尺寸。

6.5.1　自动标注尺寸

(1) 对杆身零件生成的工程图进行尺寸标注，如图 6-44 所示，单击"Generation"(生成尺寸)工具栏中的"Generated Dimensions"(一次性生成尺寸)工具命令图标 或 "Generated Dimensions Step by Step"(逐步生成尺寸)工具命令图标 ，将弹出如图 6-45 所示的"Dimension Generation Filters"(尺寸生成过滤器)对话框，此过滤器可以在"Options"对话框中进行设置应用。

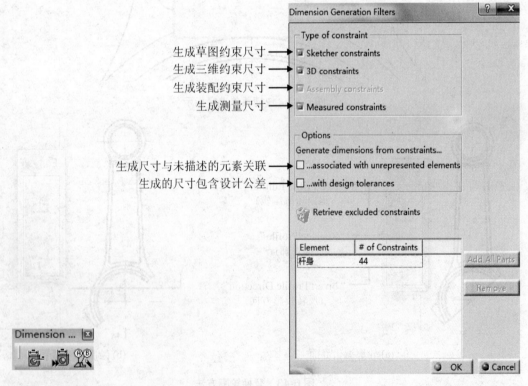

图 6-44　"Generation"　　图 6-45　"Dimension Generation Filters"(尺寸生成过滤器)对话框
　(生成尺寸)工具栏

选中"Type of constraint"(约束类型)栏中的"Sketcher constraints"(草图约束)、"3D constraints"(三维约束)及"Measured constraints"(测量约束)复选框，单击"OK"按钮即生成图 6-46 所示的"Generated Dimensions Analysis"(生成尺寸分析)对话框，对话框中显示分析约束的个数为 44，分析尺寸的个数为 4，下方显示三维的约束分析，下面的三种约束分析中只能选一种，而二维草图的尺寸分析中新生成尺寸分析与生成分析为二选一，单击"OK"按钮即可进行自动标注。

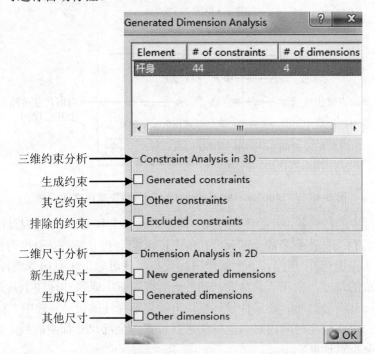

图 6-46　"Generated Dimensions Analysis"(生成尺寸分析)对话框

(2) 如果应用一次性生成尺寸工具来生成尺寸标注，单击工具命令图标 将会一次性生成所有的尺寸，如图 6-47 所示。

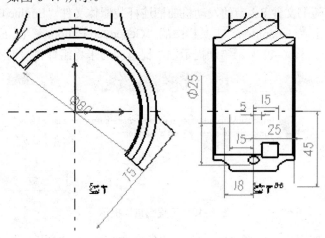

图 6-47　一次性标注尺寸结果

从图 6-47 中可以看出，一次性生成尺寸标注虽然方便，但若在尺寸约束多时，会出现

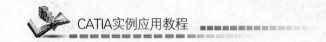

标注过于杂乱现象，还需要调整标注位置或进行删改，所以有时反而不适用。

如果应用逐步生成尺寸工具来生成尺寸标注，单击工具命令图标，将会弹出"Step by Step Generation"(逐步生成尺寸)对话框，如图 6-48 所示。

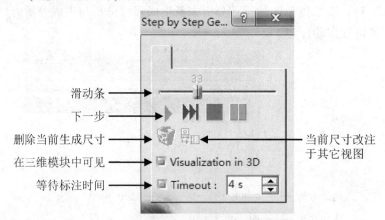

图 6-48 "Step by Step Generation"(逐步生成尺寸)对话框

单击对话框中的按钮▶，开始逐项标注，同时滑动条右移并显示正在标注尺寸的序号；单击按钮▶▶，将自动标注剩余的全部尺寸；单击按钮■，停止标注，退出弹出生成尺寸分析对话框；单击按钮▮▮，暂停，下面两个图标变亮，此时单击工具命令图标，可以删除当前步骤生成的尺寸，单击工具命令按钮则将当前生成尺寸标注于其他视图。选中"Visualization in 3D"复选框，在零件设计模块也能显示标注的尺寸；选中"Timeout"复选框并设置时间，可在规定时间内对当前标注进行设置。全部尺寸都生成后，对话框消失，弹出生成尺寸分析对话框。

自动生成的尺寸标注在位置上往往不能满足用户的要求，可以通过拖动的方法重新布置尺寸线的位置，如果在拖动的同时按住 Shift 键，则还可以调整尺寸数字的位置。

(3) 图 6-45 中所示的"Assembly constraints"(装配约束)复选框需要在对装配体生成装配图时才可选，如以随书文件 8.3 节的发动机曲柄连杆装配体文件"Engine Product"生成的工程图标注为例。单击"Generation"工具栏中的"Generated Balloons"(生成零件编号)工具命令图标，将弹出如图 6-49 所示错误提示框，提示因为未将组件排号而不能生成编号。

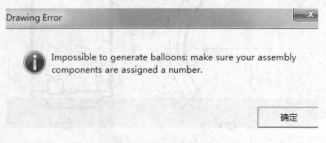

图 6-49 工程图错误提示

单击"确定"按钮后，选择"Insert"→"Generation"→"Bill of material"(材料表)→"Advanced Bill of material"(高级材料表)命令，弹出"Bill of Material Creation"(生成材料表)对话框，如图 6-50 所示。单击"OK"按钮，对话框消失回到视图，单击视图或视图外

框，再任意单击主视图内一点即在此处生成材料表，如图 6-51 所示。单击工具命令图标 ，可自动生成以圆圈包围的数字作为零件编号，可以随意拉动圆圈使数字编号移动至视图的任一位置。

图 6-50 生成材料表

注意：如果仅打开工程图，实体零件或装配体处于关闭状态，生成尺寸工具栏则显示为灰色，无法自动生成尺寸及零件编号，各种投影视图也无法完成。

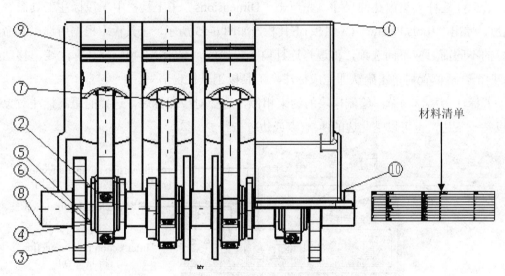

图 6-51 装配图生成高级材料表及零件编号

6.5.2 交互标注尺寸

对于自动生成或交互绘制的视图，都可以采用交互方式进行尺寸标注，如图 6-52 所示，通过 "Dimensions" (标注尺寸)工具栏及其子工具栏中的各种工具命令来完成尺寸标注，完成以上尺寸标注后，再根据设计技术要求添加尺寸公差和形位公差。

图 6-52 中的 "Dimensions" (标注尺寸)子工具栏中的各个工具命令图标涵盖了所有的标注功能，应用这些工具命令可以依次标注线性尺寸、连续尺寸、累积尺寸、堆栈尺寸、长度/距离尺寸、角度尺寸、半径尺寸、直径尺寸、倒角尺寸、螺纹尺寸，点坐标尺寸、孔尺寸表及点坐标表等。

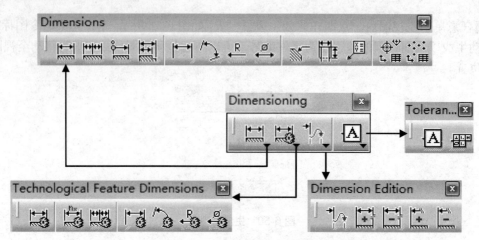

图 6-52 "Dimensions"(标注尺寸)工具栏及其子工具栏

若标注连杆大头内孔的尺寸，先单击"Dimensions"子工具栏中半径标注工具命令图标 R，弹出"Tools Palette"(工具板)工具栏，如图 6-53 所示，工具板中根据所选工具命令图标的不同而对应不同选项，再选择连杆内孔投影线，显示"R40"尺寸标注线，移动尺寸(线)至合适位置后单击确认即完成标注，工具板工具栏也消失。

若标注距离，与草图绘制模块的约束相似，选择对应图标后，选择的距离标注对象既可以是一条边，也可以是此边的两端(点或边)。

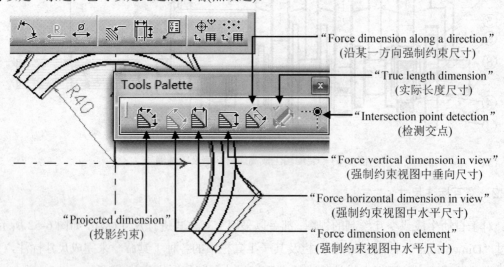

图 6-53 尺寸标注工具板

6.5.3 编辑尺寸标注

(1) 与草图约束尺寸处理方法相同，可以拉动标注好的长度(距离)尺寸线至合适位置以方便观察，对于半径(直径)尺寸线，拉动后则会绕圆心转动；若沿尺寸线轴向方向移动则尺寸会拉出，且可以通过"Text Properties"(文本属性)工具栏更改尺寸标注的文字字号。

(2) 若要修改某尺寸数值，右击该尺寸在弹出的快捷菜单中选择"Properties"选项，弹出尺寸属性对话框，如图 6-54 所示，在对话框中即可以修改尺寸的各项属性。

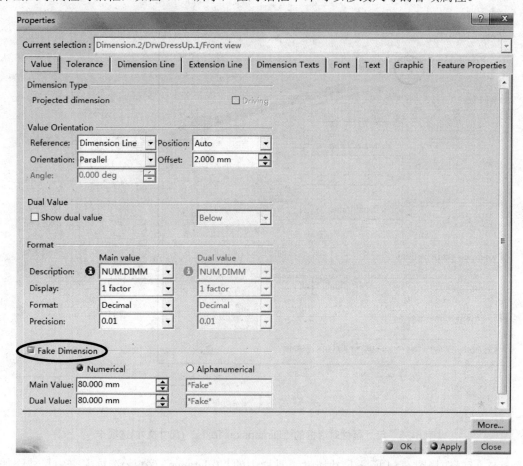

图 6-54　尺寸属性对话框的"Value"(尺寸数值)选项卡

在尺寸属性对话框的"Value"(尺寸数值)选项卡中选中右下角的"Fake Dimension"(替代尺寸)复选框，选中"Numerical"单选按钮，在"Main Value"(基本尺寸)输入框可输入尺寸数值；若选中 Alphanumerical(字母数字混合编制的)单选按钮，可输入数字与字母混合型尺寸数值。单击"OK"按钮退出，尺寸数值即发生改变。

(3) 若要为基本尺寸添加前缀和后缀，在图 6-54 尺寸属性对话框选择 "Dimension Texts"(尺寸文本)选项卡，如图 6-55 所示。

单击工具命令图标⏀右下角的黑三角，弹出右侧的"Insert Symbol"(插入符号)，可以选择其中相应的符号来描述尺寸或公差等类型。还可以在"Main Value"的前后位置添加需要的前、后缀，以及在上下位置添加文字；"Dual Value"(双值尺寸)也可同样处理。

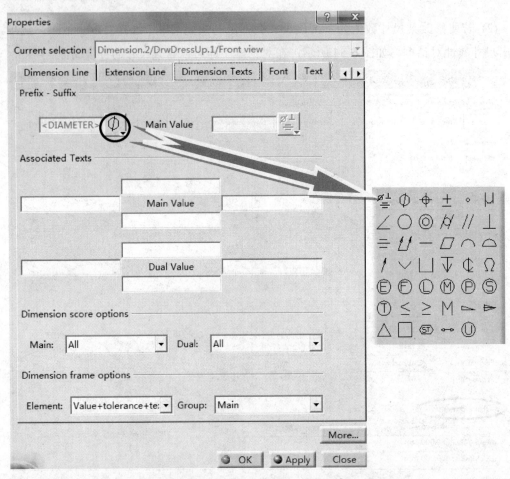

图 6-55　尺寸属性对话框的"Dimension Texts"(尺寸文本)选项卡

(4) 可以选择图 6-54 所示尺寸属性工具栏中的"Tolerance"(公差)选项卡来为尺寸添加公差；也可以选择"Dimension Properties"(尺寸属性)工具栏的"Tolerance"(公差)选项进行尺寸公差标注，如图 6-56 所示。

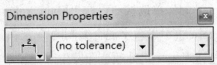

图 6-56　"Dimension Properties"尺寸属性工具栏

① 选择欲标注尺寸公差的尺寸，"Dimension Properties"(尺寸属性)工具栏中的工具被激活(由灰变亮)。

单击第一组文字标注形式下的三角，弹出四种标注形式，如图 6-57(a)所示，选择其中的传统标注形式。

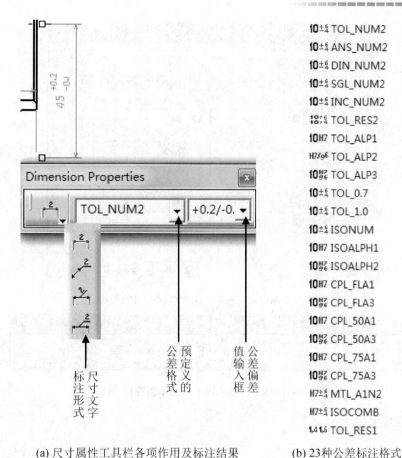

(a) 尺寸属性工具栏各项作用及标注结果　　　　(b) 23种公差标注格式

图6-57　尺寸属性工具栏的应用

单击"(no tolerance)"选择框右下角的黑三角,弹出23种公差格式,如图6-57(b)所示,选择其中需要的一种,即可对选中尺寸按此公差格式进行标注。

选择一种公差格式(如图6-57(b)中的"TOL_NUM2"),其后公差偏差输入框显示对应格式,手动输入上下偏差,用"/"隔开,则尺寸标注如属性框上部所示。满意后在图纸页上单击确认,完成公差标注。若要对已标注尺寸公差进行编辑,只需双击该尺寸,即可按要求进行修改。

② 也可应用图6-54所示的尺寸属性对话框来标注公差:右击尺寸,在弹出的快捷菜单中选择"Properties"命令,选择弹出尺寸属性对话框的Tolerance选项卡,如图6-58所示。在"Main Value"下拉列表中选择需要的公差格式(同图6-57),然后在"Upper value"(上偏差值)和"Lower Value"(下偏差值)两个输入框中分别输入上、下偏差值,单击"OK"按钮,即完成尺寸公差的标注。

若基本尺寸或公差值的字号太小,可以在图6-59所示的"Text Properties"(文本属性)工具栏中可以设置字高,还可以在后面的各项标注中设置输入文字的字体、格式、对齐方式及插入的特殊符号等。

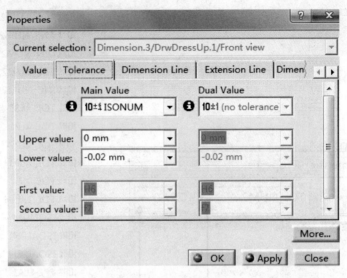

图 6-58　尺寸属性对话框的"Tolerance"(公差)选项卡

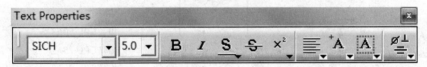

图 6-59　"Text Properties"(文本属性)工具栏

6.5.4　标注形位公差

单击图 6-52 中"Tolerancing"子工具栏的工具命令图标 <!--icon-->，可以对工程图各要素标注各项形位公差。操作方法如下：

(1) 单击"Geometric Tolerance"(形位公差)工具命令图标 <!--icon-->，选择要标注形位公差的某个要素，如图 6-60(a)中边线，图中显示一实心圆点为定位点，同时出现一个形位公差预览框格，此时拖动鼠标，预览框格将随之移动，与定位点之间的直线也随之伸缩。

(2) 指针移至满意位置，单击鼠标即弹出"Geometrical Tolerance"(形位公差)对话框，如图 6-60(b)所示，在"Tolerance"栏中单击形位公差符号右下角的黑三角，将弹出一列如图 6-60(c)所示内容的公差符号，如选择其中垂直度符号"⊥"，后面输入框输入 0.05；若需插入符号，可单击右上"Insert Symbol"(插入符号)图标右下角的黑三角，将弹出一列如图 6-60(d)所示的符号列表，选中一款符号即插入在公差输入框中；在"Reference"(基准)栏依次键入第一、第二及第三基准(系统会智能地根据需要而激活窗口)；单击右侧的"Next line"(下一公差项)和"Previous line"(前一公差项)分别可以增加形位公差项和回看编辑前一公差；"Upper Text"和"Lower Text"上下两个输入框内可以输入文本；设置满意后，单击"OK"按钮即完成形位公差标注。

(3) 选中形位公差标注，如图 6-60(d)所示，公差标注呈橘黄色，拉动下方方块点可移动此连接点，移动双向箭头或公差标注框，则标注框沿箭头方向移动；右击图中黄色菱形点(定位点)，在弹出的快捷菜单中选择"Symbol Shape"(符号形状)命令，将列出各类端点箭头符号，选中 <!--icon--> Filled Arrow(实心箭头)，完成修改后单击确认，标注效果如图 6-60(f)所示。

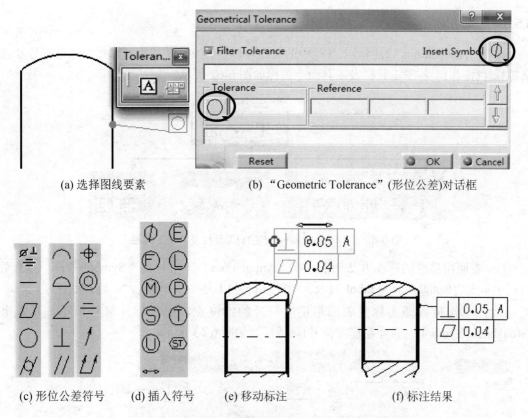

(a) 选择图线要素　　　　(b) "Geometric Tolerance" (形位公差)对话框

(c) 形位公差符号　　(d) 插入符号　　(e) 移动标注　　　(f) 标注结果

图 6-60　选择不同要素时对应的形位公差标注形式

6.5.5　标注基准符号

"Tolerancing"子工具栏还包括标注基准符号图标，操作方法为：单击"Tolerancing"子工具栏中的"Datum Feature"(基准符号)工具命令图标 **A**，选择要标注的基准要素，随之出现一个基准符号预览，拖动鼠标将基准符号移至合适位置后单击，即生成基准标注，如图 6-61 所示；再次应用上述操作，则生成基准"B"的标注。

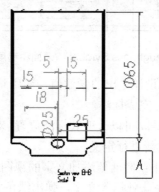

图 6-61　基准符号标注结果

同形位公差标注的修改过程一样，单击选中已有基准标注，拖动鼠标可以改变标注位置。

6.5.6 注释功能

选择"Annotations"(注释)工具栏中的命令可以进行文本、表面粗糙度、焊接符号及表格等标注(操作),各子工具栏及工具命令图标如图 6-62 所示。

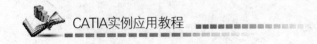

图 6-62 "Annotations"(注释)工具栏及其子工具栏

(1) 表面粗糙度的标注方法如下:在"Annotations"工具栏的"Symbols"(符号)子工具栏中单击"Roughness Symbol"(表面粗糙度符号)工具命令图标;选择欲标注的表面轮廓线,单击位置即为标注表面粗糙度符号的定位点,随之标注符号预览,并弹出"Roughness Symbol"(表面粗糙度符号)对话框,如图 6-63 所示。

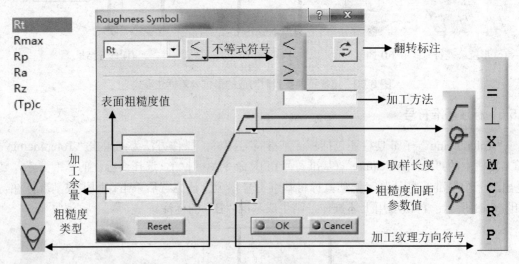

图 6-63 "Roughness Symbol"(表面粗糙度符号)对话框

在对话框的各输入框中键入设计给出的参数值,图中将同步显示标注效果,如图 6-64 所示,满意后单击"OK"按钮,完成标注。

若拖动已有的表面粗糙度符号,可以改变其标注位置;双击标注符号将弹出"Roughness Symbol"对话框,可对其参数重新进行定义。

(2) 文字注释的操作方法如下:激活要添加文字的视图;单击"Text"子工具栏中的工具命令图标 **T**,单击鼠标,将在此处插入文字,弹出绿色文本框以及"Text Editor"(文本编辑器)对话框,如图 6-65 所示;在输入框中输入技术要求的内容,视图中将同步显示输入文字,输入完毕后将文字注释框整体移位到合理位置,单击"OK"按钮即可确认。

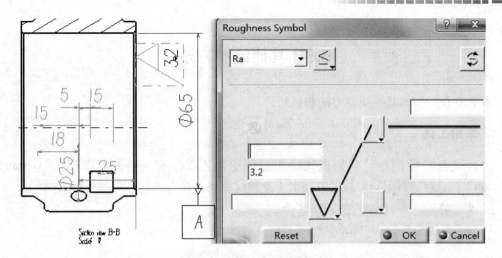

图 6-64 标注表面粗糙度示例

图 6-65 文字注释对话框输入示例

注意：

① 在输入框中编辑文字过程中，按 Enter 键将退出编辑，若要进行下一行输入需要按 Shift+Enter 组合键。

② 若要使文本竖直排列，单击工具命令图标 **T** 后，按住 Ctrl 键的同时在插入文字处单击鼠标，如图 6-66 所示，接下来的文字输入和文本框调整方法同上。

图 6-66 文字注释对话框竖直输入示例

③ 应用图 6-59 所示的文本属性工具栏同样可以设置输入文字的字体、字高、格式、对齐方式和插入的特殊符号等项。

(3) 同理，可以使用"Annotations"(注释)工具栏中的"Text with Leader"(引线文字)工具命令图标 标注引线文字，使用"Balloon"(零件序号)工具命令图标 ⑥ 标注零件序号。

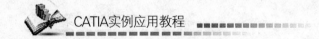

6.6 其他绘制方法

本节将介绍一些其他绘制方法和技巧。

6.6.1 常用工具

进行交互式绘图和一些创成式绘图过程中，需要绘制一些几何图形。"Geometry Creation"(创建几何图形)工具栏中列出了各种绘制工具命令图标，如图 6-67 所示。

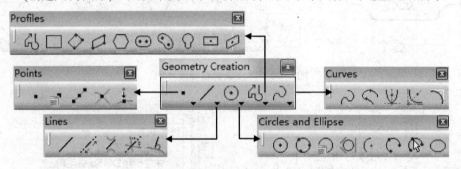

图 6-67　创建几何图形工具栏及其子工具栏

图 6-68 所示"Geometry Modification"(编辑几何图形)工具栏中则包含各种编辑工具图标。

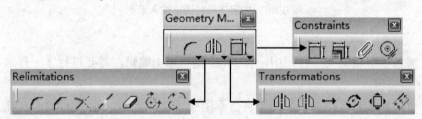

图 6-68　编辑几何图形工具栏及其子工具栏

6.6.2 修饰功能

上面的绘制和编辑工具的用法与草图绘制的方法相同，在此不再赘述；下面介绍修饰几何元素的方法。

"Dress-up"(修饰)工具栏中包含修饰元素的工具命令图标，用于在工程图几何元素上创建中心线、螺纹、轴线、剖面线、箭头等视图修饰元素，如图 6-69 所示。

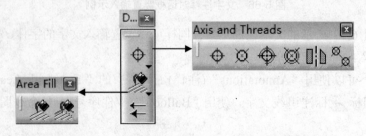

图 6-69　"Dress-up"(修饰)工具栏及其子工具栏

(1) "Center Line"(中心线)工具的操作方法为：单击"Dress-up"工具栏的"Axis and Threads"(轴线与螺纹)子工具栏中的工具命令图标⊕；选择欲添加中心线的圆或圆弧，如图 6-70(a)所示中部的圆孔，选择后即可创建中心线，如图 6-70(b)所示。

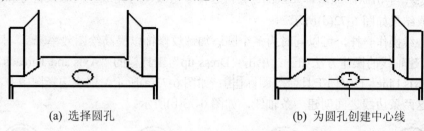

(a) 选择圆孔   (b) 为圆孔创建中心线

图 6-70　创建中心线

同理，若为圆或圆弧添加定向中心线，先单击"Center Line with Reference"(定向中心线)工具命令图标⊠，再选择欲添加中心线修饰的圆或圆弧，最后选择参考线，即完成定向中心线的创建，如图 6-71 所示。

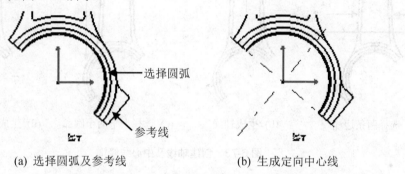

(a) 选择圆弧及参考线   (b) 生成定向中心线

图 6-71　创建定向中心线

注意：可以一次性地选择多个圆或圆弧，再单击创建中心线的工具命令图标为这些圆或弧添加相同种类的中心线；另外拖动中心线端点可以改变所添加中心线的长度。

(2) "Thread"(螺纹)工具的操作方法为：单击"Dress-up"工具栏的"Axis and Threads"子工具栏中的 Thread(螺纹)工具命令图标⊕，弹出"Tools Palette"(工具板)工具栏，如图 6-72(a)所示，其上有"Tap"(内螺纹)和 Thread(外螺纹)两个工具命令图标，可根据设计需要进行选择。

若单击图 6-72(a)中的外螺纹图标，选择要添加螺纹的圆，如图 6-72(b)所示，即可创建螺纹符号和中心线，如图 6-72(c)所示。

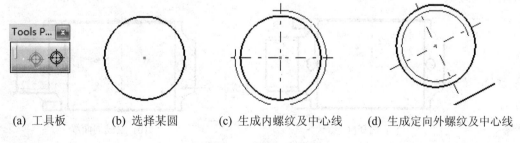

(a) 工具板   (b) 选择某圆   (c) 生成内螺纹及中心线   (d) 生成定向外螺纹及中心线

图 6-72　创建螺纹修饰

同理，若为此圆添加定向螺纹，单击"Thread with Reference"(定向螺纹)工具命令图标，然后在弹出的"Tools Palette"工具栏上选择 "Reference Thread"(定向外螺纹)工具命令图标；单击欲添加修饰元素的圆，再选择参考线即可完成定向螺纹符号和中心线的创建，生成结果如图6-72(d)所示。

同中心线操作一样，可以同时为多个圆添加螺纹修饰以提高绘图效率。

(3) 创建轴线的操作方法如下：单击"Dress-up"工具栏的"Axis and Threads"子工具栏中的"Axis Line"(轴线)工具命令图标；如图6-73(a)所示，依次选择图中左右两条边线，即在这两条边线之间创建一条轴线，如图6-73(b)所示。

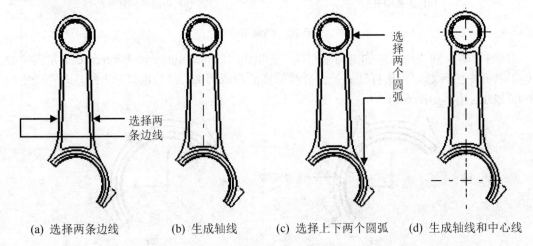

(a) 选择两条边线　　(b) 生成轴线　　(c) 选择上下两个圆弧　　(d) 生成轴线和中心线

图 6-73　创建轴线及中心线修饰

若单击"Axis and Threads"子工具栏中的"Axis Line and Center Line"(轴线与中心线)工具命令图标；再依次选择图6-73(c)中连杆小头外轮廓和大头外轮廓的圆弧，即可同时创建轴线和中心线，如图6-73(d)所示。

(4) 工程图中常用到创建剖视图中的剖面线，这时需要应用区域填充命令，其操作方法为：单击"Dress-up"工具栏中的"Area Fill Creation"(创建区域填充)工具命令图标；弹出的"Tools Palette"工具栏上有两个工具命令图标"Automatic Detection"(自动检测)和"Profile Selection"(轮廓选择)。若单击工具命令图标，再单击欲填充的区域内部，如选择图6-74(a)所示左侧断面区域，则该区域被填充，如图6-74(b)所示；若单击工具命令图标，则需要依次选择围成一个封闭区域的边界轮廓，并在区域内单击，也可填充该区域。

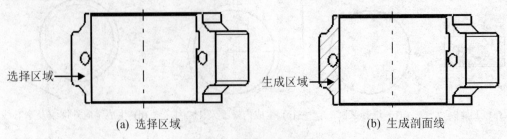

(a) 选择区域　　　　　　　　　　　(b) 生成剖面线

图 6-74　创建区域填充修饰

双击已有的填充(如剖面线)，可在弹出的"Properties"(属性)对话框中对其进行修改。

6.6.3 绘制图框和标题栏

以上绘图及修饰操作都是在"Working Views"(工作视图)图层中进行的，若要直接插入图框和标题栏，需要选择"Edit"(编辑)→"Working Views"命令，由"Working Views"层进入"Sheet Background"(图纸背景)层，才能编辑图框和标题栏；若要绘图，则需要再次单击"Sheet Background"，进入"Working Views"图层。

(1)可以直接利用6.6.1节图6-68中提供的绘图和编辑命令图标直接绘制图框和标题栏。这种方法可以建立设计者需要的图框和标题栏，同规格图纸幅面可以作为模板来使用。

(2) CATIA V5 系统也提供了几款图框和标题栏的模板文件，可以在设计过程中按需求插入使用，插入图框和标题栏的过程为：进入图纸背景，单击工具栏中的"Frame and Title Block"(框架和标题)工具命令图标□，弹出"Manage Frame and Title Block"(插入图框和标题栏)对话框，如图 6-75 所示。

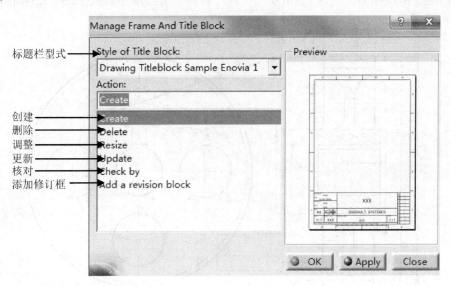

图 6-75 "Manage Frame And Title Block"(插入图框和标题栏)对话框

在该对话框中选择已有的标题栏形式，如"Drawing Titleblock Sample Enovia l"，在右侧预览区将显示该形式的预览，可在"Action"(行为)列表中选择要执行的动作，可选择的行为有"Create"(创建)、"Delete"(删除)、"Resize"(调整)、"Update"(更新)、"Check by"(核对)、Add a revision block(添加修订框)。

单击"OK"按钮，即可插入选择的图框和标题栏，标题栏如图 6-76 所示。一般来说插入的标题栏都需要修改才能符合要求。

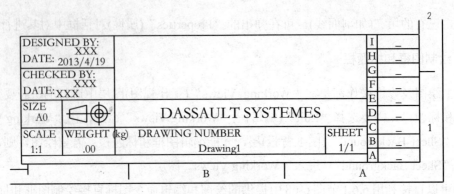

图 6-76　插入的标题栏

习　题

6-1　将第 3 章课后绘制的实体，全部按适当图幅生成工程图(保证完整)。

6-2　如图 6-77 所示，将 3.7.2 节实例生成工程图，并绘制参数表(图 3-132)和标题栏。

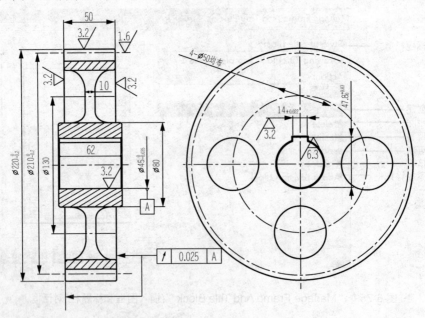

图 6-77　齿轮零件图

第 **7** 章
运动仿真设计

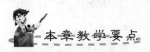 本章教学要点

知识要点	掌握程度	相关知识
施加运动副	掌握施加运动副的方法	铰接副、圆柱、球形副、刚性结构副、齿轮副、齿条副
仿真设计	掌握对约束后的机构进行仿真的方法	固定、仿真、驱动
运动分析	了解定义关联参数的方法; 了解测量轨迹和生成参数变化曲线的变化	参数、公式、传感器、步骤数

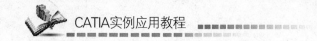

CATIA实例应用教程

7.1 概　　述

CATIA V5 具有电子样机运动机构仿真(Digital Mockup Kinematics Simulator)功能，可以应用"Digital Mockup"(电子样机，DWU)单元中的"DMU Kinematics"(电子样机运动学)模块，通过设置大量运动约束连接，也可通过自动转换装配约束条件而产生约束连接，来实现电子样机的运动仿真。

通过操作，电子样机运动机构仿真能够模拟机械运动以校验机构性能；通过干涉检验和分析最小间隙来进行机构运动分析；通过生成运动零件的轨迹以指导未来设计；也可以通过与其他电子样机产品的集成进行更多组合的仿真分析；能够满足从机械设计到功能评价的各类工程人员的需要。

进入电子样机仿真模块的过程如下：

(1) 打开已经经装配完成的 Engine.Products，如图 4-75 所示，再选择"Start"→"Digital Mockup"→"DMU Kinematics"命令，即进入运动仿真模块。

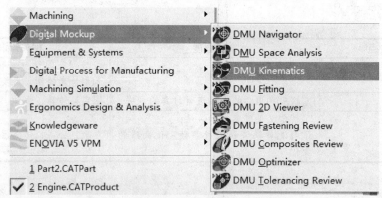

图 7-1　通过菜单命令进入运动仿真模块

(2) 单击当前模块的"Workbench"(工作台)图标，预先定制欢迎对话框，单击其中的"DMU Kinematics"工作台图标，直接进入电子样机运动机构工作台。运动仿真模块主要工具栏如图 7-2 所示。

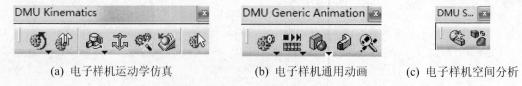

(a) 电子样机运动学仿真　　　　(b) 电子样机通用动画　　　(c) 电子样机空间分析

图 7-2　运动仿真模块主要工具栏

7.2 仿 真 设 计

7.2.1　运动副类型

运动副施加合理才能进行仿真。施加运动副时，可以在运动副的对话框里定义一个机构，也可通过选择"Insert"→"New Mechanism"命令独立创建一个机构，并在结构树中显示出来。

266

仿真模块在"Kinematics joints"(运动副)工具栏设有运动副设置图标，单击转动副工具命令图标![icon]右下角的黑三角，即显示出如图 7-3 所示"Kinematics joints"工具栏的所有运动副图标。

图 7-3　"Kinematics joints"(运动副连接) 工具栏

图 7-3 显示了 CATIA V5 的全部 17 种约束，其基本功能类型见表 7-1。

表 7-1　约束情况一览表

序号	约束类型	图标	自由度	驱动命令类型
1	"Revolute Joint"(转动副)		一个旋转	角度
2	"Prismatic Joint"(棱柱副)		一个移动	长度
3	"Cylindrical Joint"(圆柱副)		一个旋转 一个移动	角度加长度， 角度或长度
4	"Screw Joint"(螺旋副)		一个旋转或一个移动	角度或长度
5	"Spherical Joint"(球形副)		三个旋转	—
6	"Planar Joint"(平面副)		两个移动、一个旋转	—
7	"Rigid Joint"(刚性结构副)		两者一体	—
8	"Point Curve Joint"(点和曲线副)		三个旋转、一个移动	长度
9	"Slide Curve Joint"(滑动曲线副)		两个旋转、一个移动	—
10	"Roll Curve Joint"(滚动曲线副)		一个旋转、一个移动	长度
11	"Point Surface Joint"(点和表面副)		三个旋转、两个移动	—
12	"Universal Joint"(万向节副)		两个旋转	—
13	"CV Joint"(球笼万向节副)		两个旋转，三个移动	—
14	"Gear Joint"(齿轮副)		一个旋转	角度驱动
15	"Rack Joint"(齿条副)		一个旋转或一个移动	角度或长度
16	"Cable Joint"(接头副)		一个移动	长度
17	"Axis-based Joint"(基于轴的副)		轴系相合	—

7.2.2　添加运动副

表 7-1 中的常见的运动副主要有转动副、棱柱副、圆柱副、螺旋副、球形副、平面副、

刚性结构副、齿条副、齿轮副、(光缆)接头副及球笼(等速)万向节副等，在此说明其中几种运动副的设置方法。

1) "Revolute Joint"(转动副)

转动副，也称回转副，用于两回转零件绕其中心线做相对转动的情形；单击"DMU Kinematics"工具栏中的"Revolute Joint(转动副)"工具命令图标![icon]，弹出"Joint Creation: Revolute"(生成运动副：转动)对话框，如图 7-4 所示。

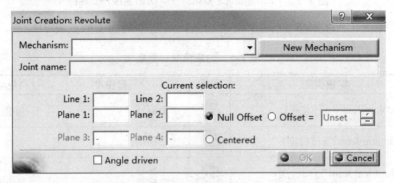

图 7-4   "Joint Creation: Revolute(创建运动副：转动副)"对话框

单击"New Mechanism"(新运动机构)按钮即弹出"Mechanism Creation"(创建运动机构)对话框，如图 7-5 所示。

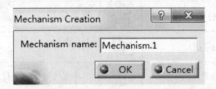

图 7-5   "Mechanism Creation"(新运动机构)对话框

单击"OK"按钮确定，将按照对话框中的默认名称"Mechanism.1 生成新的运动机构。同时图 7-5 所示对话框关闭，回到"Joint Creation:Revolute"对话框。

依次选择配合旋转的齿轮和齿轮轴的回转中心线"Line1"和"Line2"，当两零件互相遮挡难以选择轴线时，可以应用隐藏功能来选取，如图 7-6(a)和图 7-6(b)所示。

(a) 选择齿轮轴中心线为 Line1

图 7-6   选择一对旋转配合零件的中心线和参考端面

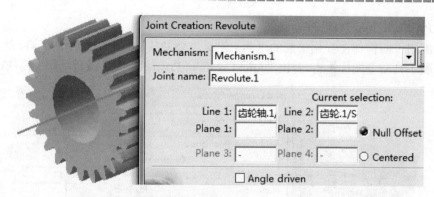

(b) 选择齿轮圆孔中心线为 Line1

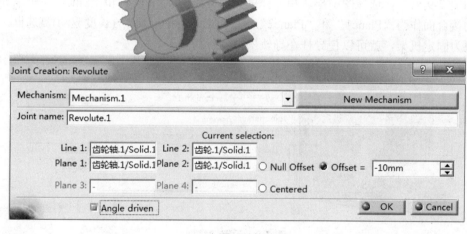

(c) 选择两零件端面

图 7-6　选择一对旋转配合零件的中心线和参考端面(续)

　　再选择两零件的参考端面"Plane1"和"Plane2",如图 7-6(c)所示,选中"Offset"单选按钮,即按装配时的偏离距离进行仿真,否则两个端面间距为 0,选中"Angle driven"(角度驱动)复选框。

　　此时还不能进行运动仿真,单击"Fixed Part"(固定件)工具命令图标 ,再点选齿轮轴为固定架,则弹出图 7-7 所示对话框,提示"The mechanism can be simulated"(本机构可以仿真了)。

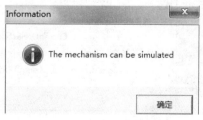

图 7-7　信息提示——可以仿真

2)"Prismatic Joint"(棱柱副)

棱柱副用于两构件在互相接触的平面上沿某一公共线进行相对移动的场合,如导轨等。单击棱柱副工具命令图标 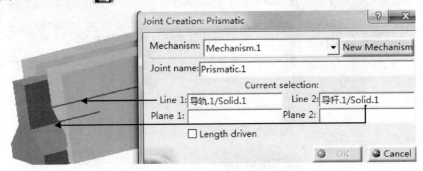,弹出"Joint Creation: Prismatic"(生成运动副:棱柱)对话框。

图7-8　选择一对配合零件的中心线

如图 7-9 所示,选择图中导轨和导杆重合的棱线为"Line1"和"Line2",再以导轨和导杆的接合面作为"Plane1"和"Plane2",选中"Length driven"(长度驱动)复选框,并设定导轨为固定机架,就可以使导杆在导轨槽中运行仿真了。

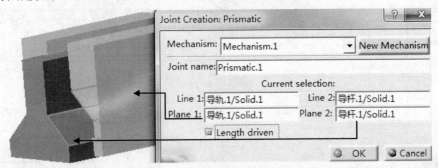

图7-9　设置棱柱副

3)"Cylindrical Joint"(圆柱副)

圆柱副用于两构件能绕其轴线进行相对转动又能沿该轴线做独立的相对移动的情形。单击圆柱副工具命令图标 ,弹出"Joint Creation: Cylindrical"(生成运动副:圆柱)对话框,按前面所述方法选择图 7-6 中齿轮轴和齿轮的轴线为"Line1"和"Line1",如图 7-10 所示。

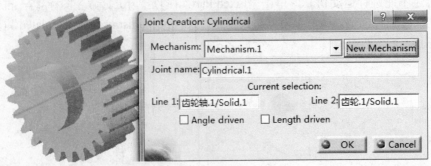

图7-10　选择一对配合零件的中心线

4) "Screw Joint"(螺旋副)

螺旋副的设置方法与圆柱副的设置方法相同,运动方式为同轴两构件一个固定,另一个绕轴线边旋转边移动,在此不再叙述。

5) "Spherical Joint"(球形副)

打开"Sphere.CATProduct",进入仿真模块单击球形副工具命令图标 ，弹出"Joint Creation：Spherical"(创建运动副：球形副)对话框,如图7-11所示。

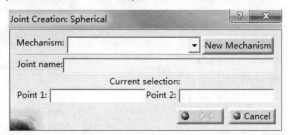

图7-11 "Joint Creation：Spherical"(创建运输副：球形副)对话框

按照转动副添加机构:单击"New Mechanism"按钮,弹出"Mechanism Creation" 对话框,输入机构名称为"Sphere",确认回到创建运动副对话框。

选定内球的球心为"Point1",再拾取外滚道的球心,如图7-12所示;单击"OK"按钮确认,结构树产生相应变化,机构也按要求自动更新使球心重合。

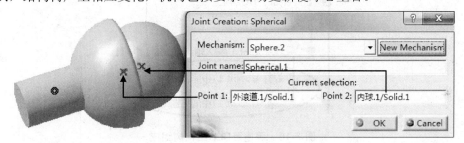

图7-12 创建球形副——选择两零件转动中心

6) "Rigid Joint"(刚性副)

刚性副仅是两个零件之间的固联操作,在实例中再作介绍。

7) "Constant Velocity(CV)Joint"(球笼万向节副)

球笼万向节副能够实现从动轴的输出转速(角速度)与主动轴的输入转速经保持架(球笼)中的传力钢球作用而保持相等,主要用于汽车半轴向驱动轮轮毂传输动力的场所。

单击"CV joint"工具命令图标 ，弹出"Joint Creation：CV Joint"(创建运动副：CV 运动副)对话框,如图7-13所示。

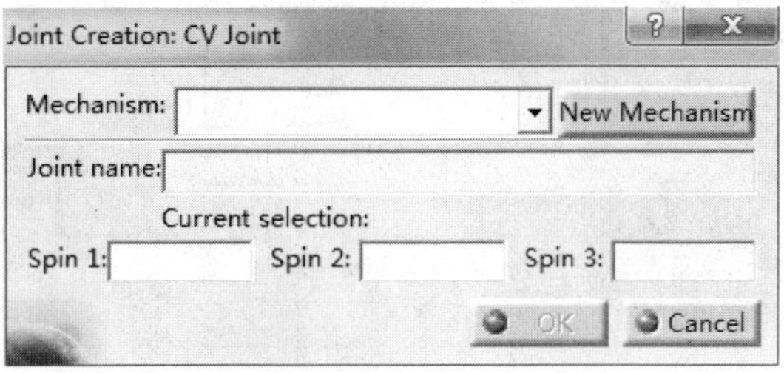

图7-13 "Joint Creation: CV Joint" (创建运动副：CV 运动副)对话框

依然单击"New Mechanism"按钮创建新机构，确认后回到创建"Joint Creation：CV Joint"对话框；分别选择图7-14中3个回转零件Spin1(输入轴)、Spin2(球笼)、Spin3(输出轴)的轴线。

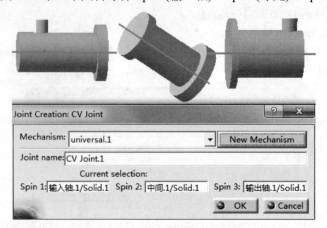

图7-14　创建等速万向节副

单击"OK"按钮完成运动副的添加，结构树显示如图7-15所示，说明球笼万向节副实质为两个U Joint(Universal Joint，万向节副)的连接，这也与汽车万向节等速原理十分吻合。

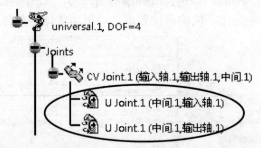

图7-15　等速万向节结构树组成

8)"Universal Joint"(万向节副)

通过图7-15所示结构树可以观察到："Universal Joint"(万向节副)就是选择上例中两个回转体的轴线来实施动力传递，在此不再赘述。

9)"Gear Joint"(齿轮副)

打开Gearjoint.CATProduct，单击"Gear Joint"(齿轮副)工具命令图标，弹出"Joint Creation：Gear"(创建运动副：齿轮副)对话框，如图7-16所示。

图7-16　"Joint Creation：Gear"(创建运动副：齿轮副)对话框

单击结构树"Revolute.1"结点,则"Revolute Joint 1"选择为本节削面所建立的转动副;再单击"Revolute Joint 2"输入框后的"Create"按钮,弹出"Joint Creation:Revolute"对话框,如图7-17(b)所示。

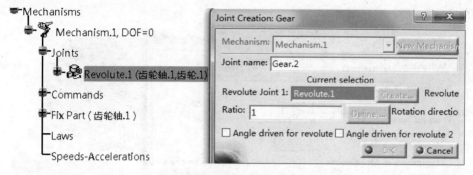

(a) 选择 Revolute Joint 1

(b) 创建 Revolute Joint 2

(c) 完成齿轮副设置

图 7-17　创建齿轮副

选择另一齿轮及其转轴建立转动副"Revolute Joint 2",确定后在"Joint Creation:Gear"对话框选中"Opposite"(反向,用于外啮合齿轮)单选按钮和"Angle driven for revolute1"复选框,对转动1进行角度驱动,单击"OK"按钮确认,在已设置两齿轮轴同为固定架的条件下即可仿真。

10)"Rack Joint"(齿条副)

与齿轮副运动机理相同,齿条副也要求齿条和齿轮具有一个共同机架,齿条相对机架做

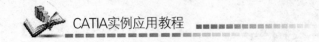

直线运动,而齿轮绕其转动。如图 7-18 所示,齿条副机构包括机架、齿条、齿轮三个组件。

(1) 单击齿条副工具命令图标🔲,弹出"Joint Creation:Rack"(创建运动副:齿条副)对话框,可以看出齿条副是由"Prismatic joint"(棱柱副)和"Revolute joint"(转动副)组合而成的。

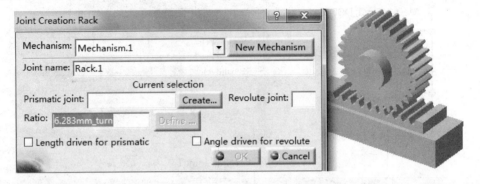

图 7-18　"Joint Creation:Rack"(创建运动副:齿条副)对话框及齿条副机构

(2) 若已经创建棱柱副和转动副,可以直接选取运动副。在此分别创建运动副,单击该对话框中的棱柱副输入框后的"Create"按钮,在弹出的如图 7-19 所示对话框中,选择齿条和机架的边线及端面,创建棱柱副。

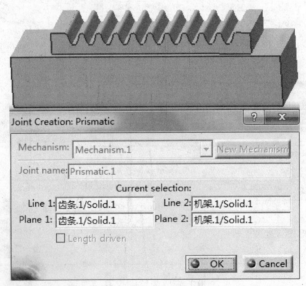

图 7-19　创建棱柱副

(3) 确定了棱柱副,再单击"Revolute joint"输入框后的"Create"按钮来创建转动副:分别选择机架的转轴和齿轮孔中心线为"Line1"和"Line2",再选择它们的端面作为"Plane1"和"Plane2",如图 7-20 所示,选中"Offset"单选按钮,单击"OK"按钮确认并退出。

(4) 回到创建齿条副对话框,棱柱副和齿条副都已添加,单击"Define"(定义)按钮,弹出图 7-21 所示对话框,选取齿轮分度圆上一段圆弧,框中即输入半径为 32,比率为 201.62。

图 7-20　创建转动副

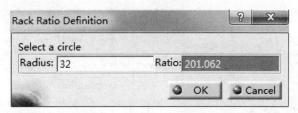

图 7-21　选取分度圆圆弧

确认返回创建齿条副对话框，选中角度驱动，单击"OK"按钮退出，再以机架为固定架，此机构就可以仿真了。

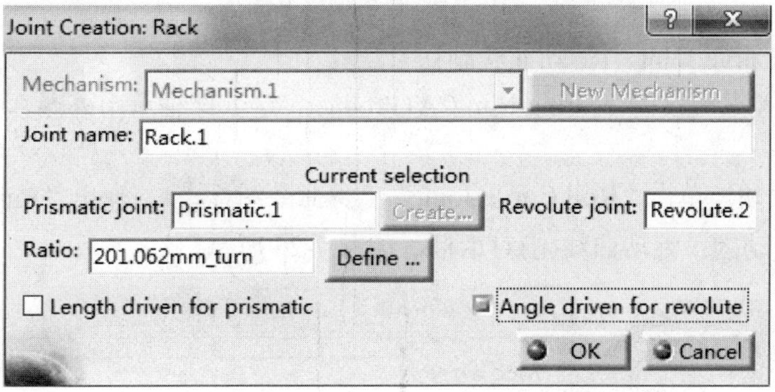

图 7-22　齿条副驱动设置

在创建点线接触的高副时，要求点一定在曲线上，或两条曲线相交且相切于交点，下面以点线副和滚动曲线副进行介绍。

11)"Point Curve Join"(点和曲线副)

打开文件 PointCurve.CATProduct，单击"Point Curve Joint"工具命令图标，弹出"Joint Creation：Point Curve"对话框，单击新建机构按钮，键入机构名称为"Carving1"，确认返回创建运动副对话框。

如图 7-23 所示，选择底板表面曲线为 Curve1，选择笔尖为 Point1。

双击结构树中 Joints 下的运动副结点，弹出如图 7-24 所示对话框，选中"Length driven"复选框，笔尖显示移动方向，鼠标指向箭头，笔尖即沿指向按限制长度进行仿真移动。

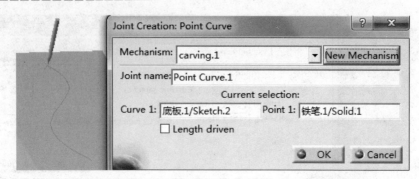

图 7-23　"Joint Creation：Point Curve"(创建运动副：点和曲线副)对话框

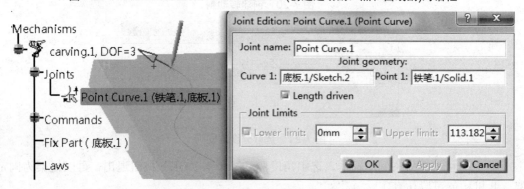

图 7-24　笔尖刻线仿真

12)　"Roll Curve Joint"(滚动曲线副)

(1) 打开轴承装配文件 bearing-asm.CATProduct，这款球轴承由外圈、保持架、滚子(钢球)及内圈构成。

进入仿真模块，单击"Roll Curve Joint"工具命令图标，弹出"Joint Creation：Roll Curve"(创建运动副：滚动曲线副)对话框，如图 7-25 所示。

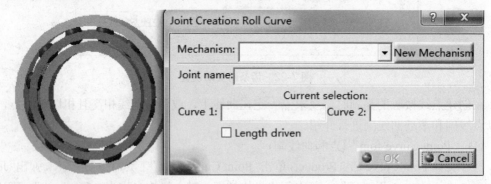

图 7-25　"Joint Creation：Roll Curve" (创建运动副：滚动曲线副)对话框

(2) 同上面操作，创建新机构后返回对话框，隐藏外圈和保持架，分别选择内圈滚道底部曲线和滚珠环线作为 Curve1 和 Curve2，即先建立内圈与滚子的滚动曲线副，对话框同步显示，如图 7-26 所示。

单击"OK"按钮确认，结构树的 Joints 结点下即出现 Roll Curve.1 结点。

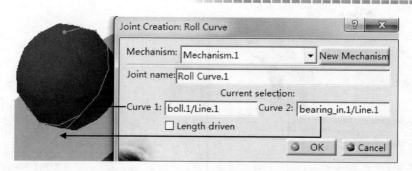

图 7-26　建立内圈与滚子的滚动曲线副

(3) 同理，再单击"Roll Joint"工具命令图标，依次选择外圈曲线和滚子环线为 Curve1 和 Curve2，如图 7-27 所示。

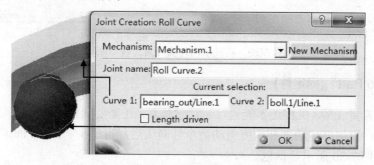

图 7-27　建立外圈与滚子的滚动曲线副

(4) 单击"OK"按钮确认，滚动曲线副添加完毕，结构树显示如图 7-28 所示。

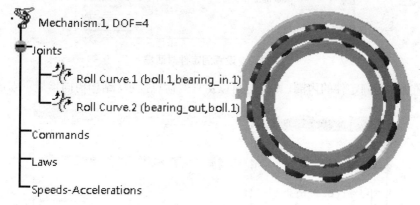

图 7-28　结构树显示滚动曲线副

(5) 为了仿真轴承运动，还需要创建一个转动副——内圈与外圈相对转动。

单击"Revolute Joint"工具命令图标，弹出相应对话框，如图 7-29 所示：依次选择轴承内圈的回转轴线 Line1、轴承外圈的回转轴线 Line2，再以内圈端面为 Plane1、外圈端面为 Plane2，选中"Angle driven"复选框，由于轴承的内外圈端面不存在偏离，所以选中"Null Offset"(零偏移)单选按钮，单击 OK 即完成设置。

再选择轴承的内圈，设置为固定架，即可以运行仿真了。

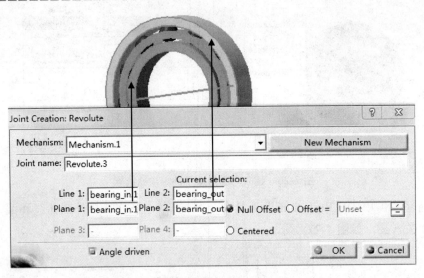

图 7-29　将轴承内外圈设置为转动副

7.2.3　"Fixed Part"（固定件）

　　运动副设置完成后，机构还不能进行运动学仿真，还需要固定某零件作为机构的支架，如轴承装配体，添加好运动副和角度驱动命令并确认后，再单击"Fixed Part"工具命令图标，弹出如图 7-30 所示对话框。

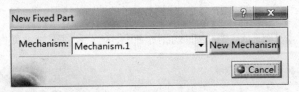

图 7-30　设置固定件对话框

　　此时选择作为固定件的内圈，则弹出可以仿真的信息提示，结构树同步显示固定件结点。

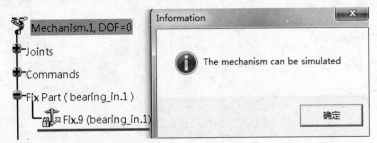

图 7-31　结构树显示固定件结点

7.2.4　运行仿真

　　1）"Simulation with Commands"（应用命令仿真）

　　打开 7.2.2 节中的齿轮副文件 gearjoint.CATProduct，单击"DMU Kinematics"工具栏中的"Simulation With Commands"工具命令图标，弹出如图 7-32 所示"Kinematics

Simulation-Mechanism.1"(运动学仿真-机构.1)对话框。

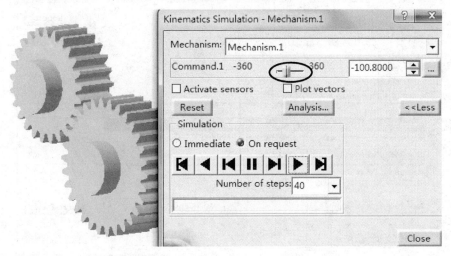

图7-32 "Kinematics Simulation-Mechanism.1"(运动学仿真-机构.1)对话框

(1) 移动图7-32中的滑条，停住的位置即为设定仿真的终止位置，单击"Play forward"(向前播放)按钮 ▶，运动副即从初始位置仿真运行至设好的终止位置；◀ 即为"Play back"(回放)按钮；在此基础上还可重新设置，单击"Close"按钮即保存当前设置的位置。

(2) 激活"On request"选项，在"Number of steps"输入框中键入步骤数，仿真时按此步骤运行，步数长则运行速度慢，观察起来比较细致。

2) "Simulation with Laws"(应用规则仿真)

单击"Close"按钮关闭如图7-32所示对话框，单击"Simulation with Laws"工具命令图标，弹出下面提示：要应用规则仿真，至少需要一个命令与时间参数间添加关联。

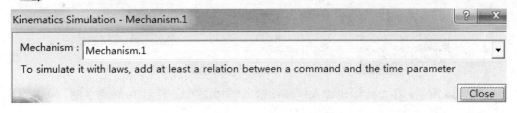

图7-33 提醒要在命令与时间参数间添加关联

单击"Close"按钮退出对话框。下面以创建一个运动规律齿轮副的运动规律进行说明。

单击"Knowledge"工具栏中的"Formula"(公式)工具命令图标 $f_{(x)}$，弹出"Formulas：Mechanism.1"(公式：机构.1)对话框，如图7-34所示，"Parameter"(参数)列表下有"Mechanism.1\KINTime"(机构.1\运动时间)和"Mechanism\Commands\Command.1\Angle1"(驱动角度)两个参数。

双击参数"Mechanism\Commands\Command.1\Angle1"，即可以在弹出的图7-35所示对话框中进行编辑。

选择"Members of Parameters"(参数成员)列表下的"Time"，则下一级的"Members of Time"(时间成员)列表显示出唯一参数"Mechanism.1\KINTime"，双击此参数，即将"Mechanism.1\KINTime"自动键入到公式编辑框中，这种通过选择类型组来寻找参数的方法比较便捷。

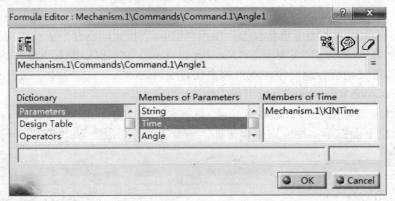

图 7-34　"Formulas：Mechanism.1"(公式：机构.1)对话框及参数列表

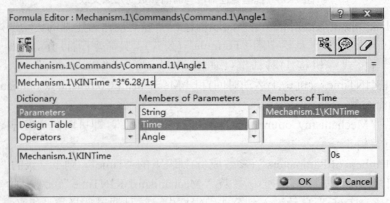

图 7-35　"Formulas Editor "(公式编辑)对话框(一)

　　如图 7-36 所示，在公式编辑输入框继续键入*3*6.28/1s，表示 1s 转动 3 圈，单击"OK"
按钮退出。

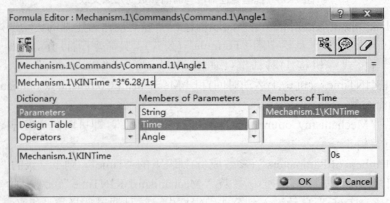

图 7-36　"Formulas Editor "(公式编辑)对话框(二)

此时结构树生成"Relations"(关系)结点及相应公式。

单击 "Simulation With Laws"工具命令图标，弹出如图 7-37 所示运动学仿真对话框，确定好步骤，单击按钮 ▶ 及 ◀ 就可以运行仿真或回放了。

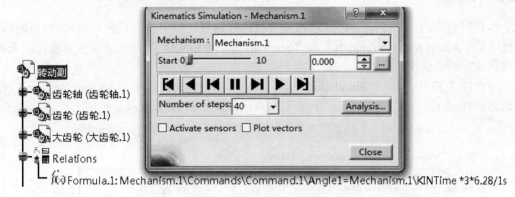

图 7-37　运动学仿真对话框

7.3　运 动 分 析

仿真模块还可以对机构运动进行分析，以检测、分析产品之间及其内部的碰撞和距离等。

7.3.1　机构分析

对于前面仿真的齿轮副，单击"Mechanism Analysis"(机构分析)工具命令图标，弹出"Mechanism Analysis"(机构分析)对话框，如图 7-38 所示。

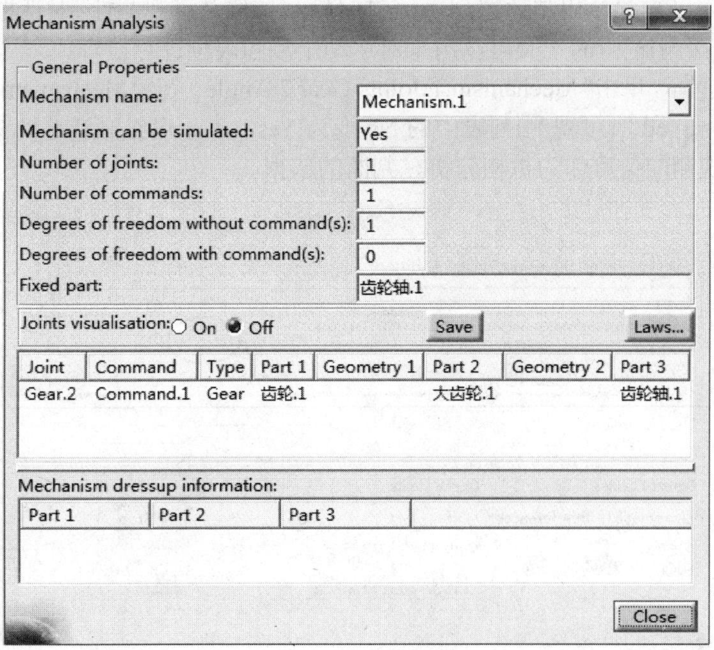

图 7-38　"Mechanism Analysis"(机构分析)对话框

从对话框中可以看到，对话框中列出了机构中运动副、命令、自由度的数目，固定架、运动副的名称、类型及其链接的组件等详细信息。

7.3.2 传感器

仿真过程中，应用传感器可以对相关参数进行测量，根据仿真数据对机构进行检验，通过"Simulation with Commands"和"Simulation with Laws"两种运动学仿真操作，来检查技机构的设计情况。

如在图 7-37 中，按 "Simulation With Laws"运行仿真，选中"Activate sensors"(激活传感器)复选框，弹出"Sensors"(传感器)对话框，如图 7-39 所示。

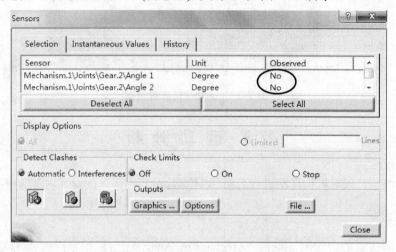

图 7-39 "Sensors"(传感器)对话框

"Sensors"对话框显示出传感器列表，包括名称、单位及可观测性；对话框下面的"Detect Clashes"(碰撞探测)栏中的工具可以用来对运动干涉和限位进行检查。

如图 7-40 所示，单击"Mechanism.1\Joints\Gear.2\Angle 1"及"Mechanism.1\Joints\Gear.2\Angle 2"，"Observed"(可观测)列表中的 No 变为 Yes，表示已经激活这两个选项作为传感器，通过它们观测的值可作为机构分析、判断的依据。

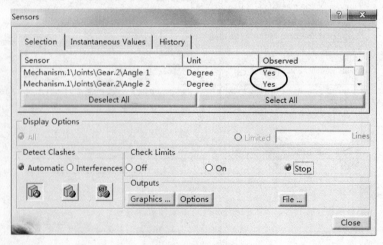

图 7-40 激活传感器

选中"Check Limits"(检查范围)栏中的"Stop"单选按钮，意为机构运动到此极限位置时即停止运动。

单击仿真对话框里的按钮 ▶，机构进行运动学仿真，单击"Sensors"对话框下部"Outputs"栏中的"Graphics"(图形)按钮，仿真运行后机构位置弹出如图 7-41 所示的仿真曲线。其中黄色代表齿轮副小齿轮的角速度，绿色表示大齿轮的角速度。

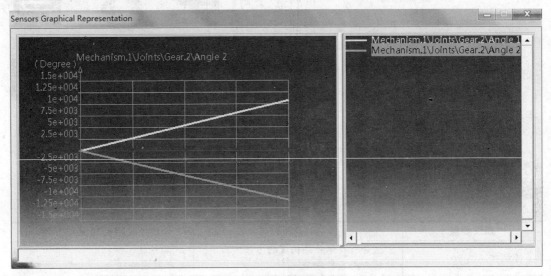

图 7-41　传感器测得转速曲线

再单击图 7-40 所示的"Sensors"对话框中的"File"按钮，可将仿真数据另存为*.xls表格和*.txt 文本格式文件，以便于后续的数据处理等研究。

第 **8** 章
工 程 实 例

 本章教学要点

知识要点	掌握程度	相关知识
零件设计	掌握分析具体产品构成的方法; 熟练应用各种命令	分解(结构、特征); 基于草图特征
曲面设计	掌握分析的方法	分解、结合、修剪
装配设计	熟练应用移动、约束等命令; 掌握隐藏、旋转等方法来约束	操纵、同轴、接触、偏移、实例化、 显示/隐藏
工程图设计	熟练投影视图、标注等方法	投影、标注
仿真设计	掌握机构仿真的方法; 了解运动分析的方法	施加运动副、固定、驱动; 参数、传感器

8.1 连杆(零件)设计

连杆是汽车产品中的典型零件，一般为大头剖分式结构。针对图 8-1 所示产品，确定其由大头、小头和杆身三部分组成，经分析确定先以杆身入手，两端加上大、小头特征，再将连杆大头剖分为连杆盖与连杆体单独另存为文件，将来在装配设计模块组装成为一体。

图 8-1 连杆外形

下面按照连杆的制造过程进行剖分式结构设计，通过选择"File"→"New"命令，建立新的 Part 文件，进入零件设计模块。

8.1.1 连杆杆身

(1) 在如图 8-2 所示的结构树中选择 xy 坐标平面，单击工具命令图标⟨⟩，进入草图绘制模块。单击草图绘制工具栏的几何约束工具命令图标⟨⟩，这样就能保证所绘图形的几何要素之间的垂直、平行等几何关系不随尺寸修改调整而发生变化。

单击轮廓工具栏中的工具命令图标⟨⟩(折线)，以坐标原点为起点绘制如图 8-3 所示的连续封闭轮廓(直角梯形)，双击完成草图绘制。双击约束工具命令图标⟨⟩，按图 8-3 中尺寸对轮廓进行连续标注，坐标轴一侧边长 30mm，标注完成后，单击工具命令图标⟨⟩，退出草图绘制模块。

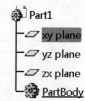

图 8-2 选择 xy 平面

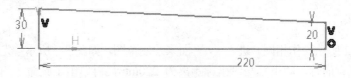

图 8-3 使用折线工具绘制草图并标注

(2) 在实体造型模块，单击"Pad"工具命令图标⟨⟩，将弹出如图 8-4 所示的"Pad Definition"(拉伸定义)对话框及实体预览画面，在"Type"选择框中选择"Dimension"，在"Length"输入框中输入 15mm，并选择"Mirrored extent"复选框，单击 OK 按钮，完成拉伸操作。

(3) 单击镜像工具命令图标⟨⟩，弹出"Mirror Definition"(镜像)对话框，如图 8-5 所示，单击图中所示位于 zx 平面的直面作为镜像对称面。若预览画面无误，则单击"OK"按钮，生成镜像结果如图 8-6 所示。

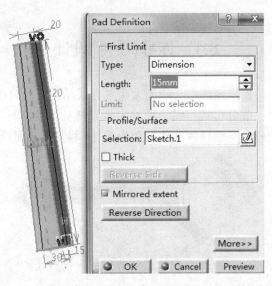

图 8-4 "Pad Definition"(拉伸定义)对话框及连杆拉伸预览

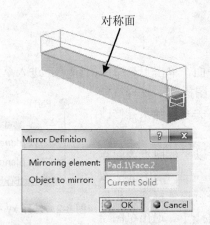

图 8-5 "Mirror Definition"(镜像)对话框及预览

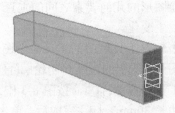

图 8-6 镜像生成连杆本体

8.1.2 连杆小头

（1）与图 8-2 所示操作相同，进入 xy 平面来绘制草图，如图 8-7 所示，先单击工具命令图标 绘制一根竖直的轴，约束轴与纵坐标距离为 220mm，再单击工具命令图标 右下角的黑三角，单击弹出的"Circle"子工具栏的工具命令图标 ，圆心捕捉横轴并在轴上绘制如图 8-8 所示的圆弧，起点和终点都在轴上，半径约束为 30mm，退出草图来到实体设计模块。

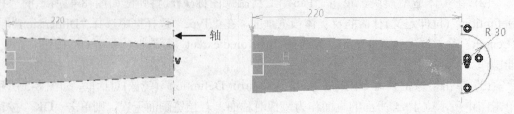

图 8-7 绘制小头轮廓的轴   图 8-8 连杆小头轮廓

单击旋转工具命令图标■，弹出"Shaft Definition"(旋转)对话框，默认轮廓为刚绘制的 Sketch.2，默认轴为草图中绘制的轴线，从 0°转到 360°，得到如图 8-9 所示结果，对话框及结构树如图 8-10 所示。

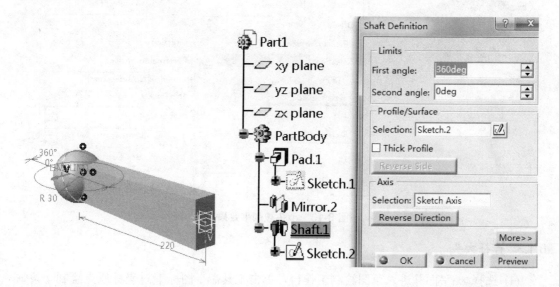

图 8-9　连杆小头轮廓旋转结果　　图 8-10　"Shaft Definition"(旋转)对话框及对应的结构树

(2) 如图 8-11 所示，单击选择结构树或绘图区中的 zx 坐标面，单击工具命令图标■进入草图绘制工作台。单击绘制矩形工具命令图标□，绘制一个矩形，单击约束工具命令图标■，约束上下边与横轴距离均为 18mm，另两条竖边都在实体外侧即可，如图 8-12 所示，然后退出草图工作台。

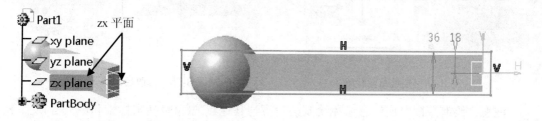

图 8-11　选择 zx 平面　　　　　图 8-12　矩形约束结果

(3) 在三维环境中，单击挖槽工具命令图标■，弹出"Pocket Definition"对话框，如图 8-13 所示。

在图 8-13 所示对话框中，默认选择 Sketch.3 为轮廓，"Type"选择"Up to next"，图中显示削掉一半球面，单击"More"按钮，弹出"Second Limit"扩展栏，"Type"同样选择"Up to next"，单击"Preview"按钮，即可预览小头两侧被削平的效果。

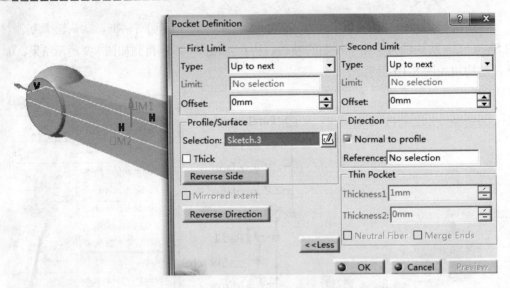

图 8-13　小头被削平效果

8.1.3　连杆大头

(1) 选择 zx 平面并进入草图绘制工作台，单击工具命令图标 ┆ 过坐标原点绘制一条垂直线，单击工具命令图标，绘制如图 8-14 所示的草图轮廓，轮廓起点和终点处 ⊙ 符号意思为相合，说明起点和终点分别在纵轴和横轴上。通过约束修改其尺寸如图 8-15 所示。

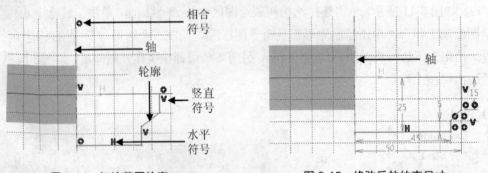

图 8-14　初绘草图轮廓　　　　　　图 8-15　修改后的约束尺寸

注意：绘制草图时应注意避免绘制的轮廓与其他点或线(包括坐标轴和原点等)发生相切、相合及垂直等情况，这样将来约束时就会发生冲突。到时可以通过右击相关符号予以删除来解决。

选择"Edit"→"Auto Search"命令，用左键拾取轮廓中的一段，即可选中整条轮廓，单击工具命令图标再选中 H 轴，则轮廓以横轴对称过来得到如图 8-16 所示的大头整体轮廓。

(2) 草图完成后，退出草图绘制模块。单击工具命令图标，将显示如图 8-17 所示的预览画面，弹出的对话框均选默认值，轮廓即为刚绘制完的 Sketch.4，旋转角度为 0°到 360°，单击"OK"按钮，完成后的实体造型如图 8-18 所示。

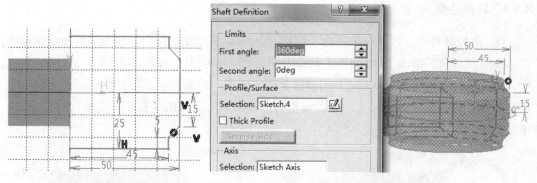

图 8-16 大头整体轮廓　　　　　图 8-17 大头轮廓旋转结果

图 8-18 整体轮廓

(3) 选择大头的一个侧平面，单击草图绘制图标进入草图绘制工作台，绘制如图 8-19 所示的两个圆，半径分别为 30mm 和 80mm，R80 的圆心在原点，R30 的圆心在横轴上且与原点相距 220mm。

(4) 退出工作台，单击工具命令图标🔘，弹出"Pocket Definition"对话框，"Type"选择"Up to last"，轮廓默认图 8-19 绘制的 Sketch.5，预览即看到图 8-20 所示结果，单击"OK"按钮即可确认。

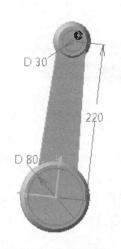

图 8-19 绘制两个圆

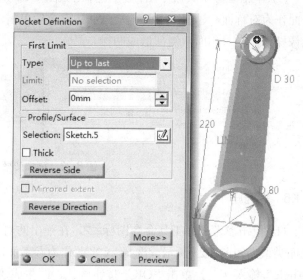

图 8-20 挖槽后结果

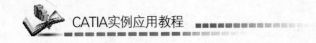

8.1.4　杆身造型

(1) 选择杆身平面，单击工具命令图标 进入草图绘制工作台。单击工具命令图标 右下角的黑三角，单击"Offset"工具命令图标 ，单击杆身平面即出现图 8-21(a)所示情形，以橙色杆身外廓为基础向内(外)偏移至蓝色图形，在理想位置附近单击即得图 8-21(b)所示结果。双击偏置距离尺寸，更改数值为-5mm，单击"OK"按钮，完成尺寸的修改，结果如图 8-21(c)所示。

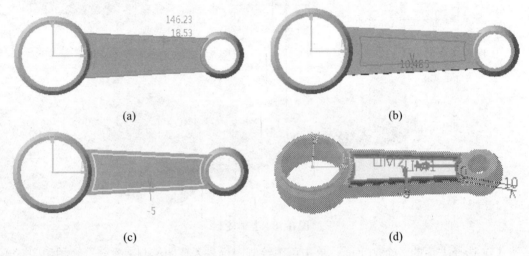

(a)　　　　　　　　　　　　　(b)

(c)　　　　　　　　　　　　　(d)

图 8-21　杆身挖槽结果

(2) 退出草图绘制模块，单击挖槽工具命令图标 ，在弹出的对话框中将"Type"设定为"Dimension"，"Depth"输入框中输入 10mm，预览结果如图 8-21(d)所示，单击"OK"按钮即确定。

(3) 单击镜像工具命令图标 ，弹出如图 8-22 所示的镜像定义对话框。选择 xy 坐标平面作为对称面，显示图中的预览画面。满意后单击"OK"按钮确认，完成杆身挖槽特征镜像操作，在对称面两侧都形成凹槽。

图 8-22　镜像凹槽

8.1.5　螺孔座

(1) 单击参考平面工具命令图标 ，在弹出的对话框中选择"Angle/Normal to plane"平面类型，如图 8-23 所示，选择 zx 平面作为参考面，通过右键选择"Z Axis"为旋转轴，"Angle"输入 45°，单击"OK"按钮确认，即生成"Plane.1"。

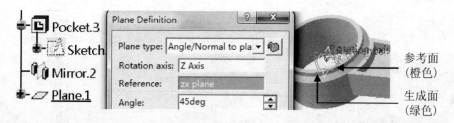

参考面
(橙色)

生成面
(绿色)

图 8-23 "Angle/Normal to plane"类型生成平面

再次单击工具命令图标 ⬚，在图 8-24 所示对话框中选择"Offset from plane"类型，
选择"Plane.1"作为参考面，"Offset"设置为 60mm，单击"OK"按钮确认，即生成"Plane.2"。

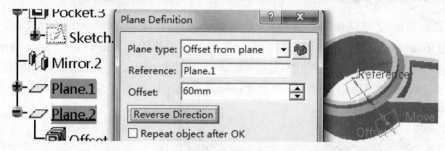

图 8-24 "Offset from plane"类型生成平面

(2) 选中刚生成的参考面"Plane.2"，单击草图绘制图标进入此平面绘制草图。应用快
捷键翻转实体选择合理视图，可以单击法向视图工具命令图标 ⬚ 进行调整。在连杆大头处
绘制矩形，如图 8-25 所示，按 Ctrl 键选择矩形上边和杆身的上平面。

图 8-25 绘制矩形并选择矩形上边和杆身上平面

单击对话框约束工具命令图标 ⬚，在"Constraint Definition"对话框中选中
"Coincidence"复选框，则两项相合，矩形上边下落至杆身上平面上，如图 8-26 所示。

相合符号

图 8-26 通过对话框约束矩形上边位置

同理，约束矩形下边与杆身下平面相合，并单击工具命令图标 ⬚，约束矩形尺寸如图 8-27
所示，上边总长为 62.599mm，右边距大头外圆柱轴线(光标置于柱面即可捕捉获得)为 40mm，
退出草图工作台。在实体设计模块，单击拉伸工具命令图标，如图 8-28 所示，选择对话框中
"Up to next"类型，预览结果为草图轮廓拉伸至大头圆柱壁上，单击"OK"按钮确认。

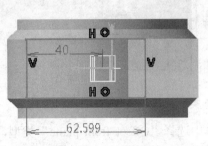

图 8-27　约束草图

图 8-28　拉伸结果预览

与生成 Plane.2 方法相同，选择"Offset from plane"类型和 Plane.1 为参考面，向相反一侧偏移 60mm，生成 Plane.3。进入 Plane.3 平面，绘制矩形轮廓，如图 8-29 所示：约束上下边与杆身上下边相合，右边距纵轴 40mm，总宽为 70mm，退出工作台。单击拉伸工具命令图标，依然用"Up to next"拉伸类型，拉伸生成实体如图 8-30 所示，相当于在大头加上了"双耳"。

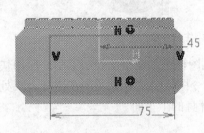

图 8-29　约束草图

图 8-30　拉伸结果预览

8.1.6　外观倒角

(1) 单击倒棱角工具命令图标，依次选择两圆孔的四条圆边，选定的边线以红线显示，如图 8-31(a)所示，在默认"Length1/Angle"模式下，"Length 1"输入 1mm，"Angle"为 45°，即生成 1×45°的倒角，确定后生成倒角外观如图 8-31(b)所示。

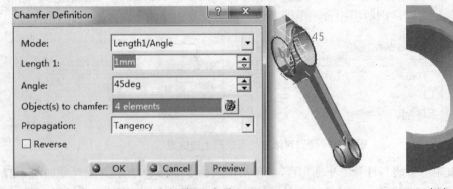

(a) 对话框及选项　　　　　　　　　　　　　　　(b) 倒角外观结果

图 8-31　倒角对话框及结果

(2) 单击倒圆角工具命令图标，弹出如图 8-32(a)所示对话框，"Radius"设为 70mm，依次选择大头与杆身形成的两条交线，单击"OK"按钮确定，生成图 8-32(b)所示的倒圆角结果。

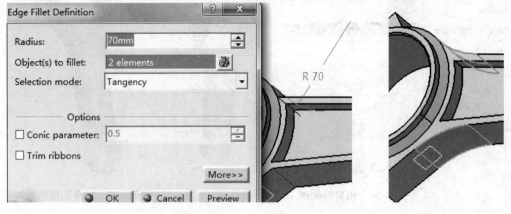

(a) 对话框及选项　　　　　　　　　　　　　　　(b) 倒圆角外观结果

图 8-32　倒角对话框及结果

单击工具命令图标，弹出如图 8-33(a)所示对话框，"Radius"设为 2mm，依次选择杆身两侧边线及"双耳"边线，其中选图 8-33 中"耳"面相当于选择面上的四条边，而且不选图示一侧杆身与"耳"面相连的两段边线，单击"OK"按钮则生成图 8-33(b)所示结果。

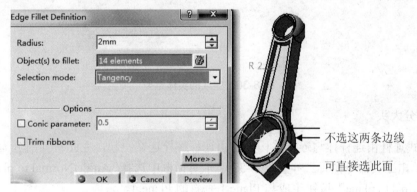

不选这两条边线

可直接选此面

(a) 对话框及选项

倒圆角边

未倒圆角边

(b) 倒圆角外观结果

图 8-33　倒角对话框及结果

同理对图 8-34 所示的四处相贯的边倒成 R10 的圆角，选择图 8-35 所示杆身两侧凹槽共八个侧面倒成 R3 的圆角，图 8-36 即为倒角后的实体造型。

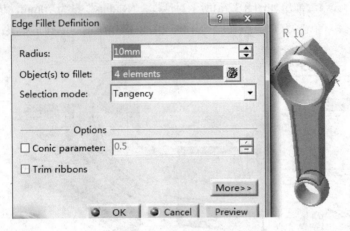

图 8-34　相贯处倒角　　　　　　　　　　　图 8-35　杆身凹槽倒角

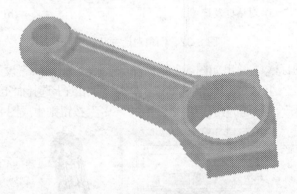

图 8-36　完成的实体造型

8.1.7　剖分大头

剖分式连杆由连杆体与连杆盖构成，由连杆螺栓连在一起，在此将其剖分为两部分。

(1) 单击工具命令图标☐，在图 8-37 所示对话框中选择"Angle/Normal to plane"类型，单击"Normal to plane"按钮生成与 Plane.1 垂直的 Plane.4。

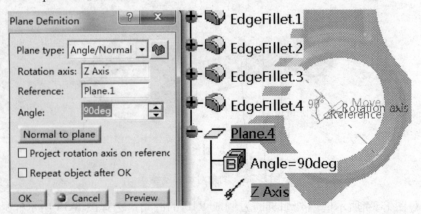

图 8-37　生成剖分平面

(2) 单击"Split"(分割)工具命令图标，弹出"Split Definition"(分割)对话框，如图 8-38(a)所示，"Splitting Element"(分割元素)选择 Plane.4，图中实体即沿着此平面被分成两部分。箭头所指方向即为保留的部分，单击箭头可改变其方向，按图示箭头方向确认即生成 8-38(b)所示结果。

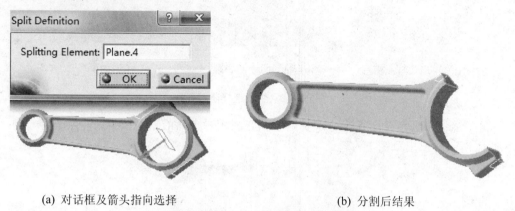

(a) 对话框及箭头指向选择　　　　　　　(b) 分割后结果

图 8-38　"Split"(分割)对话框及生成杆身

(3) 选择"File"→"Save As"(另存为)命令，将文件存于一个新建的文件夹"Engine"中，文件需以英文(或拼音)形式命名，在此取名"rod"，单击"保存"按钮，在"Engine"文件夹下就存有文件"rod.CATPart"。

如图 8-39(a)所示，双击结构树上的 Split.1 结点，弹出如图 8-39(b)所示分割对话框并显示未剖分前的连杆形状，单击图中箭头改变其方向，确认后生成图 8-39(c)所示结果。同上将文件另存于"发动机"文件夹中，取名"cap"，"发动机"文件夹下就存有文件"rod.CATPart"和"cap.CATPart"。

(a) 双击 Split.1 结点　　　(b) 对话框并改变箭头指向　　　(c) 分割后结果

图 8-39　生成连杆盖部分

8.1.8　阶梯孔

(1) 如图 8-40(a)所示，选择连杆盖端部平面，单击草图绘制图标进入草图绘制模块，绘制两个同心圆，如图 8-40(b)所示，圆心自动捕捉在 H 轴上与其相合。如图 8-40(c)所示，约束两圆直径分别为 D15 和 D9(安装 M8 的内六角螺钉)，螺钉孔中心与坐标原点的距离为 45mm。

选择平面

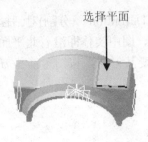

(a) 单击连杆盖端部

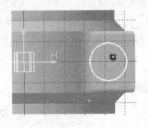

(b) 绘制两个同心圆

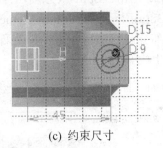

(c) 约束尺寸

图 8-40　生成连杆盖部分

单击镜像工具命令图标 ，选择两个同心圆相对 V 轴(或圆柱轴线)镜像至另一侧，如图 8-41 所示，退出草图工作台。

图 8-41　镜像后草图

单击多轮廓挖槽工具命令图标 ，在图 8-42 所示的对话框中，"Domains"(区域)栏依次选择各轮廓区域，挖槽深度选择为：D15 孔深 10mm(螺钉圆柱头高 8mm)；D9 孔深 40mm。

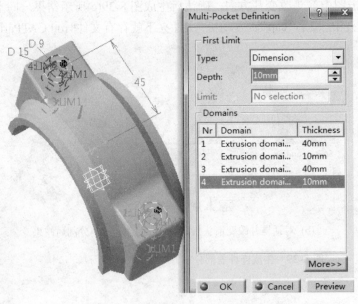

(a) 多轮廓挖槽对话框及参数输入

(b) 多轮廓挖槽结果

图 8-42　连杆盖多轮廓挖槽

(2) 下面绘制连杆盖轴瓦的定位槽。选择 xy 坐标平面，单击草图绘制器进入草图绘制模块，绘制一个圆，约束其直径为 D25，双击圆心，弹出点定义对话框，如图 8-43 所示，在"Polar"(极坐标)选项卡下修改半径为 30mm，角度为-50°，修改完毕退出工作台。

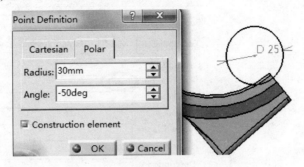

图 8-43　修改轮廓的圆心及直径

（3）单击工具命令图标，弹出如图 8-44 所示对话框，在"First Limit"栏中选择"Dimension"类型，"Depth"输入框输入 15mm，单击"More"按钮，弹出"Second Limit"扩展栏，仍然选择"Dimension"类型，Depth 输入框输入-5mm，预览满意后退出工作台。

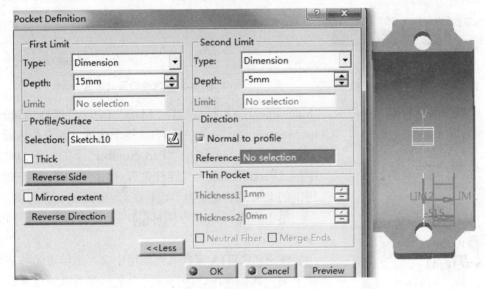

图 8-44　挖槽对话框及参数设置

如图 8-45 所示即为得到的最终连杆盖实体造型。

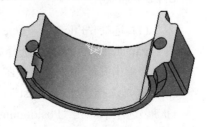

图 8-45　连杆盖最后实体造型

右击结构树上的 Part.1 结点，在弹出的快捷菜单中选择"Properties"(属性)命令，如图 8-46 所示，弹出如图 8-47 所示的属性对话框。

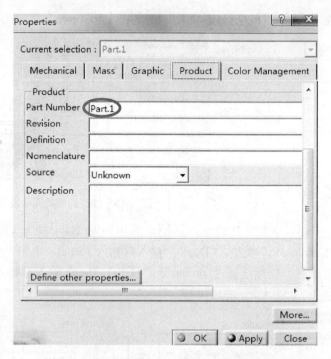

图 8-47　属性设置对话框

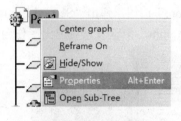

图 8-46　选择属性菜单栏

属性对话框有五个选项卡："Mechanical"(机械性能)、"Mass"(力学性能)、"Graphic"(图形)、"Product"(产品)和"Color Management"(颜色管理)，每个选项卡都有相应设置。

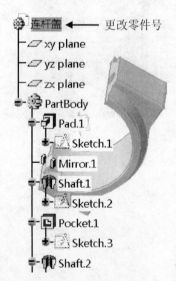

图 8-48　结点名称更改

将"Product"选项卡中"Part Number"(零件编号)输入框中的"Part1"修改为"连杆盖"，单击"OK"按钮则结构树中的 Part.1 结点变为"连杆盖"，如图 8-48 所示。

单击存盘工具命令图标，文件即按原路径和名称保存。

注意：CATIA 文件名不能用中文，而结点名称却可以是中文，其他草图、操作等结点名称都可以通过属性设置修改为易识别的名称。

8.1.9　螺纹孔

(1) 选择"File"→"Open"命令，打开已经保存的文件"ganshen.CATPart"。选择如图 8-49 所示剖分后的杆身平面，单击孔绘制工具命令图标，弹出如图 8-50 所示的对话框，选择"Up To Last"(通孔)形式，在"Extension"(扩展)选项卡单击"Positioning Sketch"(草图定位)按钮，进入草图绘制模块。

在图 8-51 中，约束草图孔心与大头圆孔轴线距离为 45mm，并与 xy 平面相合，单击工具命令图标退出草图绘制模块。

回到孔定义对话框，如图 8-52 所示，选择"Threaded Definition"选项卡，选中"Threaded"

复选框；在"Bottom Type"(底端类型)栏的"Type"选择框中选择"Support Depth"(支持面深度)则"Thread Depth"(螺纹深度)与孔深相等同为30.48mm；在"Thread Definition"(螺纹定义)栏中，"Type"选择框选择"Metric Thick Pitch(公制粗牙螺纹)"，在"Thread Description"选择框中选择M8，系统根据标准自动生成"Hole Diameter"(底孔直径)为6.647mm，"Pitch"(螺距)为1.25mm，选择右旋螺纹，单击"OK"按钮确认，即生成单侧螺纹孔。

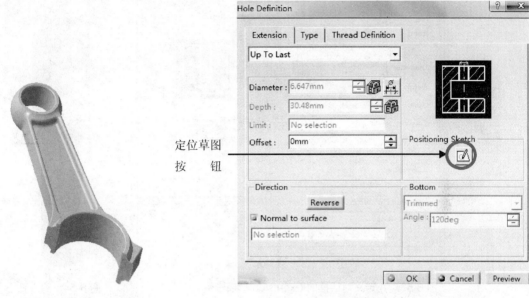

定位草图
按   钮

图 8-49   选择杆身剖分平面   图 8-50   孔定义对话框(一)

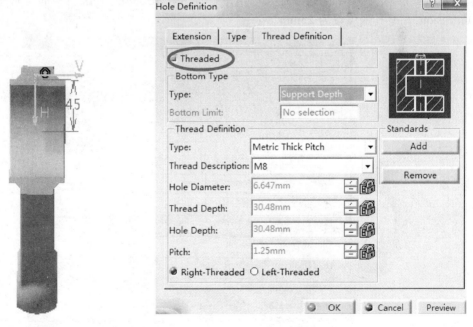

图 8-51   选择杆身剖分平面   图 8-52   孔定义对话框(二)

(2) 若连杆为平切口形式，可单击工具命令图标 将螺纹孔镜像至另一侧。但对于斜切口形式，镜像就会斜向穿透整个杆身，则只能再次用同样方法，单击杆身另一侧剖分平面，单击"Hole"工具命令图标，在另一侧绘制同样的螺纹孔。

如图 8-53 所示，在"Extension"(扩展)选项卡中选择"Blind"(盲孔)，并将"Depth"设为 40mm，单击图中按钮，弹出如图 8-54 所示草图，在草图中继续约束孔心位置。

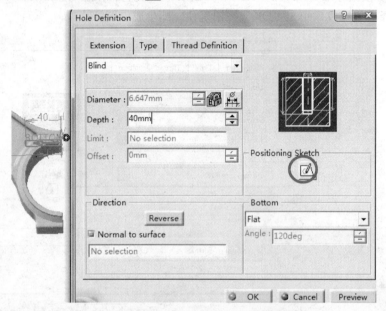
图 8-53　孔定义对话框的 Extension 选项设置

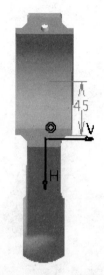
图 8-54　约束孔心

退出草图返回至孔定义对话框，选择"Thread Definition"选项卡并选中"Thread"复选框，如图 8-55 所示，在螺纹定义栏中进行设置，"Bottom Type"栏的"Type"选择"Dimension"，螺孔深度设为 25mm。

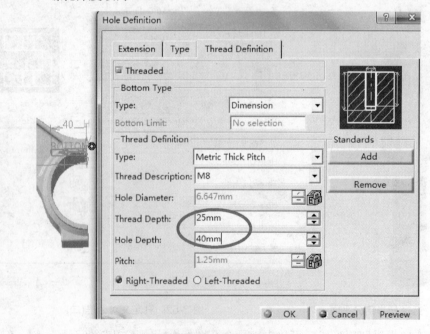
图 8-55　螺纹孔设置

单击"OK"按钮确认，生成实体特征与结构树，如图 8-56 所示。

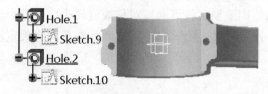

图 8-56 螺纹孔特征和结构树

注意：从外观看来，螺纹的实体特征与圆柱孔没有区别，但结构树上已显示出螺孔结点特征，当转成二维工程图时就会生成螺纹孔特征。

(3) 绘制杆身部分安装轴瓦时的定位槽，结果如图 8-57 所示。

修改根结点 Part1 的属性为"杆身"，如图 8-58 所示，单击存盘工具命令图标 ⬛，将文件命名为"rod.CATPart"保存在"Engine"文件夹中，继续完成螺钉、曲轴、轴瓦、箱体的创建，以备将来进行装配设计。

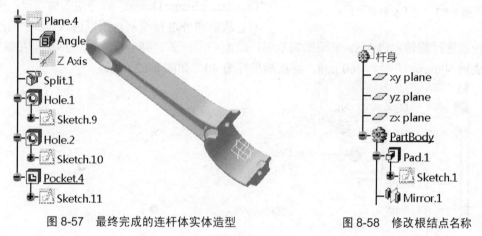

图 8-57 最终完成的连杆体实体造型　　　　　　　　　　　图 8-58 修改根结点名称

8.2 轮毂(曲面)设计

本节以图 8-58 所示的汽车轮毂为例，来对曲面设计的相关命令用法进行说明。

图 8-59 汽车轮毂

从图 8-59 所示实例进行分析，物体为对称结构形式，每个螺孔两侧对应一组对称结构，所以只要完成其 1/4 的结构造型，就可通过对称或旋转来完成整个轮毂结构的绘制。而整个轮毂从轴心向外又可分为轮毂、轮辐和轮辋三部分，在此先确定轮毂的坐标系：按照轮胎坐标系，车轮转动轴线为 x 轴，垂直方向为 z 轴，前进方向为 x 轴。下面对操作过程分步说明。

8.2.1　生成轮辐

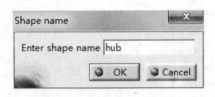

图 8-60　键入文件名"hub"

选择"File"→"New"命令，新建一个"Shape"文件，单击"OK"按钮后在弹出的如图 8-60 所示的"Shape name"对话框中键入"hub"作为文件名。

单击"OK"按钮进入曲面设计工作台，如图 8-61 所示，如果此时不是曲面工作台，则还要再选择"Shape"→"Generative Shape Design"命令进入曲面设计模块。

（1）从内向外进行绘制，所以进入 yz 平面绘制断面轮廓进行旋转。进入 yz 平面绘制草图：绘制一个圆弧，圆心在横轴上，起点在纵轴上，距横轴 50mm，半径为 100 mm，终点横坐标为 40，如图 8-62 所示。

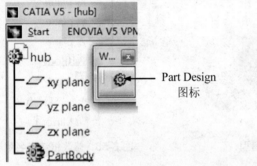

图 8-61　初始结构树

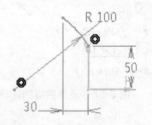

图 8-62　绘制轮毂外廓草图

退出草图设计工作台，在曲面设计模块单击工具命令图标，在弹出的旋转曲面定义对话框中默认轮廓为 Sketch.1，右键选择 Y Axis 为转轴，向一侧转动 45°生成曲面，如图 8-63 所示。

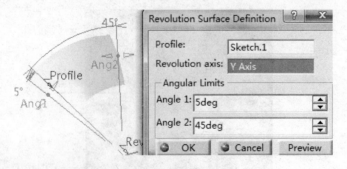

图 8-63　旋转草图设置

（2）单击工具命令图标，弹出如图 8-64 所示对话框，新建相对 xy 平面偏移 300mm 的"plane.1"。

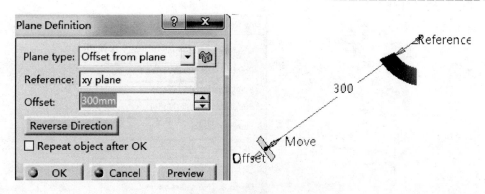

图 8-64 新建参考平面

选择新建的 plane.1，进入草图绘制模块，绘制如图 8-65 所示草图，图中纵向为 H 轴。

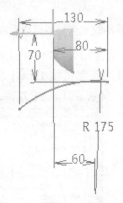

图 8-65 Plane.1 上的轮廓

如图 8-66 所示，将 Sketch.1 绕水平轴线转动-11.25°，生成 Rotate.1。

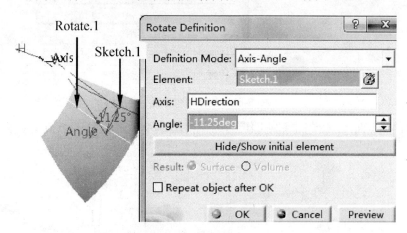

图 8-66 Sketch.1 转动 11.25°

单击工具命令图标 ∕ ，弹出对话框，如图 8-67 所示，将 Sketch.2 和 Rotate.1 的两侧端点连接为 Line.1 和 Line.2。

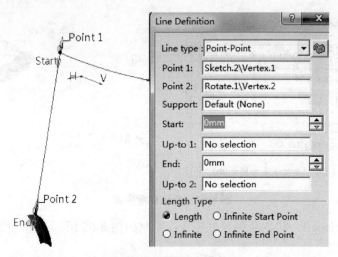

图 8-67　连接两点成直线

单击"Multi-Sections Surface"(放样)工具命令图标，弹出如图 8-68 所示对话框，选择 Sketch.2 和 Rotate.1 作为截面，以两条连接线 Line.1 和 Line.2 为引导线，生成放样曲面。

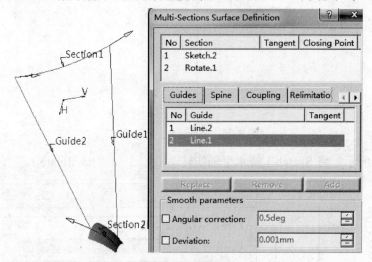

图 8-68　生成放样曲面

(3) 选择 yx 平面，进入草图绘制工作台，绘制如图 8-69 所示轮廓，最低点距 y 轴为 170mm。

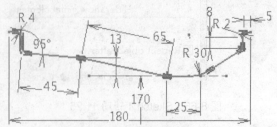

图 8-69　绘制槽底草图轮廓

单击"Revolve"(旋转)工具命令图标，弹出如图 8-70 所示对话框，以刚绘制的 Sketch.3 为轮廓绕其转轴(y 轴或图中水平轴 H)旋转，两侧限制分别为 5°和 40°，得到 1/8 槽底。

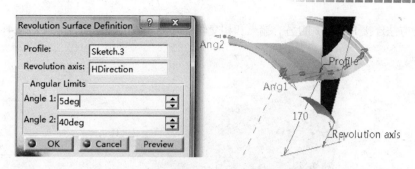

图 8-70 生成 1/8 槽底

单击"Intersection"(相交)工具命令图标，在弹出的对话框中的"First Elements"和"Second Elements"输入框中分别选择旋转得到的槽底与放样，如图 8-71 所示，求得两者相交轮廓 Insect.1。

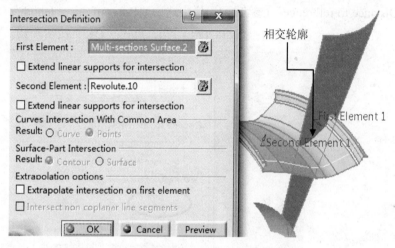

图 8-71 求得相交轮廓

单击"Line"工具命令图标，弹出如图 8-72 所示对话框，选择图 8-66 中的 Rotate.1 的端点和相交轮廓内侧线段的第二点进行连接，如图 8-72 所示，得到 Line .3。

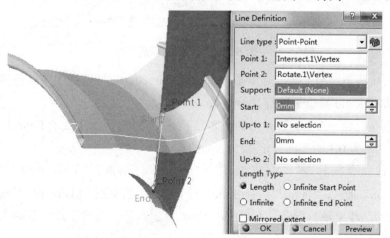

图 8-72 内侧连线

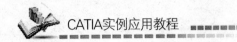
用同样方法连接 Rotate.1 的另一端点和相交轮廓外侧线段的外缘点，得到 Line.4，如图 8-73 所示。

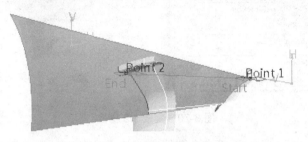

图 8-73　外侧连线

(4) 单击"Point"工具命令图标 ■ ，在弹出的图 8-74 所示对话框中选择"On curve"类型，在"Distance to reference"(参考距离)栏中选中"Ratio of curve length"(曲线长度比率)单选按钮，在"Ratio"输入框中键入 0.7(距上端)，单击"OK"按钮确认。

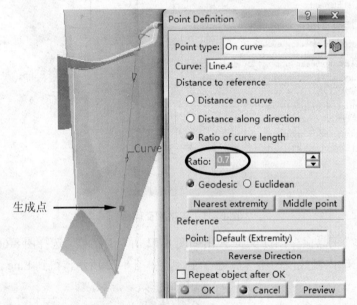

图 8-74　按比率生成点

注意：若生成点在另一侧，则单击"Reverse Direction"按钮或图中红色箭头调整箭头指向，也可改变 Ratio 数值来调整。

单击分割工具命令图标，弹出如图 8-75 所示对话框，应用生成的 Point.1 分割 Line.4，保留下半截(比率为 0.3 的那部分)线段为 Split.1。

单击工具命令图标，弹出如图 8-76 所示对话框，"Line type"选择框选择"Point-Direction"形式，"Point"选择 Split.1 与 Rotate.1 的交点，"Direction"选择 yz 平面，即以 yz 平面的法线 x 轴为指向，在"End"输入框键入任一值则生成一条轴线 Line.5。

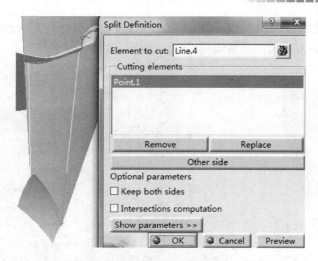

图 8-75　以点分割直线

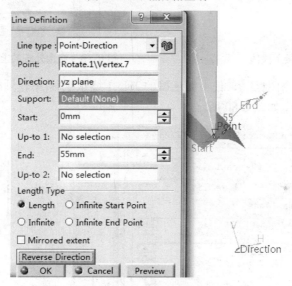

图 8-76　生成旋转轴线

单击旋转工具命令图标，弹出图 8-77 所示对话框，使分割后的线段 Split.1 绕轴线 Line.5 向外旋转 3°，得到 Rotate.3。

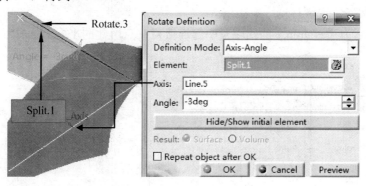

图 8-77　旋转线段

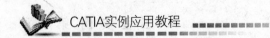
连接 Rotate.3 上端点与图 8-69 草图中 25mm 线段的外端点为 Line.6，如图 8-78 所示；再将 Line.6 与 Rotate.3(外端的两条线)接合为 Join.1，如图 8-79 所示。

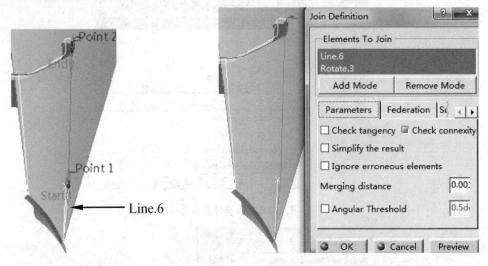

图 8-78　连接上段线　　　　　　　　图 8-79　结合外端的上、下段线

单击旋转工具命令图标，使上面连接的 Join.1 绕水平轴(车轮轴线)转动 45°成扇面，对话框设置和图形显示如图 8-80 所示。

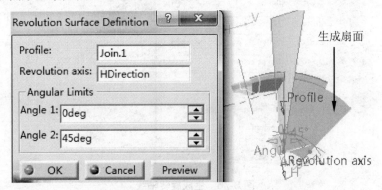

图 8-80　旋转线段成扇面

(5) 图 8-79 所建的 Join.1 是 1/4 轮辐的外边线，下面需要创建轮辐柱的内边线，将外边线在辐面内按指定宽度移动一定距离。

图 8-81 所示为通过 Join.1 的两端及中部连接点三点所建的平面 Plane.2。

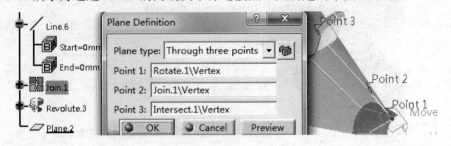

图 8-81　建立参考平面

单击"Translate"工具命令图标，在弹出的如图 8-82 所示对话框中设置 Join.1 沿 Plane.2 指向，即沿其法线方向移动 30mm，生成 Translate.1。

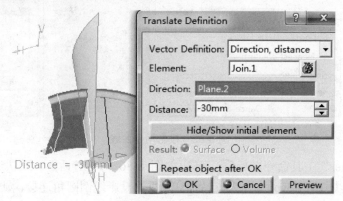

图 8-82　平移连接线

如图 8-83 所示，过图 8-70 旋转生成的槽底终端上的任意两点，及轮胎坐标原点生成一个对称平面 Plane.3。再单击"Symmetry"(对称)工具命令图标，在图 8-84 中的对话框内进行设置，以 Plane.3 为对称面，生成 Translate.1 的对称曲线 Symmetry.1。

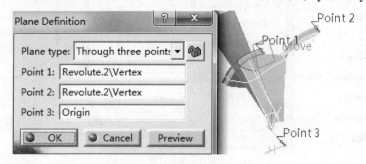

图 8-83　建立参考平面

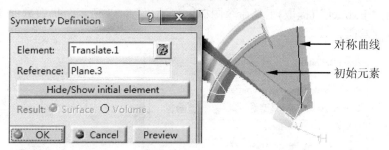

图 8-84　生成对称曲线

应用"Projection"(投影)工具命令图标，将图 8-84 中的 Translate.1 和 Symmetry.1 投影到图 8-80 所生成的旋转扇面上，生成 Project.1 和 Project.2，如图 8-85 所示。

注意：在图 8-85 中的"Projection Definition"对话框中的"Projected"输入框内默认选择一个元素，单击输入框后面的图标，即弹出右边的"Projected"选择框，可一次性选择多个元素。

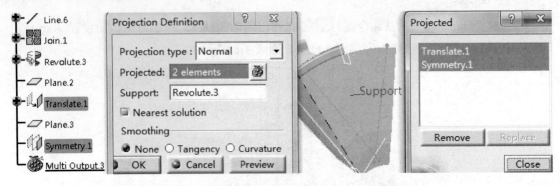

图 8-85　投影两条曲线

单击"Corner"工具命令图标，弹出如图 8-86 所示对话框，默认选择"Corner On Support"类型，以扇面 Revolute.3 为支持面，将两条投影线倒圆角连接，圆角半径为 25mm，并修剪图中内侧的投影线，生成 Corner.1。

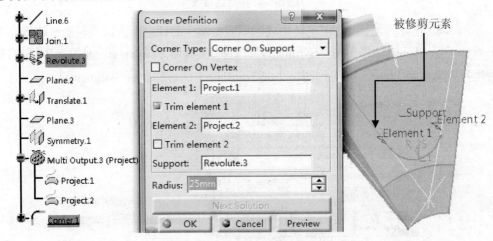

图 8-86　圆角连接两条投影线

(6) 单击"Extract"(提取)工具命令图标，如图 8-87 所示，提取扇面 Revolute.3 的外边界(绿色高亮线)。

图 8-87　提取曲面边界

选择绘制直线命令，弹出如图 8-88 所示对话框，选择"Angle/Normal to curve"类型，"Curve"选择提取线，以槽底面为支持面，圆角线与提取线交点为起始点，角度为 90°，长度略长些，选中"Geometry on support"(图形附于支持面)复选框，确认即生成引导线 Line.7。

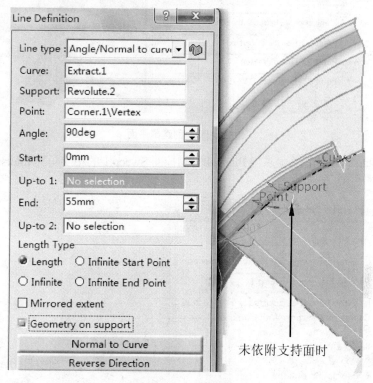

图 8-88　生成引导线

单击"Sweep"(扫掠)工具命令图标，在弹出的对话框中默认选择"Explicit"(直接式)类型中的"With reference surface"(带参考曲面)子类型，以修剪后的 Corner.1 为轮廓，以图 8-88 绘制的 Line.7 为引导线，其他项默认，从图 8-89 所示预览中能看到扫掠效果，单击"OK"按钮确认，生成扫掠面 Sweep.1。

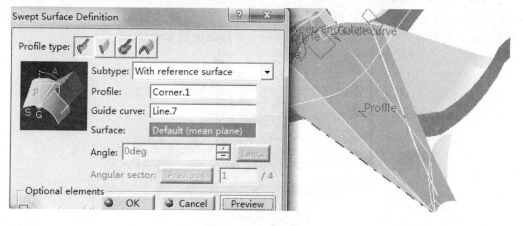

图 8-89　生成扫掠面

(7) 通过 Rotate.1 的端点、Intersect.1 轮廓圆弧端点及引导线与 Intersect.1 轮廓对应点这三个点创建一个平面 Plane.4，如图 8-90 所示。

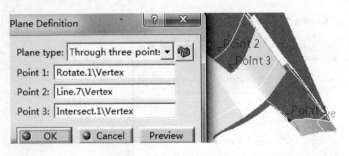

图 8-90　创建截平面

应用"Intersection"命令，求出 Plane.4 与扫掠面 Sweep.1 的相交轮廓 Intersect.2，如图 8-91 所示。

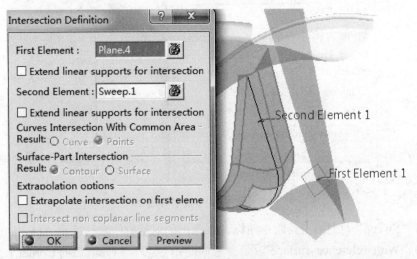

图 8-91　求相交轮廓

同理，应用"Intersection"命令，连续求出 Plane.4 与槽底 Revolute.2 的相交轮廓 Intersect.3，1/4 轮辐的对称面 Plane.3 与槽底的相交轮廓 Intersect.4，Plane.3 与最初的旋转曲面.Revolute.1 的相交轮廓 Intersect.5，这些交叉轮廓如图 8-92 所示。

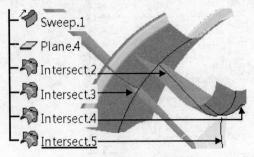

图 8-92　其余相交轮廓

从图 8-92 中看出 Intersect.5 与 Intersect.2 及 Intersect.4 存在一个缝隙，继续求出 Intersect.2 与 Intersect.4 的交叉点，预览结果如图 8-93 所示。

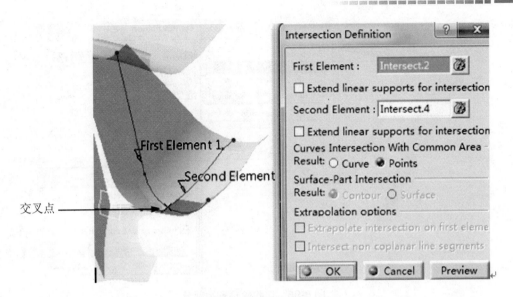

图 8-93　求得交点

如图 8-94 所示，将图 8-93 所示交点和 Intersect.6 的近端连接起来，得到 Line.8。

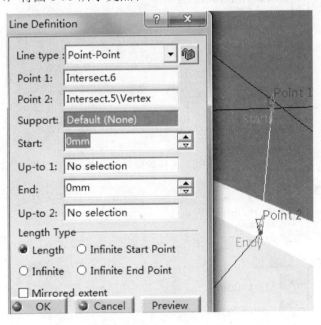

图 8-94　连接两点

单击 "Split" 工具命令图标 ，如图 8-95 所示，仍然单击多选图标 ，应用 Plane.3 将 Revolute.1、Sweep.1 和 Corner.1 在图中的透明部分一次性切除。

如图 8-96 所示，连接 Corner.1 和 Revolute.3 被分割后的末端点成为 Line.9。

观察发现封闭一个轮辐柱的边缘线还差 Intersect.1 和 Intersect.3 的交点(图 8-97 中的 Point.1)与 Rotate.1 内端(图 8-97 中的 Point.2)之间的连线，同样连接它们。

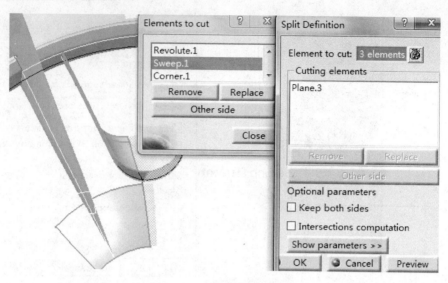

图 8-95　切除轮辐多余部分

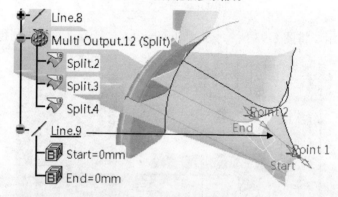

图 8-96　连接轮辐外部两点

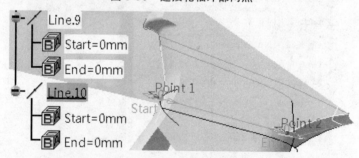

图 8-97　连接轮辐内部两点

　　单击"Fill"(填充)工具命令图标，弹出如图 8-98 所示对话框，依次选择轮辐柱正面的 Join.1、Extract.1、Split.4 和 Line.9，直至出现淡蓝色标记"Closed Contour"(轮廓封闭)，即可确认填充。

　　同理，如图 8-99 所示，选择背面的 Intersect.3、Intersect.2、Line.8、Revolute.1 的内边界及 Line.10，封闭后填充为 Fill.2。

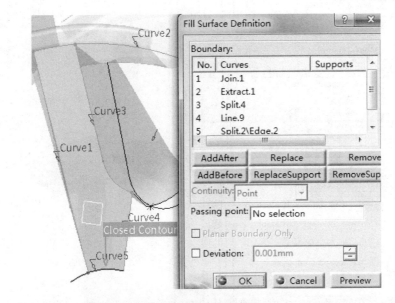

图 8-98　填充正面轮辐柱

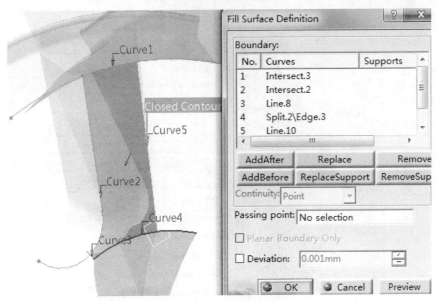

图 8-99　填充背面轮辐柱

(8) 轮辐柱的四个表面都已建立后，需要将交叉外多余曲面修剪掉。

下面先修剪轮辐正面和外侧壁，单击修剪工具命令图标，在弹出的如图 8-100 所示的对话框中选择欲修剪的两元素——Multi-sections Surface.2 和 Fill.1，图中显示修剪掉透明区域时，单击"OK"按钮确认，即完成此次修剪。修剪后生成 Trim.1，即将原放样曲面和填充面多余部分切除后进行了接合。

同理，选择内侧的扫掠面与背面的 Fill.2 进行修剪，即完成轮辐柱背面的修剪操作，设置所用对话框与预览如图 8-101 所示。

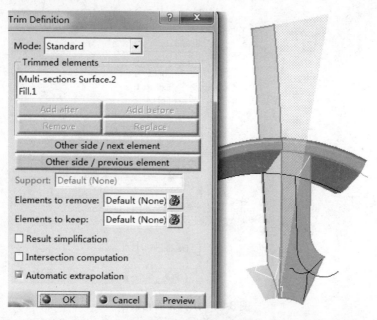

图 8-100　修剪正面和外侧壁

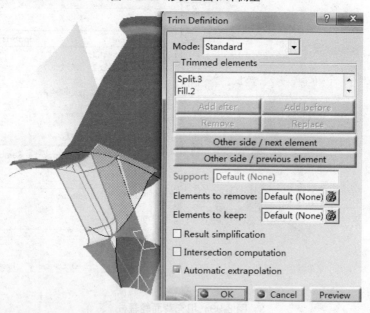

图 8-101　修剪背面和内侧壁

接着将上面修剪得到的 Trim.1 和 Trim.2 进行修剪，得到如图 8-102 所示的预览结果，选择剪除显示的透明部分。

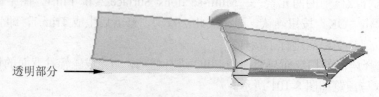

透明部分 ——→

图 8-102　修剪 Trim.1 和 Trim.2

再次应用修剪命令，选择槽底旋转面和刚刚修剪完的 Trim.3，如图 8-103 所示，保留槽底外廓和轮辐柱的下部分，生成 1/8 轮辐的结果如图 8-104 所示。

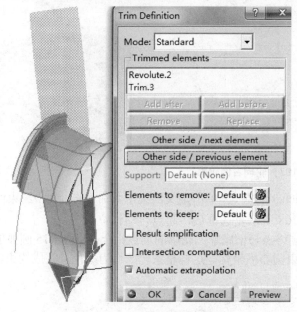

图 8-103　修剪槽底和轮辐柱

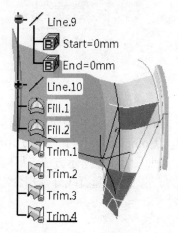

图 8-104　1/8 轮辐

8.2.2　生成轮辋

(1) 进入 yz 平面，从左至右绘制草图轮廓如图 8-105 所示，左侧起点距车轮轴心高度为 205mm，R15 和 R3 两弧相切，接 15.375mm 的直线，此直线距车轮轴心高 193.5mm，右边是样条曲线，中间点高为 2mm，两侧为 1mm，再绘制直线至 46.5mm 与一圆弧相切。

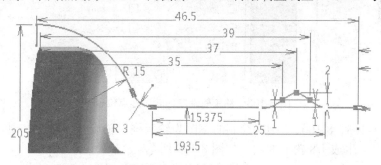

图 8-105　轮辋左侧轮廓

中段轮廓如图 8-106 所示，是由 3 段直线、4 段圆弧与两侧连接而成的。

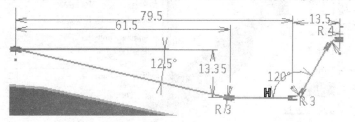

图 8-106　轮辋中段轮廓

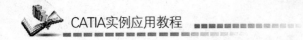

CATIA实例应用教程

图 8-107 所示为轮廓的右段轮廓，绘制时可以先绘制大致轮廓，再进行尺寸约束。

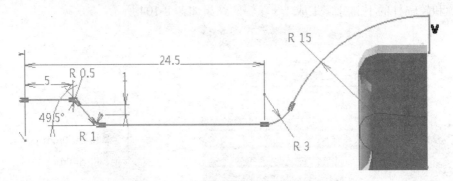

图 8-107　轮辋右侧轮廓

选择轮廓起点和槽底草图轮廓 Sketch.3 的端点，单击定义约束工具命令图标，约束两者为"Coincidence"(相合)，选中图 8-108 所示复选框后，起点自动移位。

按照图 8-108 所示方法，再约束右端终点与槽底草图轮廓的端点相合；两段 R15 圆弧的圆心与左、右端竖直线分别相合，即约束圆心横坐标。这样整条轮廓变为绿色，完成约束。

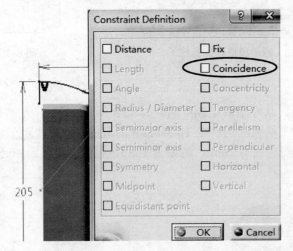

图 8-108　约束轮辋左侧轮廓起点位置

(2) 以图 8-105、8-106、8-107 绘制的草图为轮廓绕 y 轴旋转，向逆、顺时针方向分别旋转 5°和 40°，生成 1/8 轮辋曲面，如图 8-109 所示。

图 8-109　生成 1/8 轮辋曲面

单击棱边倒角工具命令图标，弹出如图 8-110 所示对话框，选择轮辋曲面两侧的棱，设置倒角半径为 1mm。

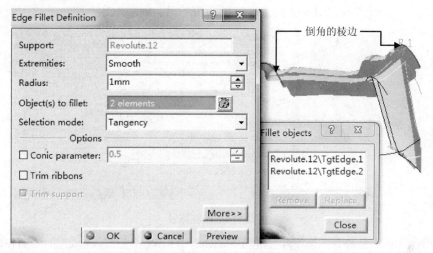

图 8-110　轮辋棱边倒角对话框

倒角后的 1/8 轮辋曲面结构如图 8-111 所示。

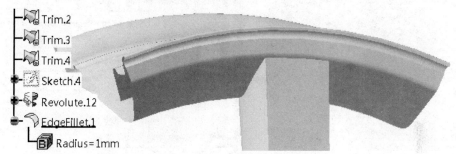

图 8-111　轮辋棱边倒角结果

8.2.3　生成轮毂

(1) 进入 yz 平面绘制草图，如图 8-112 所示，上边黄线为 Sketch.1 投影所得，约束草图轮廓的起点和终点分别与投影线两端相合，其他尺寸如图 8-112 中所绘。

删除投影所得的原始黄线，退出草图工作台，结构树显示新增结点 Sketch.5。再应用新建平面命令，在图 8-113 对话框中设置以轮辐正面内端两点和原点共三点构建参考平面 Plane.5。

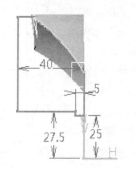

图 8-112　轮毂轮廓草图

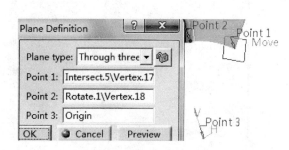

图 8-113　建立轮毂外端平面

单击"Circle"(绘制圆)工具命令图标〇，弹出如图 8-114 所示对话框，选择"Center and radius"(中心和半径)类型，以原点为中心，Plane.5 为支持面，半径为 50mm，观察起始和终止角度的变化，设置其与 Revolute.1 转过的角度一致，单击"OK"按钮确认生成 Circle.1。

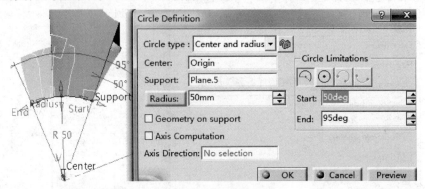

图 8-114　绘制路径

(2) 单击扫掠工具命令图标🖌，使轮廓 Sketch.5 沿 Circle.1 扫掠，生成曲面如图 8-115 所示。

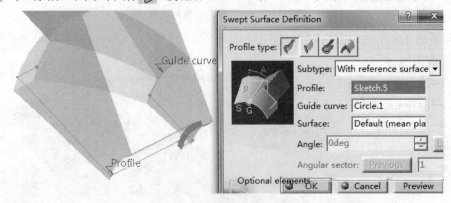

图 8-115　生成 1/8 轮毂曲面

如图 8-116 所示，将刚生成的扫掠曲面与被分割过的旋转面 Split.2 接合，生成 Join.2。

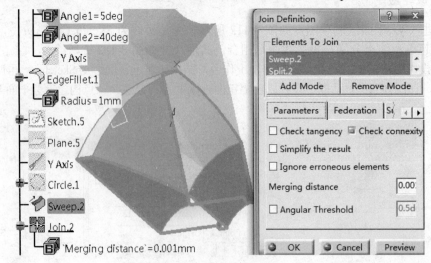

图 8-116　接合轮毂曲面

(3) 将 Join.2 与最后修剪生成的轮辐柱 Trim.4 进行修剪，剪除两者结合部位的曲面，如图 8-117 所示。

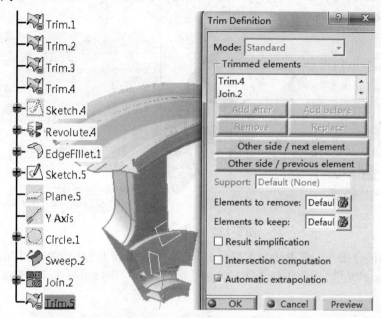

图 8-117　修剪轮毂和轮辐

同理，将图 8-117 所得的 Trim.5 与轮辋曲面 EdgeFillet.1 进行修剪，剪去曲面多余部分，得到 Trim.6，完成了 1/8 轮毂的最终处理，如图 8-118 所示。

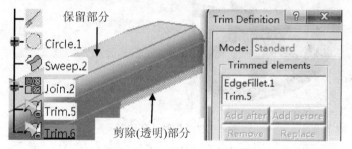

图 8-118　修剪轮辋和轮辐

(4) 单击对称工具命令图标，以 1/8 轮毂曲面 Trim.6 相对 8.2.1 节中图 8-83 生成的平面 plane.3 进行对称操作而生成 Symmetry.2，如图 8-119 所示。

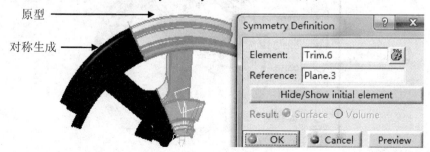

图 8-119　对称 1/8 轮毂

应用接合命令，将 Symmetry.2 与原 1/8 轮毂曲面接合为 1/4 轮毂曲面 Join.3。

单击"Rotate"工具命令图标，将 Join.3 绕车轮轴线(Y 轴)旋转 90°，再生成一个 1/4 轮毂曲面 Rotate.4，如图 8-120 所示。

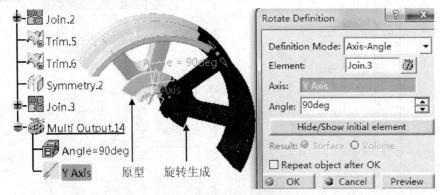

图 8-120　旋转 1/4 轮毂

再次应用接合命令，将 Rotate.4 与原 1/4 轮毂曲面接合为 1/2 轮毂曲面 Join.4。

应用"Rotate"功能，再将 Join.4 绕车轮轴线旋转 180°，生成另外半个轮毂曲面 Rotate.4，如图 8-121 所示。

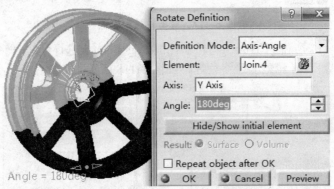

图 8-121　旋转 1/2 轮毂

还要将两个 1/2 轮毂曲面进行接合，形成一个完整轮毂(结点为 Join.5)，得到图 8-122 所示结果。

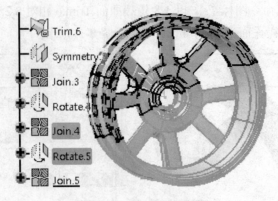

图 8-122　接合为完整轮毂

8.2.4　生成实体

本节主要在前面所述基础上完成实体及气门嘴和轮胎连接螺孔的绘制。

(1) 打开轮辋轮廓草图 Sketch.4，选择"Tangent to surface"(与曲面相切)类型，

图 8-123　建立气门嘴轮廓参考平面

新建参考平面 Plane.6，曲面选择图 8-123 所示的坡面，切点则选择 Sketch.4 在此段的一个端点。

选择 Plane.6 进入草图设计模块，绘制如图 8-124 所示一个小圆，直径为 12mm，与轮轴中心径向距离为 140mm。

退出工作台，应用"Extrude"工具命令图标 将 D12 的圆孔拉伸，如图 8-125 所示，长度设置为与轮辋和槽底曲面相交即可。

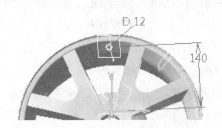

图 8-124　绘制气门嘴草图轮廓

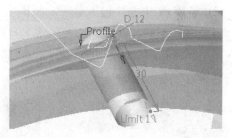

图 8-125　拉伸气门嘴

单击"Shape Fillet"(曲面倒角)工具命令图标 ，进行整个轮毂 Join.5 与气门嘴 Extrude.1 两个曲面间的倒角，如图 8-126 所示进行设置：默认"BiTangent Fillet"(双切曲面)类型，选择修剪两个支持面，半径为 0.5mm，由红色箭头确定两者倒角方向，单击使其向外修剪，单击"Preview"按钮观察，得到修剪掉多余部分后的结果确认即可。

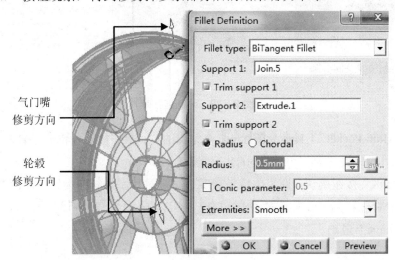

图 8-126　气门嘴柱面与轮辋进行曲面倒角

选择"Start"→"Mechanical Design"→"Part Design"命令，进入实体设计模块，单击"Surface-Based Features"(基于曲面特征)工具栏中的"Close Surface"(闭合曲面)工具命令图标，选择最后所得图形 Fillet.1 为闭合对象，如图 8-127 所示，再隐藏曲面 Fillet.1，即生成实体 CloseSurface.1。

图 8-127 "Close Surface"(闭合曲面)定义对话框

(2) 选择 zx 平面，进入草图绘制模块，从轮心沿径向绘制一条轴线，与纵轴成 50°夹角，再绘制两个同心圆，圆心在轴线上且距轮心 55mm，如图 8-128(a)所示。

单击"Rotate"(旋转)工具命令图标，弹出图 8-128(b)所示对话框，先单击轮心以其为旋转中心，复制实例输入 3，转角为 90°，确认即可生成连接螺孔轮廓。

 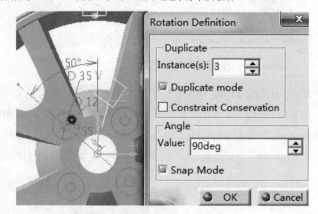

(a) 绘制轴线及同心圆　　　　　　　　　(b) 旋转复制同心圆

图 8-128 绘制连接螺孔

单击"Multi-Pocket"工具命令图标，在弹出的对话框中设置各轮廓开槽深度，如图 8-129 所示，大圆孔深度设置为 20mm，小圆孔深度设置为 50mm。

单击"OK"按钮确认，即可生成轮毂实体，再对其添加材料为铝，单击"Shading with Material"(带材料着色)工具命令图标，实体显示如图 8-130 所示，保存名称为"hub.CATShape"退出。

图 8-129 设置连接螺孔深度

图 8-130 轮毂实体

8.3 发动机(装配)设计

本节说明简易四缸发动机的装配过程。

8.3.1 调入现有组件

通选择"File"→"New"命令,新建一个"Product"文件,单击"OK"按钮进入装配设计模块。选择结构树的 Product1 结点,单击"Existing Component"(现有组件)工具命令图标 ,弹出文件选择对话框,如图 8-131 所示,选择打开"Engine"文件夹中的箱体、曲轴、活塞、连杆组等组件。

考虑到连杆组是作为一个整体运动的,所以在此选取连杆组作为独立组件调入装配中。调入文件后,显示界面如图 8-132 所示。

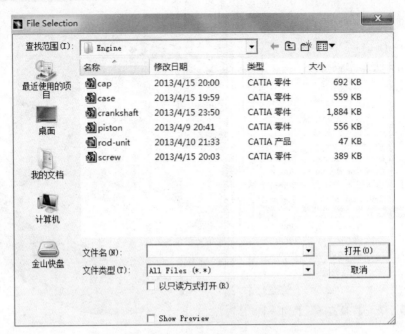

图 8-131　打开活塞连杆组零件

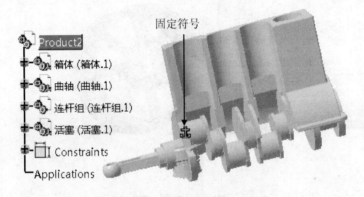

图 8-132　调入零件并固定箱体

从图 8-132 可以观察到：由于设计时选取坐标为相同原点，各组件发生重叠现象，还需要调整这些零件的位置。

8.3.2　装配 I 缸

单击"Fix Component"(固定组件)工具命令图标🔧，再选取箱体使其固定，如图 8-132 所示。

下面说明发动机 I 缸各组件的装配过程：

(1) 单击"Manipulation"(操纵)工具命令图标🔧，将箱体、曲轴、活塞及连杆组分布开来。

(2) 重复 4.5 节活塞连杆组装配操作过程，完成 I 缸活塞与连杆的装配。

单击"Smart Move"(智能移动)工具命令图标🔧，选择活塞和箱体 I 缸轴线，如图 8-133 所示，则活塞装入 I 缸，调整绿色箭头，保证正确安装方向。

再应用同轴约束功能，约束曲轴主轴颈与箱体座孔同轴，并移动曲轴保证其轴向大体位置即可，图8-133和图8-134中的箭头指示为曲轴第二段主轴颈移动前后位置对比。

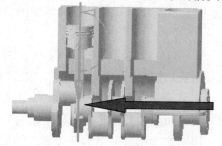

图8-133 智能移动连杆组

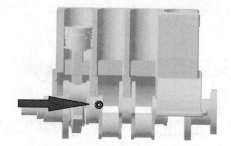

图8-134 约束曲轴入座孔

注意：

① 若曲轴与箱体同轴约束发生前后反向，需要单击"Angle Constraint"(角度约束)工具命令图标，拾取两轴线设置其夹角为180°。

② 若大头轴孔与连杆轴颈约束后导致杆身与杆盖分离，需要应用"Contact Constraint"(接触约束)工具命令图标，再约束其分割后的两端面相接触。

双击同轴约束图标，如图8-135所示，连续约束活塞与Ⅰ缸、连杆大头与曲轴第一段连杆轴颈同轴。

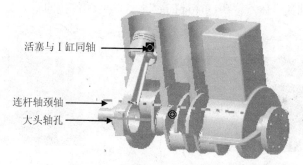

图8-135 约束Ⅰ缸活塞连杆组同轴

应用"Offset Constraint"命令，约束杆身大头端面与曲轴连杆轴颈端面距离为1mm，这样就确定了曲轴的轴向位置，如图8-136所示，确认并更新，完成Ⅰ缸约束。

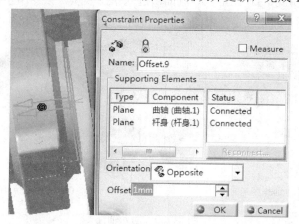

图8-136 约束连杆大头端面与曲轴轴端间距

8.3.3 插入新组件

对于装配关系非常明确的轴瓦、活塞环、活塞销及活塞环可以通过装配体中的现有组件(零件)进行现场设计。

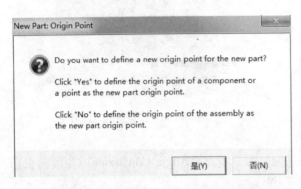

图 8-137 "新建零件：原点定义"警示框

(1) 新建连杆轴瓦。双击"连杆组"结点，选择在此插入新组件，单击"Part"工具命令图标，弹出原点定义警示框，如图 8-137 所示。单击"是(Y)"按钮即定义组件原点为新建零件的原点，结构树同时生成 Part1 组件结点。

双击 Part1 组件下的 Part1 零件结点，进入零件设计模块。选择杆身的中垂面(自身 xy 平面)为参考面进入草图，如图 8-138(a)所示，应用图标割开此断面，隐藏连杆盖，投影杆身大头内壁轮廓，再向内偏移 2mm，连接两半圆端点成一封闭轮廓。

退出后拉伸成轴瓦实体，选择"Up to plane"形式将两侧都拉伸至大头端面，生成图 8-138(b)所示效果。

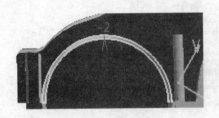

(a) 轴瓦草图

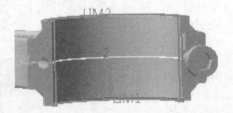

(b) 拉伸成实体

图 8-138 插入轴瓦

选择图 8-139(a)所示的轴瓦定位槽侧面，进入草图模块，投影出定位槽轮廓，退出后拉伸至定位槽另一端面，即完成定位槽的绘制；再进一步设计出油槽和油孔，如图 8-139 所示。

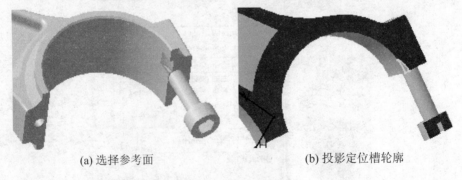

(a) 选择参考面   (b) 投影定位槽轮廓

图 8-139 插入轴瓦

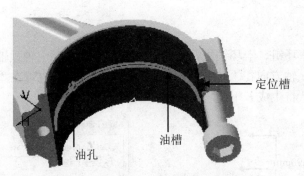

(c) 生成定位槽、油槽和油孔

图 8-139　插入轴瓦(续)

为了区分，可右击实体，在弹出的属性框中更改轴瓦颜色，并将零件号重置为"连杆瓦"。

(2) 同理，完成另一半轴瓦的绘制操作，更名为"连杆瓦下"。

(3) 应用前面所述方法，在曲轴基础上设计"曲轴轴瓦"和"曲轴轴瓦下"，在活塞基础上设计"一道环"、"二道环"、"油环"、"活塞销"和"卡环"，如图 8-140 所示。

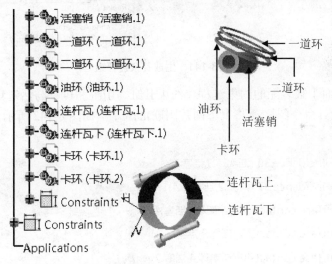

图 8-140　插入活塞环

由于原有零件已经约束定位妥当，基于此零件设计得到的实体就会自动存于合适位置。但若重新约束，还会发生位置差异，所以还需进行合理约束以保证其位置，如约束连杆瓦与连杆轴颈同轴，端面间距为"0"等，在此不再叙述。

在此环境创建的零件需要存盘，右击组件下层的零件结点，更改其属性，赋以不同颜色进行区分以便于观察，并另存为相应的"ring"(活塞环)、"pin"(活塞销)、"snap-ring"(卡环)及"rod-bearing"(连杆轴瓦)等名称。

注意：三道活塞环之间、活塞销及卡环相对不动，可以分别创建组件，具体为新建组件，装配为"ring.CATProduct"(活塞环)和"snap-pin.CATProduct"(卡环销组)以便于下一步装配。

8.3.4 其余缸装配

将连杆组、活塞环组、卡环销组及连杆轴瓦各复制 3 个，主轴颈轴瓦则需要 4 对。如图 8-141 所示，沿 z 轴方向在"×"处将生成另外三个活塞；也可在"Result="输入框键入自定义向量，确认将生成若干便于观察的实例。

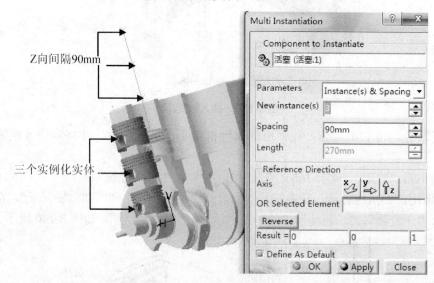

图 8-141　生成其余连杆组

继续重复前面 I 缸装配的约束过程，约束 II 缸、III 缸和IV缸与活塞环等附件以及主轴颈轴瓦(可应用工具命令图标 ⌀ 将上下两片固联)的位置，如图 8-142 所示，完成整体发动机的装配。

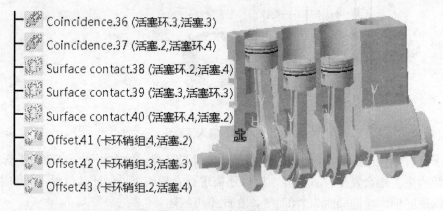

图 8-142　约束其余各缸

更改 Product2 结点属性框中的零件号为"发动机"，文件另存为"Engine.CATProduct"。

8.4　活塞(零件)工程图设计

打开 3.7.1 节创建的文件 piston.CATPart，如图 8-143 所示。

图 8-143　生成其余连杆组

8.4.1　创建视图

1) 进入工程图环境

选择"Mechanical Design"→"Drafting"命令，弹出"New Drawing Creation"对话框，选择第一个"Empty Sheet"(空白页)，如图 8-144 所示，单击"Modify"按钮，弹出如图 8-145 所示对话框进行图幅设置，修改图幅为 A3 图纸，单击"OK"按钮确认。

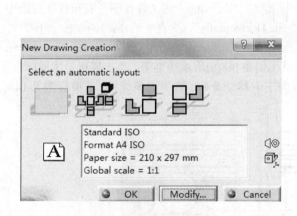

图 8-144　选择空白页

图 8-145　更改图幅

进入工程图设计工作台，显示如图 8-146 所示空白页，其中包含结构树、工具栏和图框等。

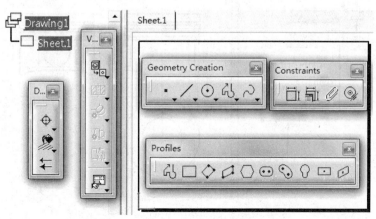

图 8-146　工程图空白页

2) 生成三视图

单击"Front View"(主视图)工具命令图标，再单击零件实体的顶面(平面或坐标面)，工程图框内显示图8-147所示的操纵盘和主视图预览，单击向上翻转，生成图8-147(b)所示结果。

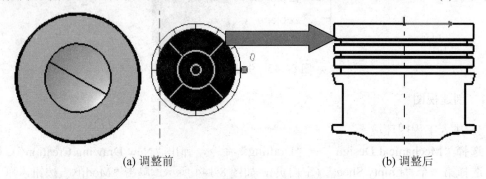

(a) 调整前　　　　　　　　(b) 调整后

图8-147　通过操纵盘调整主视图

为使工程图界面与实体零件界面的切换便捷，可以选择"Windows"→"Tile Vertically"(垂直平铺)命令，即将"piston.CATPart"和正在创建"Drawing"两文件视图左右布置在界面中以方便操作，生成视图再恢复全屏；选择"Tile Horizontally"(垂直平铺)则将两视图上下排列。

单击工具命令图标右下角的黑三角，单击"Projection View"(投影视图)工具命令图标，在图纸上向主视图右侧移动光标，出现如8-148(a)所示预览图，单击鼠标，生成侧视图。

同理，单击投影视图工具命令图标，向下方移动光标，将生成俯视图，结果如图8-148(b)所示。

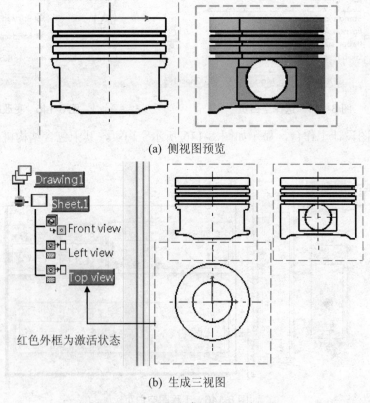

(a) 侧视图预览

红色外框为激活状态

(b) 生成三视图

图8-148　投影生成侧视图、俯视图

3) 生成剖视图

图 8-148 所示三个视图仅表现出零件的外部信息，无法显示其内部特征，此时需要引入剖视图。

双击以激活侧视图(虚线框变红)，单击"Offset Section View"(剖视图)工具命令图标 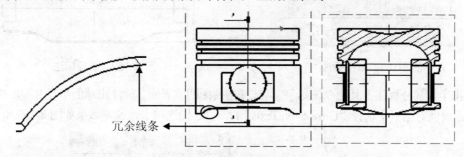，移动光标到侧视图，单击轮廓外的对称轴上一点，向右移动光标出现预览视图，至适当位置，单击则生成剖视图 A-A，如图 8-149 所示；通过左侧放大图可观察到视图中有一些较细的线条，这是由于倒角、圆角或螺纹等特征产生的冗余线。

冗余线条 ←

图 8-149   生成剖视图

删除视图中的的冗余线段并隐藏坐标轴，再通过右击结构树或视图，在属性对话框取消选中"View"选项卡中"Visualization and Behavior"栏下的"Display View Frame"复选框，隐藏视图虚线框，得到如图 8-150 所示的视图。

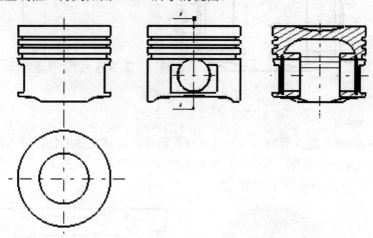

图 8-150   视图布置

8.4.2   尺寸标注

1) 标注外廓尺寸

单击"Dimension"工具栏中的"Length/Distance-Dimensions"(长度/距离尺寸)工具命令图标，在如图 8-151 所示主视图中标注活塞高度。

将尺寸线移动至合适位置，确认后，工具板消失。再双击直径尺寸标注工具命令图标，如图 8-152 所示，连续标注活塞头部和裙部直径。

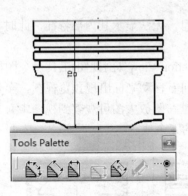

图 8-151　高度标注

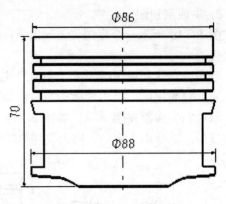

图 8-152　直径标注

单击半径尺寸标注工具命令图标 R，选择剖视图凹坑表面，标注出球面半径 R70，右击尺寸线，在属性对话框中选择 "Dimension Texts" (尺寸文本)选项卡，预览效果如图 8-153 所示。

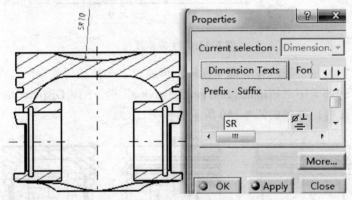

图 8-153　视图布置

2) 补充实体特征

注意到内端销座孔没有倒角，需要补充修改特征：选择实体零件，进入再将销座内端孔倒角 1mm。回到工程图设计界面，发现更新图标由灰变亮，单击工具命令图标 ❸，工程图随之更新，剖视图变化如图 8-154(b)所示。

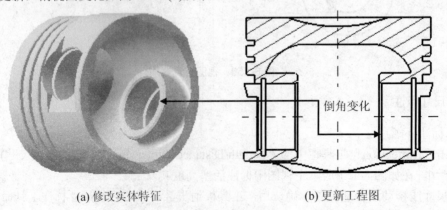

(a) 修改实体特征　　　　　　　　　　(b) 更新工程图

图 8-154　补充实体特征

3) 标注其他尺寸

继续应用长度、直径和半径尺寸标注功能，分别在主视图中标注环槽的高度和深度，在侧视图中标注裙部尺寸，剖视图则需要标注销座尺寸，如图 8-155(a)～图 8-155(c) 所示。

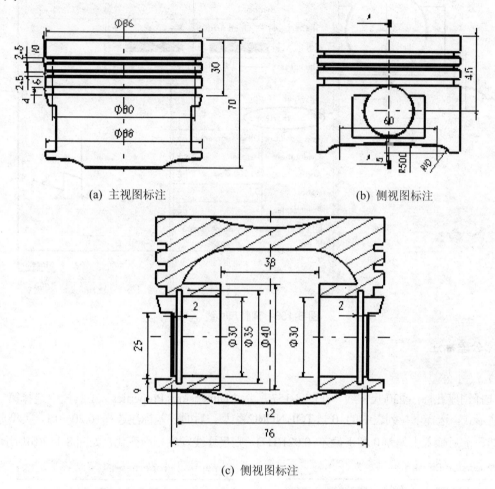

(a) 主视图标注　　　　　　　　　　　　(b) 侧视图标注

(c) 侧视图标注

图 8-155　其他尺寸标注

在图 8-155(b)中标注时可借助尺寸工具板的"Intersection point detection"(检测交叉点)寻找参考；在图 8-155(c)中，单击"Datum Feature"(基准特征)工具命令图标 Ⓐ，选择Φ30 尺寸线即在图中位置生成基准符号，拉出到合适位置单击确认；在另一侧圆孔也要生成基准"B"。

4) 调整尺寸线

图 8-155(b)R500 的尺寸线过长，在此以截断线表示：右击尺寸线，弹出图 8-156 所示属性对话框，选择"Dimension Line"选项卡，选中"Foreshortened"(缩短)复选框，则 Symbol2 被选中，应用预览即得到如图 8-156 所示效果。

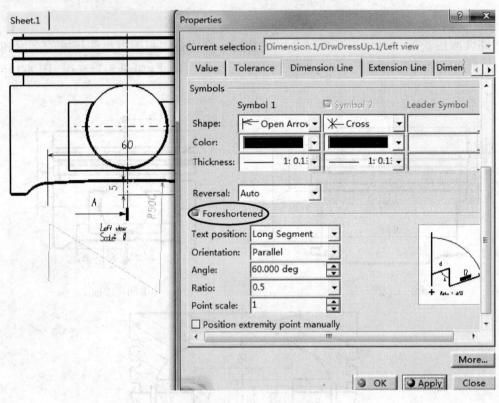

图 8-156　调整尺寸线

8.4.3　公差标注

1) 尺寸公差

选择销座孔标注Φ30 尺寸线，在图 8-157 所示 "Dimensions Properties" 工具栏中选择第一种标注形式，选择下拉列表中的 $10\pm^6_4$ TOL NUM2 类型，后面公差标注选择+0.20/-0.1，类型分别在 "/" 前后输入上偏差 0 和下偏差-0.021(H7)，则尺寸线发生相应变化，如图 8-157(b)所示。

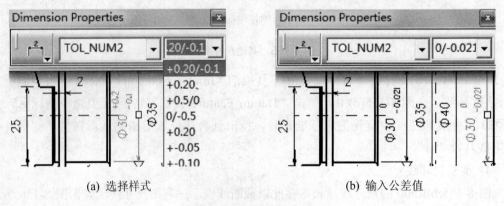

(a) 选择样式　　　　　　　　　　　　　(b) 输入公差值

图 8-157　标注尺寸公差

按照上述方法为各配合表面尺寸标注相应尺寸公差。如标注活塞顶面距销座孔轴线尺寸公差为 45 ± 0.2，需要将公差类型设置为 TOL-1.0，并更改文字类型为 "Arial Narrow" (细版 Arial)等其他字体，公差值输入±0.2，即得到标准的标注形式。

对于包容要求、最大实体原则等标注，可以通过右击尺寸线，在弹出的属性对话框中选择"Demension Texts"(尺寸文本)选项卡，选择"Prefix-Suffix"(前缀-后缀)栏下"Main Value"的符号库，即可插入。

注意：输入偏差值要注意数值精度的显示，有误时可右击选择"Properties"→"Value"命令，在"Format"(格式)栏中将"Precious"(精度)设置为0001。

2) 形位公差

单击基准符号下拉三角，单击"Geometrical Tolerance"(形位公差)工具命令图标，选择销座内端面进行标注：移动光标，拉出形位公差框格，同时显示公差值输入框，如图8-158所示。

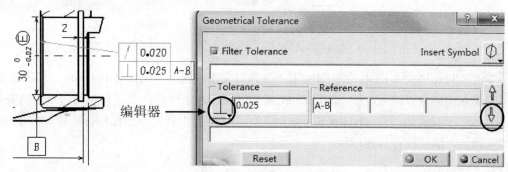

图8-158 标注形位公差

在形位公差编辑器中应用下拉三角选择圆跳动符号，键入公差值0.020，单击右面"下一项"按钮，再单击选择垂直度符号，后面键入公差值0.025和基准"A-B"，确认退出编辑器，形位公差框格显示如图8-159所示。

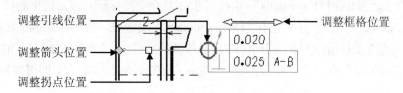

图8-159 移动形位公差框格

应用图8-159中的黄色菱形点调整箭头所指位置，拉动圆圈可调整引线引出位置，正方形块决定拐点位置，移动双向箭头同挪动框格位置，移动至合理位置，单击确认。

按照上述操作为各加工表面标注相应的形位公差。

8.4.4 其他标注

1) 表面粗糙度

单击"Symbols"(符号)工具栏中的"Roughness Symbol"(粗糙度)工具命令图标，弹出标注框。选择φ30孔的表面，在对话框选择生成图8-160所示符号，调整方向，键入粗糙度数值为1.6，确认即完成该表面粗糙度的标注，其他表面也如此处理，如图8-160所示。

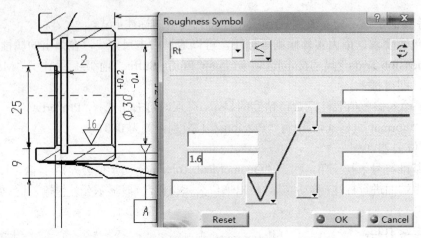

图 8-160　标注表面粗糙度

2) 文本

单击"Text"(文本)工具命令图标**T**，选择写文本位置即弹出图 8-161(a)所示输入框。在框中输入相应内容即可，按 Shift+Enter 组合键即转入下一行，上下角标通过单击"Text Properties"工具栏的"Superscript/Subscript"(上标/下标)工具命令图标进行选择，按 Enter 键即可确认，继续进行其他标注。

3) 标题栏

选择"Edit"→"Sheet Background"(页面背景)命令，选择"Frame and Title Block"(框架和标题块)可以直接选择插入标题栏。在此介绍绘制标题栏方法。

在"Work View"(工作视图)环境下，应用图标□绘制 390×287 的装订内框，放在视图相应位置；应用图标╱绘制一条水平线，在图 8-161(b)工具板中设置长为 180mm，绘制五条等长的平行线，单击"Stacked Dimensions"(堆栈尺寸)工具命令图标，双击约束的尺寸，在弹出的"Dimensions Value"输入框中选中"Drive geometry"复选框，将间隔强制约束为 7.5。

单击工具命令图标选择图 8-161(c)中下端线条的右端点，与装订框的右下角点相合，则标题栏线条移至装订框右下角，继续绘制纵向线条，设置线宽，添加注释，即得到如图 8-161(c)所示标题栏。

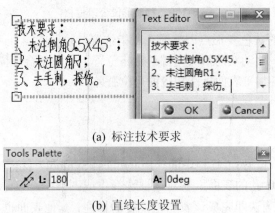

(a) 标注技术要求

Tools Palette
L: 180　A: 0deg

(b) 直线长度设置

图 8-161　文本及标题栏标注

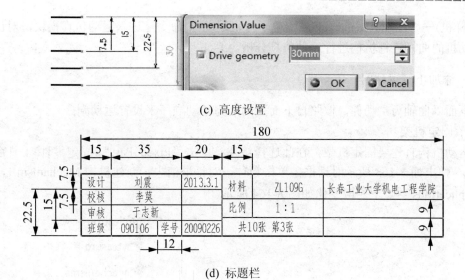

(c) 高度设置

(d) 标题栏

图 8-161　文本及标题栏标注(续)

隐藏图 8-161(d)中的尺寸线，其他各处修改完毕，得到活塞工程图，如图 8-162 所示，文件另存为"piston.CATDrawing"，标题栏还可用于其他视图。

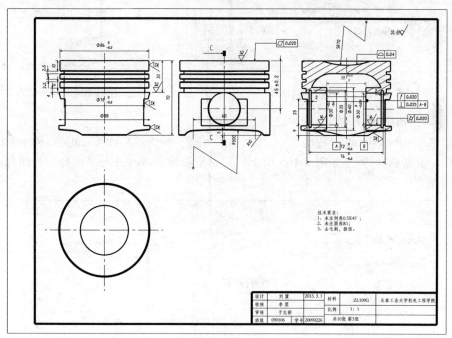

图 8-162　活塞工程图

8.5　发动机运动仿真

打开"Engine"文件夹中的"Engine.CATProduct"，选择"Start"→"Digital Mockup"

(电子样机)→ "Digital Kinematics" (电子样机运动学)命令，进入运动仿真模块，对已装配的发动机的曲柄连杆机构进行运动仿真分析。

8.5.1 添加Ⅰ缸运动副

下面以曲轴为主动件，按照自下而上的动力传动顺序来设置运动副。

1) 固定机架

运动机构首先要固定机架，在此选择箱体：单击 "Fixed Part" (固定零件)工具命令图标，弹出如 8-163 所示对话框，单击箱体，对话框消失，新建机构 Mechanism.1，结构树 Applications 结点下相应变化如图 8-164 所示。

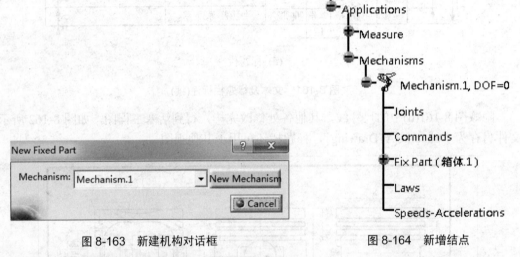

图 8-163　新建机构对话框　　　　　　　　　图 8-164　新增结点

2) 箱体主轴座孔与曲轴主轴颈之间的运动副

单击 "Revolute Joint" (转动副)工具命令图标，弹出 "Joint Creation: Revolute" (生成运动副：旋转)对话框，如图 8-165 所示；对话框要求为 Revolute.1 选择配合组件的轴线和参考端面。

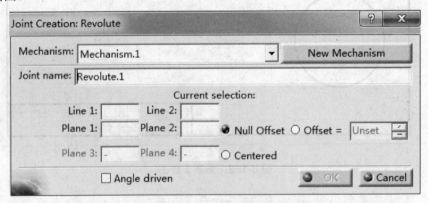

图 8-165　"Joint Creation: Revolute(生成运动副：旋转)" 对话框

对于装配完毕后导致同轴两零件因遮挡而无法拾取中心线，可采取如下解决方法：

(1) 进入装配设计模块，如图 8-166 所示，利用 "Manipulation" (操作)工具命令图标将箱体绕活塞销转动一定角度，露出箱体主轴颈，确定并退出装配工作台，再进入仿真工作台选取箱体和曲轴两零件中心线。

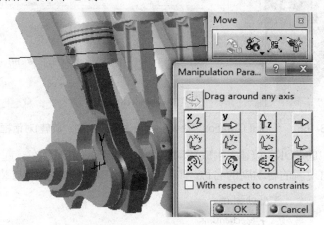

图 8-166 沿 y 轴移动曲轴

(2) 也可以将箱体或者曲轴隐藏，选择一个中心线后，再单击"Swap visible space"(交换可视空间)工具命令图标 选择另一个中心线，如图 8-167 所示，选择完毕退回原空间。

接下来选择端面，要保证 Plane1 与 Line1 为同一实体元素：先选择曲轴轴端一个端面，再选箱体轴瓦座孔的一个端面；选中对话框中 "Offset" 单选按钮，即默认距离为装配时所设置的偏离约束；先不选中"Angle driven"(角度驱动)复选框(后面将陆续讲述此问题)，此时对话框设置如图 8-168 所示。

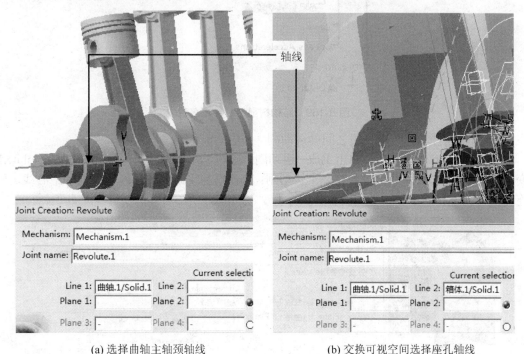

(a) 选择曲轴主轴颈轴线　　　　　(b) 交换可视空间选择座孔轴线

图 8-167 应用"交换可视空间"方法选择轴线

图 8-168　"Joint Creation: Revolute"(生成运动副：旋转)对话框设置

单击对话框中的"OK"按钮，生成转动副，零件按转动副配合在一起，如图 8-169 所示，同时在结构树中出现新的转动副的名称，其结点下的约束和偏离结点与装配约束是同步的。

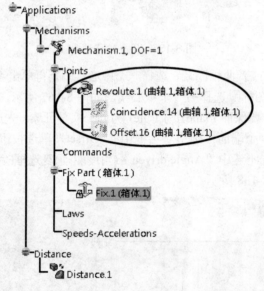

图 8-169　结构树显示转动副名称

3) 曲轴连杆轴颈与连杆组之间的运动副

单击工具命令图标，弹出生成"运动副：旋转"对话框，"Joint name"由 Revolute.1 变成了 Revolute.2，即开始设置第二个转动副：依次选择 I 缸曲轴连杆轴颈处的中心线，和连杆组大头轴孔的中心线，如图 8-170 所示。

图 8-170　选择 I 缸曲轴连杆轴颈和连杆轴颈的中心线和端面

注意：图 8-170 所示对话框要选择组件中同一零件的线和面，否则无法捕捉对应元素。

单击"OK"按钮，生成连杆与曲轴间的运动副。零件按转动配合在一起，同时在结构树中 Joints 结点下出现第二个转动副的名称。

4) 连杆组与活塞之间的运动副

单击工具命令图标 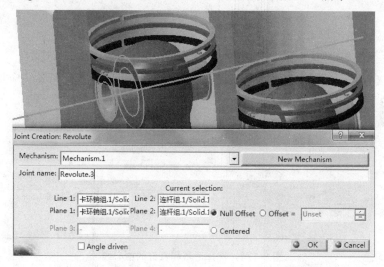，弹出生成"运动副：旋转"对话框，由于在装配设计期间已将活塞与活塞销固联在一起，在此将活塞隐藏，选择活塞销孔轴线与连杆小头的轴线作为 Line1 和 Line2 即可。

接着再依次选择活塞销的端面和连杆小头端面，仍然选中"Offset"单选按钮默认距离，并取消选中"Angle driven"复选框，此时对话框及选项如图 8-171 所示。

图 8-171　选择 I 缸活塞销与连杆小头的中心线和端面

单击"OK"按钮确认，则生成转动副 Revolute.3，两个零件按转动配合在一起，同时结构树变化如图 8-172 所示，自由度为 3。

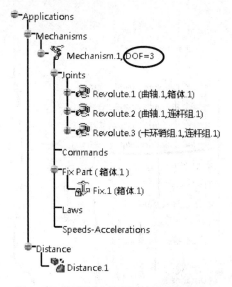

图 8-172　结构树中增加转动副的变化

5) 活塞与气缸间的运动副

发动机工作时，活塞在气缸内做直线往复运动，在此按圆柱副进行设置：单击运动副工具栏中的"Cylindrical Joint"(圆柱副)工具命令图标，弹出"Joint Creation: Cylindrical (生成运动副：圆柱)"对话框，如图 8-173 所示。

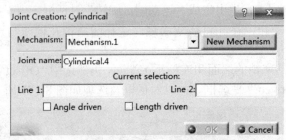

图 8-173　"Joint Creation: Cylindrical (生成运动副：圆柱)"对话框

先捕捉气缸表面选择 I 缸的中心线，再选择活塞的中心线(在此两条线应重合，否则无法仿真)，如图 8-174 所示。

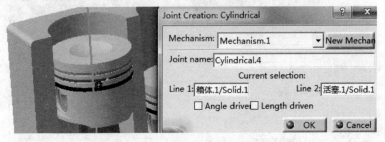

图 8-174　选择活塞和气缸的中心线

在此，"Angle driven"和"Length driven"复选框都不选中，由于本机构动力由曲轴前端输入，所以最终将选择曲轴作为动力源。

单击"OK"按钮，退出对话框，生成圆柱副 Cylindrical.1，结构树显示如图 8-175 所示。

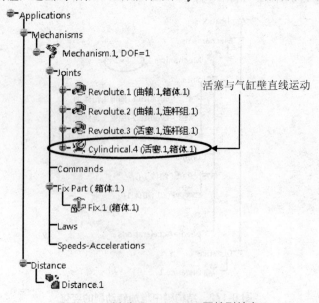

图 8-175　新增 Cylindrical.4 圆柱副结点

注意：操作中忽略了Ⅰ缸活塞销动力传递过程的转动，即将连杆与活塞销之间、活塞销与活塞之间的运动简化为连杆小头与活塞绕销座孔轴线的转动，这样对于卡环销组就缺少了运动约束，在此单击"Rigid Joint"(刚性连接)工具命令图标，在弹出的如图 8-176 所示对话框中进行设置，将活塞销与活塞约束设为刚性连接(图 8-177)，并且将活塞环与活塞、曲轴主轴颈与轴瓦及连杆组与连杆轴瓦也一同设置为刚性连接约束。

图 8-176 活塞与活塞环刚性连接

图 8-177 活塞销与活塞刚性连接

有兴趣的读者也可以尝试添加活塞销与活塞销、活塞销与连杆的转动副来进行仿真。

6) 其他三缸的运动副设置

重复前面 2)~4)步骤，依次添加Ⅱ、Ⅲ、Ⅳ缸从曲轴连杆轴颈至活塞整个传动的运动副设置，不设置驱动方式；最终在结构树中显示出全部运动副的名称，如图 8-178 所示。

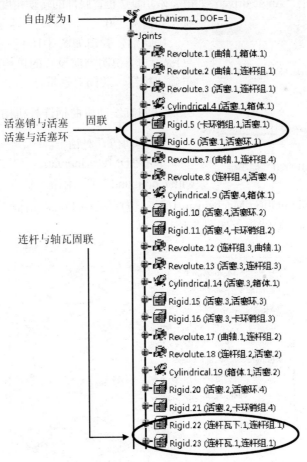

图 8-178 运动副结构树

345

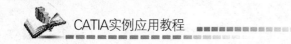

注意：各缸在添加转动副时，也要选择本缸轴颈范围内的参考平面，否则会出错。

7) 设置驱动

从前面几幅结构树中可以看出，随着运动副的添加，自由度也相应发生变化，但最终结果为 DOF=1，此时无法仿真，还需要设置驱动：为了模拟发动机工作环境，将以曲轴作为动力源，从而带动后续组件的运动；双击图 8-178 中 Joints 结点下的 Revolute.1 结点，弹出"Joint Edition：Revolute.1 (Revolute)"[运动副编辑：转动副.1(转动)]对话框，如图 8-179 所示。

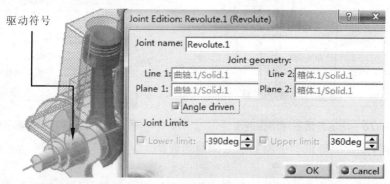

图 8-179　"Joint Edition：Revolute.1 (Revolute)"[运动副编辑：转动副.1(转动)]对话框

选中对话框中的"Angle driven"(角度驱动)复选框，底部的转动角度限制可按需要进行设置，如输入 390°。

图 8-180　"Information"提示框

确认后，弹出如图 8-180 所示"Information"(信息)提示框，说明当前设置的机构已经可以仿真了。单击确定按钮，关闭对话框。

8.5.2　四缸发动机曲柄连杆机构运动仿真

1) 运动仿真对话框

单击"DMU Kinematics"工具栏中的"Simulation with Command"（应用命令仿真）工具命令图标 ，弹出"Kinematics Simulation-Mechanism.1(运动仿真-机构.1)"对话框，选中"Simulation"栏中的"On Request"复选框，如图 8-181 所示。

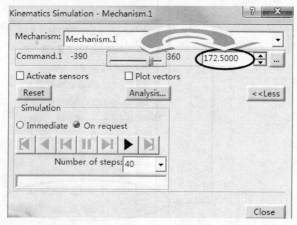

图 8-181　"Kinematics Simulation- Mechanism.1(运动模拟)"对话框

2) 动画演示

如图 8-182 所示，单击对话框中的"Play forward(向前演示)"按钮 ▶，其他按钮也呈现高亮供选择，曲柄连杆机构开始按预设运动关系运动；调节"Simulation"栏中的"Number of steps"(步骤数)可以更改仿真运动的速度，步骤数越大仿真运动越慢，也越细致。

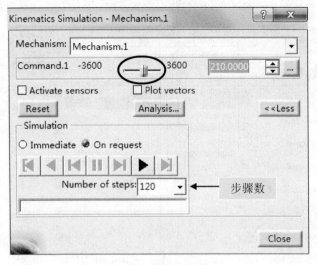

图 8-182　改变角度范围

3) 设置曲轴转动的角度范围

双击结构树中的 Revolute.1(曲轴.1，箱体.1)结点，弹出"Joint Edition：Revolute.1 (Revolute)"[运动副编辑：转动.1(转动)]对话框，如图 8-183 所示。

图 8-183　"Lower Limit"和"Upper Limit"的角度调整

选择此转动副是由于对此运动副设置了角度驱动，如果已在图 8-165 中设置了驱动，此时选择角度范围就会不便。

在"Joint Limits"栏调整"Lower Limit"(下限)和"Upper Limit"(上限)值，如将上下限分别设为-3600°及 3600°，则演示时可使曲轴运转 20 周，单击"OK"按钮确定退出。

8.5.3　运动分析

1) 定义时间关联的参数关系式

(1) 选择"Tools"→"Options"命令，弹出"Options"对话框；如图 8-184 所示，选

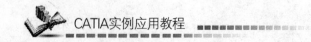

择"Product Structure"(产品结构)中的"Tree Customization"(定制树)选项卡,将"Relations"(关系)选项激活;单击对话框中的"OK"按钮确认,关闭对话框。

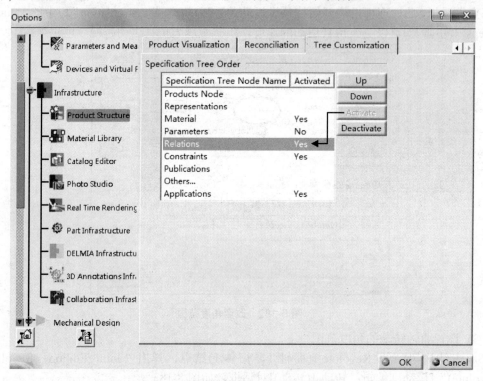

图 8-184　激活"Relations"(关系)选项

(2) 单击"Knowledge"工具栏中的"Formula"工具命令图标 $f_{(x)}$,弹出"Formula:Mechanism.1"对话框,如图 8-185 所示;在对话框的"Parameter"列表中选择 "Mechanism.1\Commands\ Command.1\Angle(机构.1\命令\命令.1\角度)",单击"Add Formula"(添加公式)按钮,以定义角度与时间的函数关系。

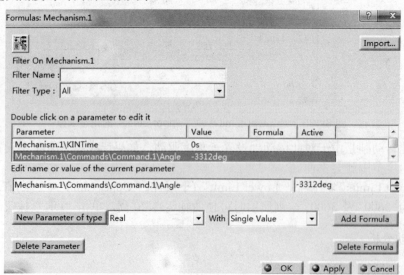

图 8-185　"Formula:Mechanism.1"对话框

(3) 单击"Add Formula"按钮后，弹出公式编辑器对话框，如图 8-186 所示。

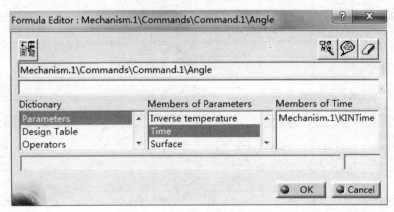

图 8-186　公式编辑器对话框

(4) 在"Dictionary"(字典)列表框中选择"Parameters"，在"Members of Parameters"(参数成员数)列表框中选择"Time"，在"Members of Time(时间成员数)"列表框中即显示"Mechanism.1\KINTime"(机构.1\运动时间)；双击"Mechanism.1\KINTime"，以其为因子进入公式编辑文本框编辑公式，如图 8-187 所示。

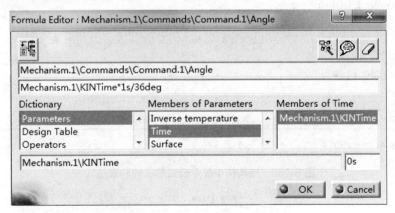

图 8-187　编辑角度与时间的关系公式

公式"Mechanism.1\KINTime/1s*36deg"中："/1s*36deg"的物理意义是运动角速度为 36°/s，目的是调整速度与角度的量纲选用一致。单击"OK"按钮完成公式编辑，回到"Formulas：Mechanism.1"对话框，如图 8-188 所示，在"Formula"列表中显示出刚刚选定的参数编辑公式。

(5) 确认并生成公式，在结构树同步显示公式的名称和表达式，如图 8-819 所示。

2) 生成运动轨迹

单击"DMU Generic Animation"(电子样机通用动画)工具栏中的"Trace"(轨迹)工具命令图标，弹出"Trace"对话框，在图形上选择 I 缸活塞上的一点以跟踪其轨迹，如图 8-190 所示。

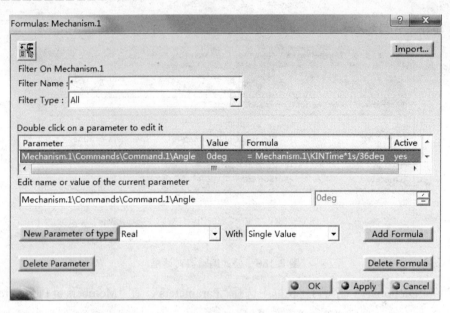

图 8-188　对话框中显示刚才编辑的公式

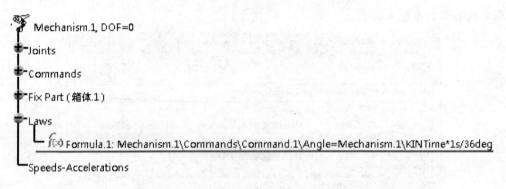

图 8-189　结构树中显示公式的名称和表达式

图 8-190　选择 I 缸活塞上的一点

　　单击箱体组件，则激活对话框中 "Reference product" (参考产品)输入框，对话框产生相应变化，如图 8-191 所示。

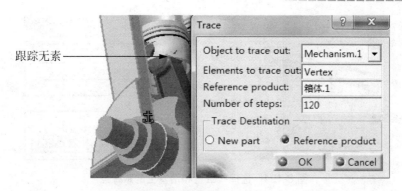

跟踪无素 ————

图 8-191 选择箱体为参考零件

单击"OK"按钮确认，对话框关闭，同时机器开始计算所选点的轨迹路线，计算完毕后，显示白色诸点汇成轨迹，如图 8-192 所示。

图 8-192 所选点的运动轨迹

3) 测量速度、加速度

(1) 单击"DMU Kinematics"工具栏中的"Speed and Acceleration"(速度和加速度)工具命令图标 ，弹出"Speed and Acceleration"(速度和加速度)对话框，如图 8-193 所示。

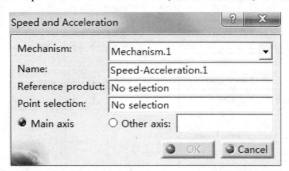

图 8-193 "Speed and Acceleration"(速度和加速度)对话框

如图 8-194 所示，激活对话框中的"Reference product"输入框，在图形区选择气缸壁；同理在"Point selection"(点选择)输入框选择 8-192 生成轨迹的跟踪点。

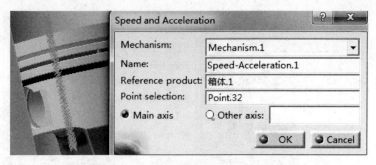

图 8-194　选择气缸壁和活塞上的跟踪点

(2) 单击"DMU Kinematics"工具栏中的"Simulation with Laws"(用规则仿真)工具命令图标，弹出"Kinematics Simulation-Mechanism.1"对话框，如图 8-195 所示。

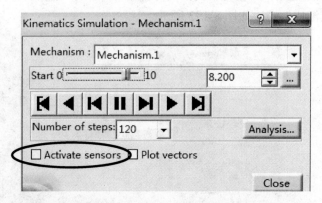

图 8-195　"Kinematics Simulation-Mechanism.1"对话框

选中对话框中的"Activate sensors"(激活传感器)复选框，弹出"Sensors"(传感器)对话框，如图 8-196 所示。

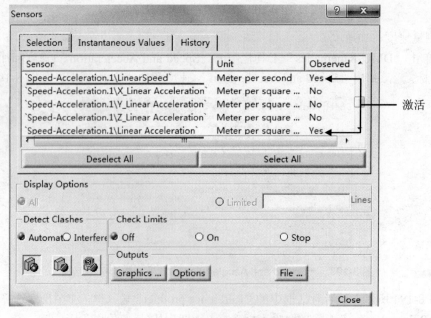

图 8-196　"Sensors"(传感器)对话框

选择"Selection"选项卡，找出列表框中的"Speed-Acceleration.1\LinearSpeed"(速度-加速度.1\线性速度)和"Speed-Acceleration.1\Linear Acceleration"(速度-加速度.1\线性加速度)传感器，单击"Observed"(可观测)列表中的 No，将两个参数的状态改为 Yes。

(3) 单击"Outputs"栏中的"Options"按钮，弹出"Graphical Representation Option"(图解表示选项)对话框，如图 8-197 所示。

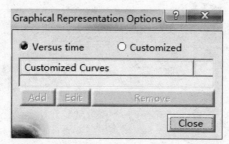

图 8-197   "Graphical Representation Options"(图解表示选项)对话框

选中"Versus time"(随时间变化)单选按钮，绘制速度和加速度随时间变化的曲线；单击对话框中的"Close"按钮，关闭对话框。

(4) 选择图 8-196 对话框中的"Instantaneous Values"(瞬时值)选项卡。单击"Kinematics Simulation-Mechanism.1"对话框中的"Play forward(向前演示)"按钮 ▶，曲柄连杆机构开始模拟运动。在"Sensors"对话框中的"Instantaneous Values"选项卡下，列表框中显示的内容随模拟进程更新，如图 8-198 所示。

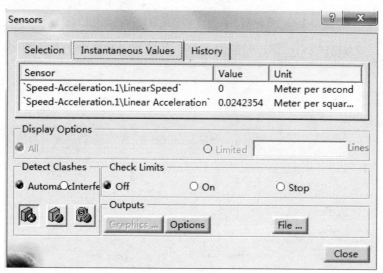

图 8-198   "Instantaneous values"选项卡下列表框显示内容

(5) 单击图 8-189 所示对话框中的"Graphics"(图形)按钮，弹出"Sensor Graphical Representation"(传感器图形表示)窗口，绘制出速度和加速度随时间的变化曲线，如图 8-199 所示，对其曲线可进行速度和加速度项目的相关分析。

(6) 从传感器测得曲线可以看出，在 10s 的运行周期内，活塞上下往复运动两次，其线速度与加速度的变化规律：绿色线条的变化显示其代表的加速度由初始的最大值到 2.3s 时降至 0，而此过程的线速度由 0 增长到峰值，说明对应的活塞由上止点运行到下止点，此时处于拐点；继续向上运行到 5s 时速度由峰值减小到 0，而加速度又达到一个波峰，达到了上止点，5～10s，运行规律与前 5s 完全对称。由此说明图形显示与活塞运行机理完全吻合。

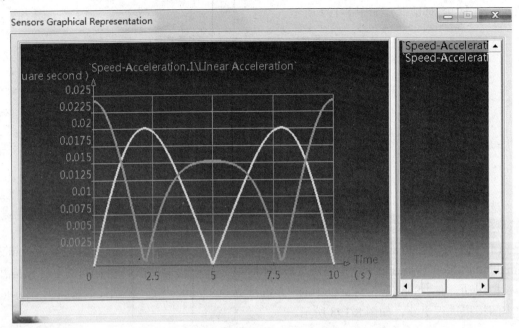

图 8-199   传感器测得速度和加速度随时间变化的曲线

(7) 同理，重复(3)～(5)步骤，激活图 8-196 传感器对话框中的其他观测项，对其进行运动分析。

参 考 文 献

[1] 江洪，李仲兴，陆利锋. CATIA 基础教程[M]. 北京：机械工业出版社，2006

[2] 李苏红，潘志刚，孟祥. CATIA 实体教程与工程图设计[M]. 北京：科学出版社，2008

[3] 李学志，李若松. CATIA 实用教程[M]. 北京：清华出版社，2004

[4] 大连理工大学工程图学教研室. 机械制图[M]. 6 版. 北京：高等教育出版社，2007

[5] 甘永立. 几何量公差与检测[M]. 9 版. 上海：上海科学技术出版社，2010

[6] 陈家瑞. 汽车构造(上)[M]. 北京：机械工业出版社，2005

[7] 高秀华，王智明，王继新. 工程分析及电子样机模拟[M]. 北京：化学工业出版社，2004

北京大学出版社教材书目

❖ 欢迎访问教学服务网站 www.pup6.com，免费查阅已出版教材的电子书(PDF 版)、电子课件和相关教学资源。

❖ 欢迎征订投稿。联系方式：010-62750667，童编辑，13426433315@163.com，pup_6@163.com，欢迎联系。

序号	书 名	标准书号	主 编	定价	出版日期
1	机械设计	978-7-5038-4448-5	郑 江，许 瑛	33	2007.8
2	机械设计	978-7-301-15699-5	吕 宏	32	2009.9
3	机械设计	978-7-301-17599-6	门艳忠	40	2010.8
4	机械设计	978-7-301-21139-7	王贤民，霍仕武	49	2012.8
5	机械设计	978-7-301-21742-9	师素娟，张秀花	48	2012.12
6	机械原理	978-7-301-11488-9	常治斌，张京辉	29	2008.6
7	机械原理	978-7-301-15425-0	王跃进	26	2010.7
8	机械原理	978-7-301-19088-3	郭宏亮，孙志宏	36	2011.6
9	机械原理	978-7-301-19429-4	杨松华	34	2011.8
10	机械设计基础	978-7-5038-4444-2	曲玉峰，关晓平	27	2008.1
11	机械设计基础	978-7-301-22011-5	苗淑杰，刘喜平	49	2012.12
12	机械设计基础	978-7-301-22957-6	朱 玉	38	2013.8
13	机械设计课程设计	978-7-301-12357-7	许 瑛	35	2012.7
14	机械设计课程设计	978-7-301-18894-1	王 慧，吕 宏	30	2011.5
15	机电一体化课程设计指导书	978-7-301-19736-3	王金娥 罗生梅	35	2013.5
16	机械工程专业毕业设计指导书	978-7-301-18805-7	张黎骅，吕小荣	22	2012.5
17	机械创新设计	978-7-301-12403-1	丛晓霞	32	2010.7
18	机械系统设计	978-7-301-20847-2	孙月华	32	2012.7
19	机械设计基础实验及机构创新设计	978-7-301-20653-9	邹旻	28	2012.6
20	TRIZ 理论机械创新设计工程训练教程	978-7-301-18945-0	褟苏苏，马履中	45	2011.6
21	TRIZ 理论及应用	978-7-301-19390-7	刘训涛，曹 贺等	35	2011.8
22	创新的方法——TRIZ 理论概述	978-7-301-19453-9	沈萌红	28	2011.9
23	机械工程基础	978-7-301-21853-2	潘玉良，周建军	34	2013.2
24	机械 CAD 基础	978-7-301-20023-0	徐云杰	34	2012.2
25	AutoCAD 工程制图	978-7-5038-4446-9	杨巧绒，张克义	20	2011.4
26	AutoCAD 工程制图	978-7-301-21419-0	刘善淑，胡爱萍	38	2013.4
27	工程制图	978-7-5038-4442-6	戴立玲，杨世平	27	2012.2
28	工程制图	978-7-301-19428-7	孙晓娟，徐丽娟	30	2012.5
29	工程制图习题集	978-7-5038-4443-4	杨世平，戴立玲	20	2008.1
30	机械制图(机类)	978-7-301-12171-9	张绍群，孙晓娟	32	2009.1
31	机械制图习题集(机类)	978-7-301-12172-6	张绍群，王慧敏	29	2007.8
32	机械制图(第 2 版)	978-7-301-19332-7	孙晓娟，王慧敏	38	2011.8
33	机械制图	978-7-301-21480-0	李凤云，张 凯等	36	2013.1
34	机械制图习题集(第 2 版)	978-7-301-19370-7	孙晓娟，王慧敏	22	2011.8
35	机械制图	978-7-301-21138-0	张 艳，杨晨升	37	2012.8
36	机械制图习题集	978-7-301-21339-1	张 艳，杨晨升	24	2012.10
37	机械制图	978-7-301-22896-8	臧福伦，杨晓冬等	60	2013.8
38	机械制图与 AutoCAD 基础教程	978-7-301-13122-0	张爱梅	35	2011.7
39	机械制图与 AutoCAD 基础教程习题集	978-7-301-13120-6	鲁 杰，张爱梅	22	2010.9
40	AutoCAD 2008 工程绘图	978-7-301-14478-7	赵润平，宗荣珍	35	2009.1
41	AutoCAD 实例绘图教程	978-7-301-20764-2	李庆华，刘晓杰	32	2012.6
42	工程制图案例教程	978-7-301-15369-7	宗荣珍	28	2009.6
43	工程制图案例教程习题集	978-7-301-15285-0	宗荣珍	24	2009.6
44	理论力学	978-7-301-12170-2	盛冬发，闫小青	29	2012.5
45	材料力学	978-7-301-14462-6	陈忠安，王 静	30	2011.1
46	工程力学(上册)	978-7-301-11487-2	毕勤胜，李纪刚	29	2008.6
47	工程力学(下册)	978-7-301-11565-7	毕勤胜，李纪刚	28	2008.6

48	液压传动（第2版）	978-7-301-19507-9	王守城，容一鸣	38	2013.7
49	液压与气压传动	978-7-301-13179-4	王守城，容一鸣	32	2012.10
50	液压与液力传动	978-7-301-17579-8	周长城等	34	2010.8
51	液压传动与控制实用技术	978-7-301-15647-6	刘 忠	36	2009.8
52	金工实习指导教程	978-7-301-21885-3	周哲波	30	2013.1
53	金工实习（第2版）	978-7-301-16558-4	郭永环，姜银方	30	2013.2
54	机械制造基础实习教程	978-7-301-15848-7	邱 兵，杨明金	34	2010.2
55	公差与测量技术	978-7-301-15455-7	孔晓玲	25	2011.8
56	互换性与测量技术基础(第2版)	978-7-301-17567-5	王长春	28	2010.8
57	互换性与技术测量	978-7-301-20848-9	周哲波	35	2012.6
58	机械制造技术基础	978-7-301-14474-9	张 鹏，孙有亮	28	2011.6
59	机械制造技术基础	978-7-301-16284-2	侯书林　张建国	32	2012.8
60	机械制造技术基础	978-7-301-22010-8	李菊丽，何绍华	42	2013.1
61	先进制造技术基础	978-7-301-15499-1	冯宪章	30	2011.11
62	先进制造技术	978-7-301-22283-6	朱 林，杨春杰	30	2013.4
63	先进制造技术	978-7-301-20914-1	刘 璇，冯 凭	28	2012.8
64	先进制造与工程仿真技术	978-7-301-22541-7	李 彬	35	2013.5
65	机械精度设计与测量技术	978-7-301-13580-8	于 峰	25	2008.8
66	机械制造工艺学	978-7-301-13758-1	郭艳玲，李彦蓉	30	2008.8
67	机械制造工艺学	978-7-301-17403-6	陈红霞	38	2010.7
68	机械制造工艺学	978-7-301-19903-9	周哲波，姜志明	49	2012.1
69	机械制造基础(上)——工程材料及热加工工艺基础(第2版)	978-7-301-18474-5	侯书林，朱 海	40	2013.2
70	机械制造基础(下)——机械加工工艺基础(第2版)	978-7-301-18638-1	侯书林，朱 海	32	2012.5
71	金属材料及工艺	978-7-301-19522-2	于文强	44	2013.2
72	金属工艺学	978-7-301-21082-6	侯书林，于文强	32	2012.8
73	工程材料及其成形技术基础（第2版）	978-7-301-22367-3	申荣华	58	2013.5
74	工程材料及其成形技术基础学习指导与习题详解	978-7-301-14972-0	申荣华	20	2009.3
75	机械工程材料及成形基础	978-7-301-15433-5	侯俊英，王兴源	30	2012.5
76	机械工程材料（第2版）	978-7-301-22552-3	戈晓岚，招玉春	36	2013.6
77	机械工程材料	978-7-301-18522-3	张铁军	36	2012.5
78	工程材料与机械制造基础	978-7-301-15899-9	苏子林	32	2009.9
79	控制工程基础	978-7-301-12169-6	杨振中，韩致信	29	2007.8
80	机械工程控制基础	978-7-301-12354-6	韩致信	25	2008.1
81	机电工程专业英语(第2版)	978-7-301-16518-8	朱 林	24	2012.10
82	机械制造专业英语	978-7-301-21319-3	王中任	28	2012.10
83	机床电气控制技术	978-7-5038-4433-7	张万奎	26	2007.9
84	机床数控技术(第2版)	978-7-301-16519-5	杜国臣，王士军	35	2011.6
85	自动化制造系统	978-7-301-21026-0	辛宗生，魏国丰	37	2012.8
86	数控机床与编程	978-7-301-15900-2	张洪江，侯书林	25	2012.10
87	数控铣床编程与操作	978-7-301-21347-6	王志斌	35	2012.10
88	数控技术	978-7-301-21144-1	吴瑞明	28	2012.9
89	数控技术	978-7-301-22073-3	唐友亮 佘 勃	45	2013.2
90	数控加工技术	978-7-5038-4450-7	王 彪，张 兰	29	2011.7
91	数控加工与编程技术	978-7-301-18475-2	李体仁	34	2012.5
92	数控编程与加工实习教程	978-7-301-17387-9	张春雨，于 雷	37	2011.9
93	数控加工技术及实训	978-7-301-19508-6	姜永成，夏广岚	33	2011.9
94	数控编程与操作	978-7-301-20903-5	李英平	26	2012.8
95	现代数控机床调试及维护	978-7-301-18033-4	邓三鹏等	32	2010.11
96	金属切削原理与刀具	978-7-5038-4447-7	陈锡渠，彭晓南	29	2012.5
97	金属切削机床	978-7-301-13180-0	夏广岚，冯 凭	28	2012.7
98	典型零件工艺设计	978-7-301-21013-0	白海清	34	2012.8
99	工程机械检测与维修	978-7-301-21185-4	卢彦群	45	2012.9

100	特种加工	978-7-301-21447-3	刘志东	50	2013.1
101	精密与特种加工技术	978-7-301-12167-2	袁根福，祝锡晶	29	2011.12
102	逆向建模技术与产品创新设计	978-7-301-15670-4	张学昌	28	2009.9
103	CAD/CAM 技术基础	978-7-301-17742-6	刘 军	28	2012.5
104	CAD/CAM 技术案例教程	978-7-301-17732-7	汤修映	42	2010.9
105	Pro/ENGINEER Wildfire 2.0 实用教程	978-7-5038-4437-X	黄卫东，任国栋	32	2007.7
106	Pro/ENGINEER Wildfire 3.0 实例教程	978-7-301-12359-1	张选民	45	2008.2
107	Pro/ENGINEER Wildfire 3.0 曲面设计实例教程	978-7-301-13182-4	张选民	45	2008.2
108	Pro/ENGINEER Wildfire 5.0 实用教程	978-7-301-16841-7	黄卫东，郝用兴	43	2011.10
109	Pro/ENGINEER Wildfire 5.0 实例教程	978-7-301-20133-6	张选民，徐超辉	52	2012.2
110	SolidWorks 三维建模及实例教程	978-7-301-15149-5	上官林建	30	2009.5
111	UG NX6.0 计算机辅助设计与制造实用教程	978-7-301-14449-7	张黎骅，吕小荣	26	2011.11
112	CATIA 实例应用教程	978-7-301-23037-4	于志新	45	2013.8
113	Cimatron E9.0 产品设计与数控自动编程技术	978-7-301-17802-7	孙树峰	36	2010.9
114	Mastercam 数控加工案例教程	978-7-301-19315-0	刘 文，姜永梅	45	2011.8
115	应用创造学	978-7-301-17533-0	王成军，沈豫浙	26	2012.5
116	机电产品学	978-7-301-15579-0	张亮峰等	24	2009.8
117	品质工程学基础	978-7-301-16745-8	丁 燕	30	2011.5
118	设计心理学	978-7-301-11567-1	张成忠	48	2011.6
119	计算机辅助设计与制造	978-7-5038-4439-6	仲梁维，张国全	29	2007.9
120	产品造型计算机辅助设计	978-7-5038-4474-4	张慧姝，刘永翔	27	2006.8
121	产品设计原理	978-7-301-12355-3	刘美华	30	2008.2
122	产品设计表现技法	978-7-301-15434-2	张慧姝	42	2012.5
123	CorelDRAW X5 经典案例教程解析	978-7-301-21950-8	杜秋磊	40	2013.1
124	产品创意设计	978-7-301-17977-2	虞世鸣	38	2012.5
125	工业产品造型设计	978-7-301-18313-7	袁涛	39	2011.1
126	化工工艺学	978-7-301-15283-6	邓建强	42	2009.6
127	构成设计	978-7-301-21466-4	袁涛	58	2013.1
128	过程装备机械基础（第2版）	978-301-22627-8	于新奇	38	2013.7
129	过程装备测试技术	978-7-301-17290-2	王毅	45	2010.6
130	过程控制装置及系统设计	978-7-301-17635-1	张早校	30	2010.8
131	质量管理与工程	978-7-301-15643-8	陈宝江	34	2009.8
132	质量管理统计技术	978-7-301-16465-5	周友苏，杨 飒	30	2010.1
133	人因工程	978-7-301-19291-7	马如宏	39	2011.8
134	工程系统概论——系统论在工程技术中的应用	978-7-301-17142-4	黄志坚	32	2010.6
135	测试技术基础(第2版)	978-7-301-16530-0	江征风	30	2010.1
136	测试技术实验教程	978-7-301-13489-4	封士彩	22	2008.8
137	测试技术学习指导与习题详解	978-7-301-14457-2	封士彩	34	2009.3
138	可编程控制器原理与应用(第2版)	978-7-301-16922-3	赵 燕，周新建	33	2010.3
139	工程光学	978-7-301-15629-2	王红敏	28	2012.5
140	精密机械设计	978-7-301-16947-6	田 明，冯进良等	38	2011.9
141	传感器原理及应用	978-7-301-16503-4	赵 燕	35	2010.2
142	测控技术与仪器专业导论	978-7-301-17200-1	陈毅静	29	2012.5
143	现代测试技术	978-7-301-19316-7	陈科山，王燕	43	2011.8
144	风力发电原理	978-7-301-19631-1	吴双群，赵丹平	33	2011.10
145	风力机空气动力学	978-7-301-19555-0	吴双群	32	2011.10
146	风力机设计理论及方法	978-7-301-20006-3	赵丹平	32	2012.1
147	计算机辅助工程	978-7-301-22977-4	许承东	38	2013.8

相关教学资源如电子课件、电子教材、习题答案等可以登录 www.pup6.com 下载或在线阅读。

扑六知识网(www.pup6.com)有海量的相关教学资源和电子教材供阅读及下载(包括北京大学出版社第六事业部的相关资源)，同时欢迎您将教学课件、视频、教案、素材、习题、试卷、辅导材料、课改成果、设计作品、论文等教学资源上传到 pup6.com，与全国高校师生分享您的教学成就与经验，并可自由设定价格，知识也能创造财富。具体情况请登录网站查询。

如您需要免费纸质样书用于教学，欢迎陆续第六事业部门户网(www.pup6.com)填表申请，并欢迎在线登记选题以到北京大学出版社来出版您的大作，也可下载相关表格填写后发到我们的邮箱，我们将及时与您取得联系并做好全方位的服务。

扑六知识网将打造成全国最大的教育资源共享平台，欢迎您的加入——让知识有价值，让教学无界限，让学习更轻松。